U0336218

TURING
图灵教育

站在巨人的肩上
Standing on the Shoulders of Giants

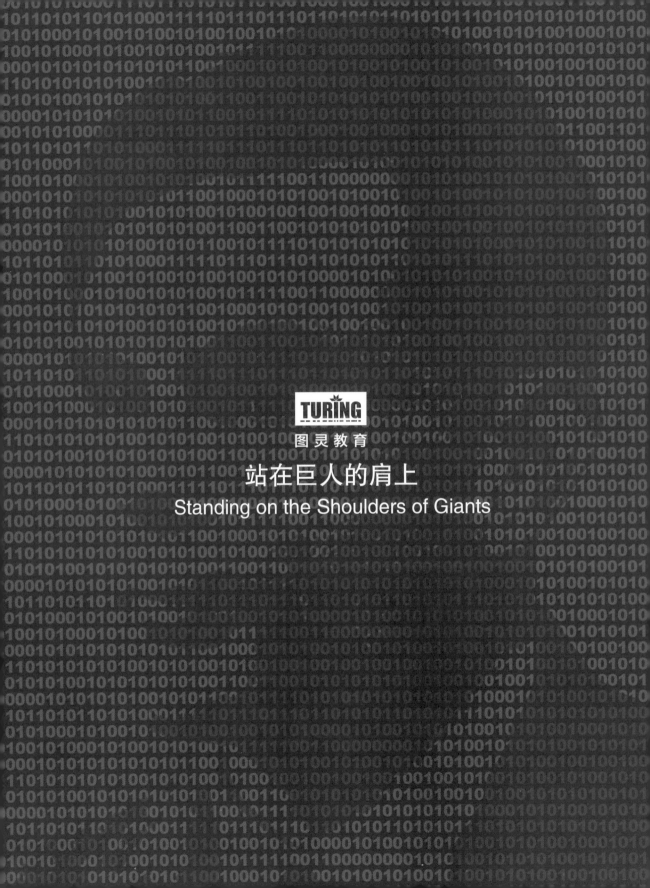

TURING
图灵教育

站在巨人的肩上
Standing on the Shoulders of Giants

TURING 图灵程序设计丛书

Deep Learning with Python

Python深度学习

[美] 弗朗索瓦·肖莱 著

张亮 译

人民邮电出版社

北 京

图书在版编目（CIP）数据

Python深度学习 / （美）弗朗索瓦·肖莱著；张亮译. -- 北京：人民邮电出版社，2018.8（2022.7重印）
（图灵程序设计丛书）
ISBN 978-7-115-48876-3

Ⅰ. ①P… Ⅱ. ①弗… ②张… Ⅲ. ①软件工具—程序设计 Ⅳ. ①TP311.561

中国版本图书馆CIP数据核字(2018)第155440号

内 容 提 要

本书由 Keras 之父、现任 Google 人工智能研究员的弗朗索瓦·肖莱（François Chollet）执笔，详尽介绍了用 Python 和 Keras 进行深度学习的探索实践，涉及计算机视觉、自然语言处理、生成式模型等应用。书中包含 30 多个代码示例，步骤讲解详细透彻。由于本书立足于人工智能的可达性和大众化，读者无须具备机器学习相关背景知识即可展开阅读。在学习完本书后，读者将具备搭建自己的深度学习环境、建立图像识别模型、生成图像和文字等能力。

本书适合从事大数据及机器学习领域工作，并对深度学习感兴趣的各类读者。

◆ 著　　　 [美] 弗朗索瓦·肖莱
　 译　　　 张　亮
　 责任编辑　温　雪
　 责任印制　周昇亮

◆ 人民邮电出版社出版发行　　北京市丰台区成寿寺路 11 号
　 邮编　100164　 电子邮件　315@ptpress.com.cn
　 网址　http://www.ptpress.com.cn
　 固安县铭成印刷有限公司印刷

◆ 开本：800×1000　1/16
　 印张：19.25　　　　　　　　　2018 年 8 月第 1 版
　 字数：455 千字　　　　　　　 2022 年 7 月河北第 26 次印刷
　 著作权合同登记号　图字：01-2018-2896 号

定价：119.00元
读者服务热线：(010)84084456-6009　印装质量热线：(010)81055316
反盗版热线：(010)81055315
广告经营许可证：京东市监广登字 20170147 号

版 权 声 明

前　　言

你拿起这本书的时候，可能已经知道深度学习近年来在人工智能领域所取得的非凡进展。在图像识别和语音转录的任务上，五年前的模型还几乎无法使用，如今的模型的表现已经超越了人类。

这种突飞猛进的影响几乎蔓延到所有行业。但是，想要将深度学习技术部署到它能解决的所有问题上，就需要让尽可能多的人接触这门技术，其中包括非专家，即既不是研究人员也不是研究生的那些人。想要让深度学习充分发挥其全部潜能，就需要彻底推广给大众。

2015 年 3 月，我发布了 Keras 深度学习框架的第一版，当时还没有想过人工智能的大众化。我在机器学习领域已经做了多年的研究，创造 Keras 是为了帮我自己做实验。但在2015—2016 年，数万名新人进入了深度学习领域，其中很多人都选择了 Keras，因为它是最容易上手的框架（现在仍然是）。看到大量新人以意想不到的强大方式使用 Keras，我开始密切关注人工智能的可达性和大众化。我意识到，这些技术传播得越广，就会变得越有用、越有价值。可达性很快成为Keras 开发过程中的一个明确目标，在短短几年内，Keras 开发者社区已经在这方面取得了了不起的成就。我们让数万人掌握了深度学习，他们反过来用这些技术来解决那些重要的问题，而我们是最近才知道这些问题的。

你手里拿的这本书，也是为了让尽可能多的人能够使用深度学习而写的。Keras 一直需要一个配套教程，同时涵盖深度学习的基础知识、Keras 使用模式以及深度学习的最佳实践。本书是我尽最大努力制作的这么一本教程。本书的重点是用尽可能容易理解的方式来介绍深度学习背后的概念及其实现。我这么做没有贬低任何事情的意思，我坚信深度学习中没有难以理解的东西。希望本书对你有价值，能够帮助构建智能应用程序并解决那些对你很重要的问题。

致　　谢

我要感谢 Keras 社区让本书得以成书。Keras 的开源贡献者已经增长到上千人，用户人数也超过 20 万。是你们的贡献和反馈让 Keras 终有所成。

我还要感谢 Google 对 Keras 项目的支持。很高兴看到 Keras 被采纳为 TensorFlow 的高级 API。Keras 和 TensorFlow 之间的顺利集成，对 TensorFlow 用户和 Keras 用户都有很大好处，也让大多数人更容易使用深度学习。

我要感谢 Manning 出版社的工作人员，他们让本书得以出版。感谢出版人 Marjan Bace 以及编辑和制作团队的所有人，包括 Christina Taylor、Janet Vail、Tiffany Taylor、Katie Tennant、Dottie Marsico 及幕后工作的其他人。

非常感谢 Aleksandar Dragosavljević 领导的技术审稿团队，他们是 Diego Acuña Rozas、Geoff Barto、David Blumenthal-Barby、Abel Brown、Clark Dorman、Clark Gaylord、Thomas Heiman、Wilson Mar、Sumit Pal、Vladimir Pasman、Gustavo Patino、Peter Rabinovitch、Alvin Raj、Claudio Rodriguez、Srdjan Santic、Richard Tobias、Martin Verzilli、William E. Wheeler 和 Daniel Williams。我还要感谢论坛贡献者。他们的贡献包括发现技术错误、术语错误和错别字，还包括给出主题建议。每一次审查过程和论坛主题中的每一条反馈，都为本书的成稿做出了贡献。

在技术方面，我要特别感谢本书的技术编辑 Jerry Gaines 与技术校对 Alex Ott 和 Richard Tobias。作为技术编辑，他们是最棒的。

最后，我要感谢我的妻子 Maria，她在我开发 Keras 以及写作本书的过程中都给予了极大的支持。

关于本书

本书是为那些想要从零开始探索深度学习的人或想要拓展对深度学习的理解的人而写的。无论是在职的机器学习工程师、软件开发者还是大学生，都会在本书中找到有价值的内容。

本书是对深度学习的实践探索，避免使用数学符号，尽量用代码片段来解释定量概念，帮你建立关于机器学习和深度学习核心思想的自觉。

书中包含 30 多个代码示例，有详细的注释、实用的建议和简单的解释。知道这些你就可以开始用深度学习来解决具体问题了。

全书代码示例都使用 Python 深度学习框架 Keras，并用 TensorFlow 作为后端引擎。Keras 是最受欢迎且发展最快的深度学习框架之一，被广泛推荐为上手深度学习的最佳工具。

读完本书后，你将会充分理解什么是深度学习、什么时候该用深度学习，以及它的局限性。你将学到解决机器学习问题的标准工作流程，还会知道如何解决常见问题。你将能够使用 Keras 来解决从计算机视觉到自然语言处理等许多现实世界的问题，包括图像识别、时间序列预测、情感分析、图像和文字生成等。

谁应该阅读这本书

本书的目标读者是那些具有 Python 编程经验，并且想要开始上手机器学习和深度学习的人。但本书对以下这些读者也都很有价值。

- ❏ 如果你是熟悉机器学习的数据科学家，你将通过本书全面掌握深度学习及其实践。深度学习是机器学习中发展最快、最重要的子领域。
- ❏ 如果你是想要上手 Keras 框架的深度学习专家，你会发现本书是市面上最棒的 Keras 速成教程。
- ❏ 如果你是研究深度学习的研究生，你会发现本书是对你所受教育的实践补充，有助于你培养关于深度神经网络的直觉，还可以让你熟悉重要的最佳实践。

有技术背景的人，即使不经常编程，也会发现本书介绍的深度学习基本概念和高级概念非常有用。

使用 Keras 需要具有一定的 Python 编程水平。另外，熟悉 Numpy 库也会有所帮助，但并不是必需的。你不需要具有机器学习或深度学习方面的经验，本书包含从头学习所需的必要基础知识。你也不需要具有高等数学背景，掌握高中水平的数学知识应该足以看懂本书内容。

学习路线图

本书分为两部分。如果你之前没有关于机器学习的经验，我强烈建议你先读完第一部分，然后再阅读第二部分。我们会从简单示例讲起，然后再依次介绍越来越先进的技术。

第一部分是对深度学习的介绍，给出了一些背景和定义，还解释了上手机器学习和神经网络需要掌握的所有概念。

- □ 第 1 章介绍人工智能、机器学习和深度学习的重要背景知识。
- □ 第 2 章介绍从事深度学习必须了解的基本概念：张量、张量运算、梯度下降和反向传播。这一章还给出了本书第一个可用的神经网络示例。
- □ 第 3 章包括上手神经网络所需要了解的全部内容：Keras 简介，它是我们的首选深度学习框架；建立自己的工作站的指南；三个基本代码示例以及详细解释。读完这一章，你将能够训练简单的神经网络来处理分类任务和回归任务，你还将充分了解训练过程背后发生的事情。
- □ 第 4 章介绍标准的机器学习工作流程。你还会了解常见的陷阱及其解决方案。

第二部分将深入介绍深度学习在计算机视觉和自然语言处理中的实际应用。这一部分给出了许多示例，对于在现实世界的实践中遇到的深度学习问题，你可以用这些示例作为解决问题的模板。

- □ 第 5 章介绍了一系列实用的计算机视觉示例，重点放在图像分类。
- □ 第 6 章介绍了处理序列数据（比如文本和时间序列）的实用技术。
- □ 第 7 章介绍了构建最先进深度学习模型的高级技术。
- □ 第 8 章介绍了生成式模型，即能够创造图像和文本的深度学习模型，它有时会产生令人惊讶的艺术效果。
- □ 第 9 章将帮你巩固在本书学到的知识，还会探讨深度学习的局限性及其未来的可能性。

软件 / 硬件需求

本书所有代码示例都使用 Keras 深度学习框架，它是开源的，可以免费下载。你需要一台安装了 UNIX 的计算机，也可以使用 Windows，但我不推荐后者。附录 A 将引导你完成整个安装过程。

我还推荐你在计算机上安装最新的 NVIDIA GPU，比如一块 TITAN X。这不是必需的，但它会让你运行代码示例的速度快上几倍，让你有更好的体验。3.3 节给出了建立深度学习工作站的更多信息。

如果你没有已安装最新 NVIDIA GPU 的本地工作站，那么可以使用云环境，特别推荐谷歌云实例（比如带有 NVIDIA Tesla K80 扩展的 n1-standard-8 实例）或亚马逊网络服务（AWS）的 GPU 实例（比如 p2.xlarge 实例）。附录 B 详细介绍了一套通过 Jupyter 笔记本运行 AWS 实例的云工作流程，你可以通过浏览器访问。

源代码

本书所有代码示例都可以从配套网站（https://www.manning.com/books/deep-learning-with-python）和 GitHub 网站（https://github.com/fchollet/deep-learning-with-python-notebooks）上以 Jupyter 笔记本的形式下载。

本书论坛

购买本书英文版[①]的读者还可以免费访问由 Manning 出版社运营的私有网络论坛，你可以在那里就本书发表评论、询问技术问题，获得来自作者和其他用户的帮助。论坛地址为 https://forums.manning.com/forums/deep-learning-with-python。你还可以访问 https://forums.manning.com/forums/about 了解关于 Manning 论坛和行为规则的更多信息。

Manning 承诺为读者提供一个平台，让读者之间、读者和作者之间可以进行有意义的对话。但这并不保证作者的参与程度，因其对论坛的贡献完全是自愿的（而且无报酬）。我们建议你试着问作者一些有挑战性的问题，这样他才会感兴趣！只要本书仍在销售中，你就可以在 Manning 网站上访问论坛和存档的讨论记录。

电子书

扫描如下二维码，即可购买本书电子版。

① 中文版读者可登录图灵社区本书页面提交评论和勘误，并下载源代码：http://www.ituring.com.cn/book/2599。

——编者注

关于封面

本书封面插画的标题为"1568 年一位波斯女士的服饰"（Habit of a Persian Lady in 1568）。该图选自 Thomas Jefferys 的《各国古代和现代服饰集》（*A Collection of the Dresses of Different Nations, Ancient and Modern*，共四卷，1757—1772 年出版于伦敦）。该书扉页说这些插画都是手工上色的铜版画，用阿拉伯树胶保护。

Thomas Jefferys（1719—1771）被称为"乔治三世国王的地理学家"。他是英国的一名地图绘制员，是当时主要的地图供应商。他为政府和其他官方机构雕刻并印制地图，还制作了大量商业地图和地图集，尤其是北美地区的。地图制作人的工作激发了他对所调查和绘制地区的当地服饰民俗的兴趣，这些都在这套服饰集中有精彩展示。向往遥远的地方、为快乐而旅行，在 18 世纪后期还是相对新鲜的现象，类似于这套服饰集的书非常受欢迎，它们向旅行者和足不出户的"游客"介绍其他国家的居民。

Jefferys 书中异彩纷呈的插画生动地描绘了约 200 年前世界各国的独特魅力。从那以后，着装风格已经发生变化，各个国家和地区当时非常丰富的着装多样性也逐渐消失。来自不同大陆的人，现在仅靠衣着已经很难区分开了。也许可以乐观地来看，我们这是用文化和视觉上的多样性，换来了更为多样化的个人生活，或是更为多样化、更有趣的精神生活和技术生活。

曾经，计算机书籍也很难靠封面来区分，Manning 出版社采用了展示两个世纪前各地丰富多彩生活的图书封面（Jefferys 的插画让这些生活重新焕发生机），以此表明计算机行业的创造性与主动性。

目　　录

Part 1

第一部分

深度学习基础

　　本书第 1~4 章将让你对下列内容有基本的了解：什么是深度学习，它能取得哪些成就，以及它的工作原理是怎样的。你还会熟悉使用深度学习来解决数据问题的标准工作流程。如果对深度学习不是特别了解的话，你应该先读完第一部分，再阅读第二部分中的实际应用。

第 1 章

什么是深度学习

本章包括以下内容：
☐ 基本概念的定义
☐ 机器学习发展的时间线
☐ 深度学习日益流行的关键因素及其未来潜力

在过去的几年里，人工智能（AI）一直是媒体大肆炒作的热点话题。机器学习、深度学习和人工智能都出现在不计其数的文章中，而这些文章通常都发表于非技术出版物。我们的未来被描绘成拥有智能聊天机器人、自动驾驶汽车和虚拟助手，这一未来有时被渲染成可怕的景象，有时则被描绘为乌托邦，人类的工作将十分稀少，大部分经济活动都由机器人或人工智能体（AI agent）来完成。对于未来或当前的机器学习从业者来说，重要的是能够从噪声中识别出信号，从而在过度炒作的新闻稿中发现改变世界的重大进展。我们的未来充满风险，而你可以在其中发挥积极的作用：读完本书后，你将会成为人工智能体的开发者之一。那么我们首先来回答下列问题：到目前为止，深度学习已经取得了哪些进展？深度学习有多重要？接下来我们要做什么？媒体炒作是否可信？

本章将介绍关于人工智能、机器学习以及深度学习的必要背景。

1.1 人工智能、机器学习与深度学习

首先，在提到人工智能时，我们需要明确定义所讨论的内容。什么是人工智能、机器学习与深度学习（见图 1-1）？这三者之间有什么关系？

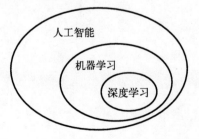

图 1-1 人工智能、机器学习与深度学习

1.1.1　人工智能

人工智能诞生于 20 世纪 50 年代，当时计算机科学这一新兴领域的少数先驱开始提出疑问：计算机是否能够"思考"？我们今天仍在探索这一问题的答案。人工智能的简洁定义如下：**努力将通常由人类完成的智力任务自动化**。因此，人工智能是一个综合性的领域，不仅包括机器学习与深度学习，还包括更多不涉及学习的方法。例如，早期的国际象棋程序仅包含程序员精心编写的硬编码规则，并不属于机器学习。在相当长的时间内，许多专家相信，只要程序员精心编写足够多的明确规则来处理知识，就可以实现与人类水平相当的人工智能。这一方法被称为**符号主义人工智能**（symbolic AI），从 20 世纪 50 年代到 80 年代末是人工智能的主流范式。在 20 世纪 80 年代的**专家系统**（expert system）热潮中，这一方法的热度达到了顶峰。

虽然符号主义人工智能适合用来解决定义明确的逻辑问题，比如下国际象棋，但它难以给出明确的规则来解决更加复杂、模糊的问题，比如图像分类、语音识别和语言翻译。于是出现了一种新的方法来替代符号主义人工智能，这就是**机器学习**（machine learning）。

1.1.2　机器学习

在维多利亚时代的英格兰，埃达·洛夫莱斯伯爵夫人是查尔斯·巴贝奇的好友兼合作者，后者发明了**分析机**（Analytical Engine），即第一台通用的机械式计算机。虽然分析机这一想法富有远见，并且相当超前，但它在 19 世纪三四十年代被设计出来时并没有打算用作通用计算机，因为当时还没有"通用计算"这一概念。它的用途仅仅是利用机械操作将数学分析领域的某些计算自动化，因此得名"分析机"。1843 年，埃达·洛夫莱斯伯爵夫人对这项发明评论道："分析机谈不上能创造什么东西。它只能完成我们命令它做的任何事情……它的职责是帮助我们去实现我们已知的事情。"

随后，人工智能先驱阿兰·图灵在其 1950 年发表的具有里程碑意义的论文"计算机器和智能"[①]中，引用了上述评论并将其称为"洛夫莱斯伯爵夫人的异议"。图灵在这篇论文中介绍了**图灵测试**以及日后人工智能所包含的重要概念。在引述埃达·洛夫莱斯伯爵夫人的同时，图灵还思考了这样一个问题：通用计算机是否能够学习与创新？他得出的结论是"能"。

机器学习的概念就来自于图灵的这个问题：对于计算机而言，除了"我们命令它做的任何事情"之外，它能否自我学习执行特定任务的方法？计算机能否让我们大吃一惊？如果没有程序员精心编写的数据处理规则，计算机能否通过观察数据自动学会这些规则？

图灵的这个问题引出了一种新的编程范式。在经典的程序设计（即符号主义人工智能的范式）中，人们输入的是规则（即程序）和需要根据这些规则进行处理的数据，系统输出的是答案（见图 1-2）。利用机器学习，人们输入的是数据和从这些数据中预期得到的答案，系统输出的是规则。这些规则随后可应用于新的数据，并使计算机自主生成答案。

---

① TURING A M. Computing machinery and intelligence [J]. Mind, 1950,59(236): 433-460.

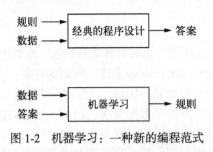

图 1-2 机器学习：一种新的编程范式

机器学习系统是**训练出来的**，而不是明确地用程序编写出来的。将与某个任务相关的许多示例输入机器学习系统，它会在这些示例中找到统计结构，从而最终找到规则将任务自动化。举个例子，你想为度假照片添加标签，并且希望将这项任务自动化，那么你可以将许多人工打好标签的照片输入机器学习系统，系统将学会将照片与特定标签联系在一起的统计规则。

虽然机器学习在 20 世纪 90 年代才开始蓬勃发展，但它迅速成为人工智能最受欢迎且最成功的分支领域。这一发展的驱动力来自于速度更快的硬件与更大的数据集。机器学习与数理统计密切相关，但二者在几个重要方面有所不同。不同于统计学，机器学习经常用于处理复杂的大型数据集（比如包含数百万张图像的数据集，每张图像又包含数万个像素），用经典的统计分析（比如贝叶斯分析）来处理这种数据集是不切实际的。因此，机器学习（尤其是深度学习）呈现出相对较少的数学理论（可能太少了），并且是以工程为导向的。这是一门需要上手实践的学科，想法更多地是靠实践来证明，而不是靠理论推导。

1.1.3　从数据中学习表示

为了给出**深度学习**的定义并搞清楚深度学习与其他机器学习方法的区别，我们首先需要知道机器学习算法在**做**什么。前面说过，给定包含预期结果的示例，机器学习将会发现执行一项数据处理任务的规则。因此，我们需要以下三个要素来进行机器学习。

- **输入数据点**。例如，你的任务是语音识别，那么这些数据点可能是记录人们说话的声音文件。如果你的任务是为图像添加标签，那么这些数据点可能是图像。
- **预期输出的示例**。对于语音识别任务来说，这些示例可能是人们根据声音文件整理生成的文本。对于图像标记任务来说，预期输出可能是"狗""猫"之类的标签。
- **衡量算法效果好坏的方法**。这一衡量方法是为了计算算法的当前输出与预期输出的差距。衡量结果是一种反馈信号，用于调节算法的工作方式。这个调节步骤就是我们所说的**学习**。

机器学习模型将输入数据变换为有意义的输出，这是一个从已知的输入和输出示例中进行"学习"的过程。因此，机器学习和深度学习的核心问题在于**有意义地变换数据**，换句话说，在于学习输入数据的有用**表示**（representation）——这种表示可以让数据更接近预期输出。在进一步讨论之前，我们需要先回答一个问题：什么是表示？这一概念的核心在于以一种不同的方式来查看数据（即表征数据或将数据**编码**）。例如，彩色图像可以编码为 RGB（红 - 绿 - 蓝）格式或 HSV（色相 - 饱和度 - 明度）格式，这是对相同数据的两种不同表示。在处理某些任务时，使用某种表示可能会很困难，但换用另一种表示就会变得很简单。举个例子，对于"选择图像中所有红色像素"这个任务，使用 RGB 格式会更简单，而对于"降低图像饱和度"这个任务，使用 HSV 格式则更简单。机器学习模型都是为输入数据寻找合适的表示——对数据进行变换，使其更适合手头的任务（比如分类任务）。

我们来具体说明这一点。考虑 x 轴、y 轴和在这个 (x, y) 坐标系中由坐标表示的一些点，如图 1-3 所示。

可以看到，图中有一些白点和一些黑点。假设我们想要开发一个算法，输入一个点的坐标 (x, y)，就能够判断这个点是黑色还是白色。在这个例子中：

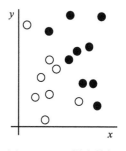

图 1-3　一些样本数据

- 输入是点的坐标；
- 预期输出是点的颜色；
- 衡量算法效果好坏的一种方法是，正确分类的点所占的百分比。

这里我们需要的是一种新的数据表示，可以明确区分白点与黑点。可用的方法有很多，这里用的是坐标变换，如图 1-4 所示。

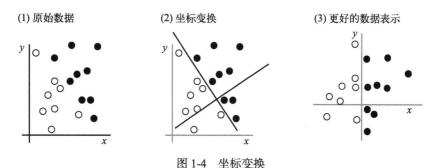

(1) 原始数据　　　(2) 坐标变换　　　(3) 更好的数据表示

图 1-4　坐标变换

在这个新的坐标系中，点的坐标可以看作数据的一种新的表示。这种表示很棒！利用这种新的表示，用一条简单的规则就可以描述黑 / 白分类问题："$x>0$ 的是黑点"或"$x<0$ 的是白点"。这种新的表示基本上解决了该分类问题。

在这个例子中，我们人为定义了坐标变换。但是，如果我们尝试系统性地搜索各种可能的坐标变换，并用正确分类的点所占百分比作为反馈信号，那么我们做的就是机器学习。机器学习中的**学习**指的是，寻找更好数据表示的自动搜索过程。

所有机器学习算法都包括自动寻找这样一种变换：这种变换可以根据任务将数据转化为更加有用的表示。这些操作可能是前面提到的坐标变换，也可能是线性投影（可能会破坏信息）、平移、非线性操作（比如"选择所有 $x>0$ 的点"），等等。机器学习算法在寻找这些变换时通常没有什么创造性，而仅仅是遍历一组预先定义好的操作，这组操作叫作**假设空间**（hypothesis space）。

这就是机器学习的技术定义：在预先定义好的可能性空间中，利用反馈信号的指引来寻找输入数据的有用表示。这个简单的想法可以解决相当多的智能任务，从语音识别到自动驾驶都能解决。

现在你理解了**学习**的含义，下面我们来看一下**深度学习**的特殊之处。

1.1.4　深度学习之"深度"

深度学习是机器学习的一个分支领域：它是从数据中学习表示的一种新方法，强调从连续的**层**（layer）中进行学习，这些层对应于越来越有意义的表示。"深度学习"中的"深度"指的并不是利用这种方法所获取的更深层次的理解，而是指一系列连续的表示层。数据模型中包含多少层，这被称为模型的**深度**（depth）。这一领域的其他名称包括**分层表示学习**（layered representations learning）和**层级表示学习**（hierarchical representations learning）。现代深度学习通常包含数十个甚至上百个连续的表示层，这些表示层全都是从训练数据中自动学习的。与此相反，其他机器学习方法的重点往往是仅仅学习一两层的数据表示，因此有时也被称为**浅层学习**（shallow learning）。

在深度学习中，这些分层表示几乎总是通过叫作**神经网络**（neural network）的模型来学习得到的。神经网络的结构是逐层堆叠。神经网络这一术语来自于神经生物学，然而，虽然深度学习的一些核心概念是从人们对大脑的理解中汲取部分灵感而形成的，但深度学习模型**不是大脑模型**。没有证据表明大脑的学习机制与现代深度学习模型所使用的相同。你可能会读到一些流行科学的文章，宣称深度学习的工作原理与大脑相似或者是根据大脑的工作原理进行建模的，但事实并非如此。对于这一领域的新人来说，如果认为深度学习与神经生物学存在任何关系，那将使人困惑，只会起到反作用。你无须那种"就像我们的头脑一样"的神秘包装，最好也忘掉读过的深度学习与生物学之间的假想联系。就我们的目的而言，深度学习是从数据中学习表示的一种数学框架。

深度学习算法学到的表示是什么样的？我们来看一个多层网络（见图 1-5）如何对数字图像进行变换，以便识别图像中所包含的数字。

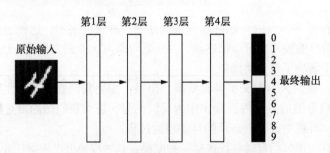

图 1-5　用于数字分类的深度神经网络

如图 1-6 所示，这个网络将数字图像转换成与原始图像差别越来越大的表示，而其中关于最终结果的信息却越来越丰富。你可以将深度网络看作多级信息蒸馏操作：信息穿过连续的过滤器，其**纯度**越来越高（即对任务的帮助越来越大）。

这就是深度学习的技术定义：学习数据表示的多级方法。这个想法很简单，但事实证明，非常简单的机制如果具有足够大的规模，将会产生魔法般的效果。

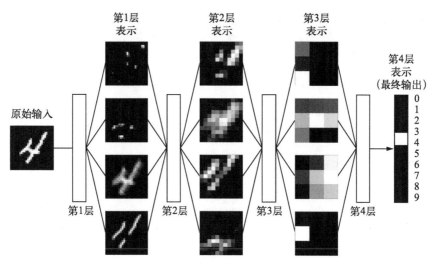

图 1-6　数字图像分类模型学到的深度表示

1.1.5　用三张图理解深度学习的工作原理

现在你已经知道，机器学习是将输入（比如图像）映射到目标（比如标签"猫"），这一过程是通过观察许多输入和目标的示例来完成的。你还知道，深度神经网络通过一系列简单的数据变换（层）来实现这种输入到目标的映射，而这些数据变换都是通过观察示例学习到的。下面来具体看一下这种学习过程是如何发生的。

神经网络中每层对输入数据所做的具体操作保存在该层的**权重**（weight）中，其本质是一串数字。用术语来说，每层实现的变换由其权重来**参数化**（parameterize，见图 1-7）。权重有时也被称为该层的**参数**（parameter）。在这种语境下，**学习**的意思是为神经网络的所有层找到一组权重值，使得该网络能够将每个示例输入与其目标正确地一一对应。但重点来了：一个深度神经网络可能包含数千万个参数。找到所有参数的正确取值可能是一项非常艰巨的任务，特别是考虑到修改某个参数值将会影响其他所有参数的行为。

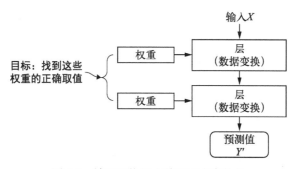

图 1-7　神经网络是由其权重来参数化

想要控制一件事物，首先需要能够观察它。想要控制神经网络的输出，就需要能够衡量该输出与预期值之间的距离。这是神经网络**损失函数**（loss function）的任务，该函数也叫**目标函数**（objective function）。损失函数的输入是网络预测值与真实目标值（即你希望网络输出的结果），然后计算一个距离值，衡量该网络在这个示例上的效果好坏（见图 1-8）。

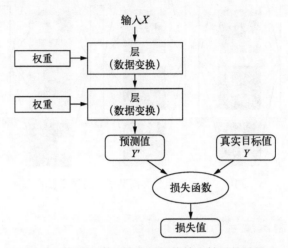

图 1-8　损失函数用来衡量网络输出结果的质量

深度学习的基本技巧是利用这个距离值作为反馈信号来对权重值进行微调，以降低当前示例对应的损失值（见图 1-9）。这种调节由**优化器**（optimizer）来完成，它实现了所谓的**反向传播**（backpropagation）算法，这是深度学习的核心算法。下一章中会详细地解释反向传播的工作原理。

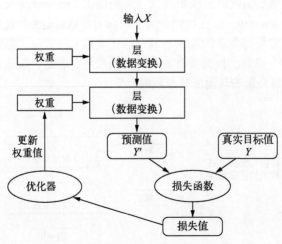

图 1-9　将损失值作为反馈信号来调节权重

一开始对神经网络的权重随机赋值，因此网络只是实现了一系列随机变换。其输出结果自然也和理想值相去甚远，相应地，损失值也很高。但随着网络处理的示例越来越多，权重值也在向正确的方向逐步微调，损失值也逐渐降低。这就是**训练循环**（training loop），将这种循环重复足够多的次数（通常对数千个示例进行数十次迭代），得到的权重值可以使损失函数最小。具有最小损失的网络，其输出值与目标值尽可能地接近，这就是训练好的网络。再次强调，这是一个简单的机制，一旦具有足够大的规模，将会产生魔法般的效果。

1.1.6 深度学习已经取得的进展

虽然深度学习是机器学习一个相当有年头的分支领域，但在 21 世纪前十年才崛起。在随后的几年里，它在实践中取得了革命性进展，在视觉和听觉等感知问题上取得了令人瞩目的成果，而这些问题所涉及的技术，在人类看来是非常自然、非常直观的，但长期以来却一直是机器难以解决的。

特别要强调的是，深度学习已经取得了以下突破，它们都是机器学习历史上非常困难的领域：

❑ 接近人类水平的图像分类
❑ 接近人类水平的语音识别
❑ 接近人类水平的手写文字转录
❑ 更好的机器翻译
❑ 更好的文本到语音转换
❑ 数字助理，比如谷歌即时（Google Now）和亚马逊 Alexa
❑ 接近人类水平的自动驾驶
❑ 更好的广告定向投放，Google、百度、必应都在使用
❑ 更好的网络搜索结果
❑ 能够回答用自然语言提出的问题
❑ 在围棋上战胜人类

我们仍然在探索深度学习能力的边界。我们已经开始将其应用于机器感知和自然语言理解之外的各种问题，比如形式推理。如果能够成功的话，这可能预示着深度学习将能够协助人类进行科学研究、软件开发等活动。

1.1.7 不要相信短期炒作

虽然深度学习近年来取得了令人瞩目的成就，但人们对这一领域在未来十年间能够取得的成就似乎期望过高。虽然一些改变世界的应用（比如自动驾驶汽车）已经触手可及，但更多的应用可能在长时间内仍然难以实现，比如可信的对话系统、达到人类水平的跨任意语言的机器翻译、达到人类水平的自然语言理解。我们尤其不应该把**达到人类水平的通用智能**（human-level general intelligence）的讨论太当回事。在短期内期望过高的风险是，一旦技术上没有实现，那么研究投资将会停止，而这会导致在很长一段时间内进展缓慢。

这种事曾经发生过。人们曾对人工智能极度乐观，随后是失望与怀疑，进而导致资金匮乏。这种循环发生过两次，最早始于 20 世纪 60 年代的符号主义人工智能。在早期的那些年里，人

们激动地预测着人工智能的未来。马文·闵斯基是符号主义人工智能方法最有名的先驱和支持者之一，他在 1967 年宣称："在一代人的时间内……将基本解决创造'人工智能'的问题。"三年后的 1970 年，他做出了更为精确的定量预测："在三到八年的时间里，我们将拥有一台具有人类平均智能的机器。"在 2016 年，这一目标看起来仍然十分遥远，遥远到我们无法预测需要多长时间才能实现。但在 20 世纪 60 年代和 70 年代初，一些专家却相信这一目标近在咫尺（正如今天许多人所认为的那样）。几年之后，由于这些过高的期望未能实现，研究人员和政府资金均转向其他领域，这标志着第一次人工智能冬天（AI winter）的开始（这一说法来自"核冬天"，因为当时是冷战高峰之后不久）。

这并不是人工智能的最后一个冬天。20 世纪 80 年代，一种新的符号主义人工智能——**专家系统**（expert system）——开始在大公司中受到追捧。最初的几个成功案例引发了一轮投资热潮，进而全球企业都开始设立人工智能部门来开发专家系统。1985 年前后，各家公司每年在这项技术上的花费超过 10 亿美元。但到了 20 世纪 90 年代初，这些系统的维护费用变得很高，难以扩展，并且应用范围有限，人们逐渐对其失去兴趣。于是开始了第二次人工智能冬天。

我们可能正在见证人工智能炒作与让人失望的第三次循环，而且我们仍处于极度乐观的阶段。最好的做法是降低我们的短期期望，确保对这一技术领域不太了解的人能够清楚地知道深度学习能做什么、不能做什么。

1.1.8　人工智能的未来

虽然我们对人工智能的短期期望可能不切实际，但长远来看前景是光明的。我们才刚刚开始将深度学习应用于许多重要的问题，从医疗诊断到数字助手，在这些问题上深度学习都发挥了变革性作用。过去五年里，人工智能研究一直在以惊人的速度发展，这在很大程度上是由于人工智能短短的历史中前所未见的资金投入，但到目前为止，这些进展却很少能够转化为改变世界的产品和流程。深度学习的大多数研究成果尚未得到应用，至少尚未应用到它在各行各业中能够解决的所有问题上。你的医生和会计师都还没有使用人工智能。你在日常生活中可能也不会用到人工智能。当然，你可以向智能手机提出简单的问题并得到合理的回答，也可以在亚马逊网站上得到相当有用的产品推荐，还可以在谷歌相册（Google Photos）网站搜索"生日"并立刻找到上个月你女儿生日聚会的照片。与过去相比，这些技术已大不相同，但这些工具仍然只是日常生活的陪衬。人工智能仍需进一步转变为我们工作、思考和生活的核心。

眼下，我们似乎很难相信人工智能会对世界产生巨大影响，因为它还没有被广泛地部署应用——正如 1995 年，我们也难以相信互联网在未来会产生的影响。当时，大多数人都没有认识到互联网与他们的关系，以及互联网将如何改变他们的生活。今天的深度学习和人工智能也是如此。但不要怀疑：人工智能即将到来。在不远的未来，人工智能将会成为你的助手，甚至成为你的朋友。它会回答你的问题，帮助你教育孩子，并关注你的健康。它还会将生活用品送到你家门口，并开车将你从 A 地送到 B 地。它还会是你与日益复杂的、信息密集的世界之间的接口。更为重要的是，人工智能将会帮助科学家在所有科学领域（从基因学到数学）取得突破性进展，从而帮助人类整体向前发展。

在这个过程中，我们可能会经历一些挫折，也可能会遇到新的人工智能冬天，正如互联网行业那样，在 1998—1999 年被过度炒作，进而在 21 世纪初遭遇破产，并导致投资停止。但我们最终会实现上述目标。人工智能最终将应用到我们社会和日常生活的几乎所有方面，正如今天的互联网一样。

不要相信短期的炒作，但一定要相信长期的愿景。人工智能可能需要一段时间才能充分发挥其潜力。这一潜力的范围大到难以想象，但人工智能终将到来，它将以一种奇妙的方式改变我们的世界。

1.2　深度学习之前：机器学习简史

深度学习已经得到了人工智能历史上前所未有的公众关注度和产业投资，但这并不是机器学习的第一次成功。可以这样说，当前工业界所使用的绝大部分机器学习算法都不是深度学习算法。深度学习不一定总是解决问题的正确工具：有时没有足够的数据，深度学习不适用；有时用其他算法可以更好地解决问题。如果你第一次接触的机器学习就是深度学习，那你可能会发现手中握着一把深度学习"锤子"，而所有机器学习问题看起来都像是"钉子"。为了避免陷入这个误区，唯一的方法就是熟悉其他机器学习方法并在适当的时候进行实践。

关于经典机器学习方法的详细讨论已经超出了本书范围，但我们将简要回顾这些方法，并介绍这些方法的历史背景。这样我们可以将深度学习放入机器学习的大背景中，并更好地理解深度学习的起源以及它为什么如此重要。

1.2.1　概率建模

概率建模（probabilistic modeling）是统计学原理在数据分析中的应用。它是最早的机器学习形式之一，至今仍在广泛使用。其中最有名的算法之一就是朴素贝叶斯算法。

朴素贝叶斯是一类基于应用贝叶斯定理的机器学习分类器，它假设输入数据的特征都是独立的。这是一个很强的假设，或者说"朴素的"假设，其名称正来源于此。这种数据分析方法比计算机出现得还要早，在其第一次被计算机实现（很可能追溯到 20 世纪 50 年代）的几十年前就已经靠人工计算来应用了。贝叶斯定理和统计学基础可以追溯到 18 世纪，你学会了这两点就可以开始使用朴素贝叶斯分类器了。

另一个密切相关的模型是 logistic 回归（logistic regression，简称 logreg），它有时被认为是现代机器学习的"hello world"。不要被它的名称所误导——logreg 是一种分类算法，而不是回归算法。与朴素贝叶斯类似，logreg 的出现也比计算机早很长时间，但由于它既简单又通用，至今仍然很有用。面对一个数据集，数据科学家通常会首先尝试使用这个算法，以便初步熟悉手头的分类任务。

1.2.2　早期神经网络

神经网络早期的迭代方法已经完全被本章所介绍的现代方法所取代，但仍有助于我们了解深度学习的起源。尽管早在 20 世纪 50 年代，人们就用简单的方式研究了神经网络的核心思想，但神经网络这种方法经历了数十年才开始兴起。在很长一段时间内，一直没有训练大型神经网络的有效方法。这一点在 20 世纪 80 年代中期发生了变化，当时很多人都独立地重新发现了反向传播算法——一种利用梯度下降优化来训练一系列参数化运算链的方法（本书后面将给出这些概念的具体定义），并开始将其应用于神经网络。

贝尔实验室于 1989 年第一次成功实现了神经网络的实践应用，当时 Yann LeCun 将卷积神经网络的早期思想与反向传播算法相结合，并将其应用于手写数字分类问题，由此得到名为 **LeNet** 的网络，在 20 世纪 90 年代被美国邮政署采用，用于自动读取信封上的邮政编码。

1.2.3　核方法

上节所述神经网络取得了第一次成功，并在 20 世纪 90 年代开始在研究人员中受到一定的重视，但一种新的机器学习方法在这时声名鹊起，很快就使人们将神经网络抛诸脑后。这种方法就是**核方法**（kernel method）。核方法是一组分类算法，其中最有名的就是**支持向量机**（SVM，support vector machine）。虽然 Vladimir Vapnik 和 Alexey Chervonenkis 早在 1963 年就发表了较早版本的线性公式[1]，但 SVM 的现代公式由 Vladimir Vapnik 和 Corinna Cortes 于 20 世纪 90 年代初在贝尔实验室提出，并发表于 1995 年[2]。

SVM 的目标是通过在属于两个不同类别的两组数据点之间找到良好**决策边界**（decision boundary，见图 1-10）来解决分类问题。决策边界可以看作一条直线或一个平面，将训练数据划分为两块空间，分别对应于两个类别。对于新数据点的分类，你只需判断它位于决策边界的哪一侧。

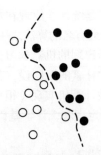

图 1-10　决策边界

SVM 通过两步来寻找决策边界。

(1) 将数据映射到一个新的高维表示，这时决策边界可以用一个超平面来表示（如果数据像图 1-10 那样是二维的，那么超平面就是一条直线）。

① VAPNIK V, CHERVONENKIS A. A note on one class of perceptrons [J]. Automation and Remote Control, 1964, 25(1).

② VAPNIK V, CORTES C. Support-vector networks [J]. Machine Learning, 1995, 20(3): 273-297.

(2) 尽量让超平面与每个类别最近的数据点之间的距离最大化，从而计算出良好决策边界（分割超平面），这一步叫作**间隔最大化**（maximizing the margin）。这样决策边界可以很好地推广到训练数据集之外的新样本。

将数据映射到高维表示从而使分类问题简化，这一技巧可能听起来很不错，但在实践中通常是难以计算的。这时就需要用到**核技巧**（kernel trick，核方法正是因这一核心思想而得名）。其基本思想是：要想在新的表示空间中找到良好的决策超平面，你不需要在新空间中直接计算点的坐标，只需要在新空间中计算点对之间的距离，而利用**核函数**（kernel function）可以高效地完成这种计算。核函数是一个在计算上能够实现的操作，将原始空间中的任意两点映射为这两点在目标表示空间中的距离，完全避免了对新表示进行直接计算。核函数通常是人为选择的，而不是从数据中学到的——对于 SVM 来说，只有分割超平面是通过学习得到的。

SVM 刚刚出现时，在简单的分类问题上表现出了最好的性能。当时只有少数机器学习方法得到大量的理论支持，并且适合用于严肃的数学分析，因而非常易于理解和解释，SVM 就是其中之一。由于 SVM 具有这些有用的性质，很长一段时间里它在实践中非常流行。

但是，SVM 很难扩展到大型数据集，并且在图像分类等感知问题上的效果也不好。SVM 是一种比较浅层的方法，因此要想将其应用于感知问题，首先需要手动提取出有用的表示（这叫作**特征工程**），这一步骤很难，而且不稳定。

1.2.4 决策树、随机森林与梯度提升机

决策树（decision tree）是类似于流程图的结构，可以对输入数据点进行分类或根据给定输入来预测输出值（见图 1-11）。决策树的可视化和解释都很简单。在 21 世纪前十年，从数据中学习得到的决策树开始引起研究人员的广泛关注。到了 2010 年，决策树经常比核方法更受欢迎。

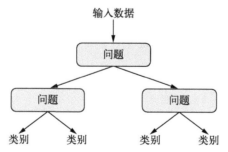

图 1-11　决策树：需要学习的参数是关于数据的问题。举个例子，问题可能是：
"数据中第 2 个系数是否大于 3.5？"

特别是**随机森林**（random forest）算法，它引入了一种健壮且实用的决策树学习方法，即首先构建许多决策树，然后将它们的输出集成在一起。随机森林适用于各种各样的问题——对于任何浅层的机器学习任务来说，它几乎总是第二好的算法。广受欢迎的机器学习竞赛网站 Kaggle 在 2010 年上线后，随机森林迅速成为平台上人们的最爱，直到 2014 年才被梯度提升机所取代。与随机森林类似，**梯度提升机**（gradient boosting machine）也是将弱预测模型（通常

是决策树）集成的机器学习技术。它使用了**梯度提升方法**，通过迭代地训练新模型来专门解决之前模型的弱点，从而改进任何机器学习模型的效果。将梯度提升技术应用于决策树时，得到的模型与随机森林具有相似的性质，但在绝大多数情况下效果都比随机森林要好。它可能是目前处理非感知数据最好的算法之一（如果非要加个"之一"的话）。和深度学习一样，它也是 Kaggle 竞赛中最常用的技术之一。

1.2.5   回到神经网络

虽然神经网络几乎被整个科学界完全忽略，但仍有一些人在继续研究神经网络，并在 2010 年左右开始取得重大突破。这些人包括：多伦多大学 Geoffrey Hinton 的小组、蒙特利尔大学的 Yoshua Bengio、纽约大学的 Yann LeCun 和瑞士的 IDSIA。

2011 年，来自 IDSIA 的 Dan Ciresan 开始利用 GPU 训练的深度神经网络赢得学术性的图像分类竞赛，这是现代深度学习第一次在实践中获得成功。但真正的转折性时刻出现在 2012 年，当年 Hinton 小组参加了每年一次的大规模图像分类挑战赛 ImageNet。ImageNet 挑战赛在当时以困难著称，参赛者需要对 140 万张高分辨率彩色图像进行训练，然后将其划分到 1000 个不同的类别中。2011 年，获胜的模型基于经典的计算机视觉方法，其 top-5 精度 [1] 只有 74.3%。到了 2012 年，由 Alex Krizhevsky 带领并由 Geoffrey Hinton 提供建议的小组，实现了 83.6% 的 top-5 精度——这是一项重大突破。此后，这项竞赛每年都由深度卷积神经网络所主导。到了 2015 年，获胜者的精度达到了 96.4%，此时 ImageNet 的分类任务被认为是一个已经完全解决的问题。

自 2012 年以来，深度卷积神经网络（convnet）已成为所有计算机视觉任务的首选算法。更一般地说，它在所有感知任务上都有效。在 2015 年和 2016 年的主要计算机视觉会议上，几乎所有演讲都与 convnet 有关。与此同时，深度学习也在许多其他类型的问题上得到应用，比如自然语言处理。它已经在大量应用中完全取代了 SVM 与决策树。举个例子，欧洲核子研究中心（CERN）多年来一直使用基于决策树的方法来分析来自大型强子对撞机（LHC）ATLAS 探测器的粒子数据，但 CERN 最终转向基于 Keras 的深度神经网络，因为它的性能更好，而且在大型数据集上易于训练。

1.2.6   深度学习有何不同

深度学习发展得如此迅速，主要原因在于它在很多问题上都表现出更好的性能。但这并不是唯一的原因。深度学习还让解决问题变得更加简单，因为它将特征工程完全自动化，而这曾经是机器学习工作流程中最关键的一步。

先前的机器学习技术（浅层学习）仅包含将输入数据变换到一两个连续的表示空间，通常使用简单的变换，比如高维非线性投影（SVM）或决策树。但这些技术通常无法得到复杂问题所需的精确表示。因此，人们必须竭尽全力让初始输入数据更适合用这些方法处理，也必须手动为数据设计好的表示层。这叫作**特征工程**。与此相反，深度学习完全将这个步骤自动化：

---

① top-5 精度是指给定一张图像，如果模型预测的前 5 个标签中包含正确标签，即为预测正确。——译者注

利用深度学习，你可以一次性学习所有特征，而无须自己手动设计。这极大地简化了机器学习工作流程，通常将复杂的多阶段流程替换为一个简单的、端到端的深度学习模型。

你可能会问，如果问题的关键在于有多个连续表示层，那么能否重复应用浅层方法，以实现和深度学习类似的效果？在实践中，如果连续应用浅层学习方法，其收益会随着层数增加迅速降低，因为**三层模型中最优的第一表示层并不是单层或双层模型中最优的第一表示层**。深度学习的变革性在于，模型可以在同一时间**共同**学习所有表示层，而不是依次连续学习（这被称为**贪婪**学习）。通过共同的特征学习，一旦模型修改某个内部特征，所有依赖于该特征的其他特征都会相应地自动调节适应，无须人为干预。一切都由单一反馈信号来监督：模型中的每一处变化都是为了最终目标服务。这种方法比贪婪地叠加浅层模型更加强大，因为它可以通过将复杂、抽象的表示拆解为很多个中间空间（层）来学习这些表示，每个中间空间仅仅是前一个空间的简单变换。

深度学习从数据中进行学习时有两个基本特征：第一，**通过渐进的、逐层的方式形成越来越复杂的表示**；第二，**对中间这些渐进的表示共同进行学习**，每一层的变化都需要同时考虑上下两层的需要。总之，这两个特征使得深度学习比先前的机器学习方法更加成功。

1.2.7 机器学习现状

要想了解机器学习算法和工具的现状，一个好方法是看一下 Kaggle 上的机器学习竞赛。Kaggle 上的竞争非常激烈（有些比赛有数千名参赛者，并提供数百万美元的奖金），而且涵盖了各种类型的机器学习问题，所以它提供了一种现实方法来评判哪种方法有效、哪种方法无效。那么哪种算法能够可靠地赢得竞赛呢？顶级参赛者都使用哪些工具？

在 2016 年和 2017 年，Kaggle 上主要有两大方法：梯度提升机和深度学习。具体而言，梯度提升机用于处理结构化数据的问题，而深度学习则用于图像分类等感知问题。使用前一种方法的人几乎都使用优秀的 XGBoost 库，它同时支持数据科学最流行的两种语言：Python 和 R。使用深度学习的 Kaggle 参赛者则大多使用 Keras 库，因为它易于使用，非常灵活，并且支持Python。

要想在如今的应用机器学习中取得成功，你应该熟悉这两种技术：梯度提升机，用于浅层学习问题；深度学习，用于感知问题。用术语来说，你需要熟悉 XGBoost 和 Keras，它们是目前主宰 Kaggle 竞赛的两个库。有了本书，你已经向这个目标迈出了一大步。

1.3 为什么是深度学习，为什么是现在

深度学习用于计算机视觉的两个关键思想，即卷积神经网络和反向传播，在 1989 年就已经为人们所知。长短期记忆（LSTM，long short-term memory）算法是深度学习处理时间序列的基础，它在 1997 年就被开发出来了，而且此后几乎没有发生变化。那么为什么深度学习在2012 年之后才开始取得成功？这二十年间发生了什么变化？

总的来说，三种技术力量在推动着机器学习的进步：

❑ 硬件
❑ 数据集和基准
❑ 算法上的改进

由于这一领域是靠实验结果而不是理论指导的，所以只有当合适的数据和硬件可用于尝试新想法时（或者将旧想法的规模扩大，事实往往也是如此），才可能出现算法上的改进。机器学习不是数学或物理学，靠一支笔和一张纸就能实现重大进展。它是一门工程科学。

在 20 世纪 90 年代和 21 世纪前十年，真正的瓶颈在于数据和硬件。但在这段时间内发生了下面这些事情：互联网高速发展，并且针对游戏市场的需求开发出了高性能图形芯片。

1.3.1　硬件

从 1990 年到 2010 年，非定制 CPU 的速度提高了约 5000 倍。因此，现在可以在笔记本电脑上运行小型深度学习模型，但在 25 年前是无法实现的。

但是，对于计算机视觉或语音识别所使用的典型深度学习模型，所需的计算能力要比笔记本电脑的计算能力高几个数量级。在 21 世纪前十年里，NVIDIA 和 AMD 等公司投资数十亿美元来开发快速的大规模并行芯片（图形处理器，GPU），以便为越来越逼真的视频游戏提供图形显示支持。这些芯片是廉价的、单一用途的超级计算机，用于在屏幕上实时渲染复杂的 3D 场景。这些投资为科学界带来了好处。2007 年，NVIDIA 推出了 CUDA，作为其 GPU 系列的编程接口。少量 GPU 开始在各种高度并行化的应用中替代大量 CPU 集群，并且最早应用于物理建模。深度神经网络主要由许多小矩阵乘法组成，它也是高度并行化的。2011 年前后，一些研究人员开始编写神经网络的 CUDA 实现，而 Dan Ciresan[1] 和 Alex Krizhevsky[2] 属于第一批人。

这样，游戏市场资助了用于下一代人工智能应用的超级计算。有时候，大事件都是从游戏开始的。今天，NVIDIA TITAN X（一款游戏 GPU，在 2015 年底售价 1000 美元）可以实现单精度 6.6 TFLOPS 的峰值，即每秒进行 6.6 万亿次 `float32` 运算。这比一台现代笔记本电脑的速度要快约 350 倍。使用一块 TITAN X 显卡，只需几天就可以训练出几年前赢得 ILSVRC 竞赛的 ImageNet 模型。与此同时，大公司还在包含数百个 GPU 的集群上训练深度学习模型，这种类型的 GPU 是专门针对深度学习的需求开发的，比如 NVIDIA Tesla K80。如果没有现代 GPU，这种集群的超级计算能力是不可能实现的。

此外，深度学习行业已经开始超越 GPU，开始投资于日益专业化的高效芯片来进行深度学习。2016 年，Google 在其年度 I/O 大会上展示了张量处理器（TPU）项目，它是一种新的芯片设计，其开发目的完全是为了运行深度神经网络。据报道，它的速度比最好的 GPU 还要快 10 倍，而且能效更高。

---

[1] 参见 "Flexible, high performance convolutional neural networks for image classification"，刊载于 *Proceedings of the 22nd International Joint Conference on Artificial Intelligence*，2011 年。

[2] 参见 "ImageNet classification with deep convolutional neural networks"，刊载于 *Advances in Neural Information Processing Systems*，2012 年第 25 辑。

1.3.2　数据

　　人工智能有时被称为新的工业革命。如果深度学习是这场革命的蒸汽机，那么数据就是煤炭，即驱动智能机器的原材料，没有煤炭一切皆不可能。就数据而言，除了过去 20 年里存储硬件的指数级增长（遵循摩尔定律），最大的变革来自于互联网的兴起，它使得收集与分发用于机器学习的超大型数据集变得可行。如今，大公司使用的图像数据集、视频数据集和自然语言数据集，如果没有互联网的话根本无法收集。例如，Flickr 网站上用户生成的图像标签一直是计算机视觉的数据宝库。YouTube 视频也是一座宝库。维基百科则是自然语言处理的关键数据集。

　　如果有一个数据集是深度学习兴起的催化剂的话，那么一定是 ImageNet 数据集。它包含 140 万张图像，这些图像已经被人工划分为 1000 个图像类别（每张图像对应 1 个类别）。但 ImageNet 的特殊之处不仅在于其数量之大，还在于与它相关的年度竞赛[①]。

　　正如 Kaggle 自 2010 年以来所展示的那样，公开竞赛是激励研究人员和工程师挑战极限的极好方法。研究人员通过竞争来挑战共同基准，这极大地促进了近期深度学习的兴起。

1.3.3　算法

　　除了硬件和数据之外，直到 21 世纪前十年末期，我们仍没有可靠的方法来训练非常深的神经网络。因此，神经网络仍然很浅，仅使用一两个表示层，无法超越更为精确的浅层方法，比如 SVM 和随机森林。关键问题在于通过多层叠加的**梯度传播**。随着层数的增加，用于训练神经网络的反馈信号会逐渐消失。

　　这一情况在 2009—2010 年左右发生了变化，当时出现了几个很简单但很重要的算法改进，可以实现更好的梯度传播。

- ❑ 更好的神经层**激活函数**（activation function）。
- ❑ 更好的**权重初始化方案**（weight-initialization scheme），一开始使用逐层预训练的方法，不过这种方法很快就被放弃了。
- ❑ 更好的**优化方案**（optimization scheme），比如 RMSProp 和 Adam。

只有这些改进可以训练 10 层以上的模型时，深度学习才开始大放异彩。

　　最后，在 2014 年、2015 年和 2016 年，人们发现了更先进的有助于梯度传播的方法，比如批标准化、残差连接和深度可分离卷积。今天，我们可以从头开始训练上千层的模型。

1.3.4　新的投资热潮

　　随着深度学习于 2012—2013 年在计算机视觉领域成为新的最优算法，并最终在所有感知任务上都成为最优算法，业界领导者开始注意到它。接下来就是逐步升温的业界投资热潮，远远超出了人工智能历史上曾经出现过的任何投资。

　　2011 年，就在深度学习大放异彩之前，在人工智能方面的风险投资总额大约为 1900 万美元，

---

① ImageNet 大规模视觉识别挑战赛（ILSVRC）。

几乎全都投给了浅层机器学习方法的实际应用。到了 2014 年，这一数字已经涨到了惊人的 3.94 亿美元。这三年里创办了数十家创业公司，试图从深度学习炒作中获利。与此同时，Google、Facebook、百度、微软等大型科技公司已经在内部研究部门进行投资，其金额很可能已经超过了风险投资的现金流。其中只有少数金额被公之于众：2013 年，Google 收购了深度学习创业公司 DeepMind，报道称收购价格为 5 亿美元，这是历史上对人工智能公司的最高收购价格。2014 年，百度在硅谷启动了深度学习研究中心，为该项目投资 3 亿美元。2016 年，深度学习硬件创业公司 Nervana Systems 被英特尔收购，收购价格逾 4 亿美元。

机器学习，特别是深度学习，已成为这些科技巨头产品战略的核心。2015 年末，Google 首席执行官 Sundar Pichai 表示："机器学习这一具有变革意义的核心技术将促使我们重新思考做所有事情的方式。我们用心将其应用于所有产品，无论是搜索、广告、YouTube 还是 Google Play。我们尚处于早期阶段，但你将会看到我们系统性地将机器学习应用于所有这些领域。"[①]

由于这波投资热潮，短短五年间从事深度学习的人数从几千人涨到数万人，研究进展也达到了惊人的速度。目前没有迹象表明这种趋势会在短期内放缓。

1.3.5   深度学习的大众化

有许多新面孔进入深度学习领域，而主要的驱动因素之一是该领域所使用工具集的大众化。在早期，从事深度学习需要精通 C++ 和 CUDA，而它们只有少数人才能掌握。如今，具有基本的 Python 脚本技能，就可以从事高级的深度学习研究。这主要得益于 Theano 及随后的 TensorFlow 的开发，以及 Keras 等用户友好型库的兴起。Theano 和 TensorFlow 是两个符号式的张量运算的 Python 框架，都支持自动求微分，这极大地简化了新模型的实现过程。Keras 等用户友好型库则使深度学习变得像操纵乐高积木一样简单。Keras 在 2015 年初发布，并且很快就成为大量创业公司、研究生和研究人员转向该领域的首选深度学习解决方案。

1.3.6   这种趋势会持续吗

深度神经网络成为企业投资和研究人员纷纷选择的正确方法，它究竟有何特别之处？换句话说，深度学习是否只是难以持续的昙花一现？ 20 年后我们是否仍在使用深度神经网络？

深度学习有几个重要的性质，证明了它确实是人工智能的革命，并且能长盛不衰。20 年后我们可能不再使用神经网络，但我们那时所使用的工具都是直接来自于现代深度学习及其核心概念。这些重要的性质可大致分为以下三类。

- ❑ 简单。深度学习不需要特征工程，它将复杂的、不稳定的、工程量很大的流程替换为简单的、端到端的可训练模型，这些模型通常只用到五六种不同的张量运算。
- ❑ 可扩展。深度学习非常适合在 GPU 或 TPU 上并行计算，因此可以充分利用摩尔定律。此外，深度学习模型通过对小批量数据进行迭代来训练，因此可以在任意大小的数据集上进行训练。（唯一的瓶颈是可用的并行计算能力，而由于摩尔定律，这一限制会越来越小。）

---

① 参见 "Alphabet earnings call"，2015 年 10 月 22 日。

❑ **多功能与可复用**。与之前的许多机器学习方法不同，深度学习模型无须从头开始就可以在附加数据上进行训练，因此可用于连续在线学习，这对于大型生产模型而言是非常重要的特性。此外，训练好的深度学习模型可用于其他用途，因此是可以重复使用的。举个例子，可以将一个对图像分类进行训练的深度学习模型应用于视频处理流程。这样我们可以将以前的工作重新投入到日益复杂和强大的模型中。这也使得深度学习可以适用于较小的数据集。

深度学习数年来一直备受关注，我们还没有发现其能力的界限。每过一个月，我们都会学到新的用例和工程改进，从而突破先前的局限。在一次科学革命之后，科学发展的速度通常会遵循一条 S 形曲线：首先是一个快速发展时期，接着随着研究人员受到严重限制而逐渐稳定下来，然后进一步的改进又逐渐增多。深度学习在 2017 年似乎处于这条 S 形曲线的前半部分，在未来几年将会取得更多进展。

第 2 章

神经网络的数学基础

本章包括以下内容：
- ☐ 第一个神经网络示例
- ☐ 张量与张量运算
- ☐ 神经网络如何通过反向传播与梯度下降进行学习

要理解深度学习，需要熟悉很多简单的数学概念：张量、张量运算、微分、梯度下降等。本章目的是用不那么技术化的文字帮你建立对这些概念的直觉。特别地，我们将避免使用数学符号，因为数学符号可能会令没有任何数学背景的人反感，而且对解释问题也不是绝对必要的。

本章将首先给出一个神经网络的示例，引出张量和梯度下降的概念，然后逐个详细介绍。请记住，这些概念对于理解后续章节中的示例至关重要。

读完本章后，你会对神经网络的工作原理有一个直观的理解，然后就可以学习神经网络的实际应用了（从第 3 章开始）。

2.1　初识神经网络

我们来看一个具体的神经网络示例，使用 Python 的 Keras 库来学习手写数字分类。如果你没用过 Keras 或类似的库，可能无法立刻搞懂这个例子中的全部内容。甚至你可能还没有安装 Keras。没关系，下一章会详细解释这个例子中的每个步骤。因此，如果其中某些步骤看起来有些随意，或者像魔法一样，也请你不要担心。下面我们要开始了。

我们这里要解决的问题是，将手写数字的灰度图像（28 像素 × 28 像素）划分到 10 个类别中（0~9）。我们将使用 MNIST 数据集，它是机器学习领域的一个经典数据集，其历史几乎和这个领域一样长，而且已被人们深入研究。这个数据集包含 60 000 张训练图像和 10 000 张测试图像，由美国国家标准与技术研究院（National Institute of Standards and Technology，即 MNIST 中的 NIST）在 20 世纪 80 年代收集得到。你可以将"解决" MNIST 问题看作深度学习的"Hello World"，正是用它来验证你的算法是否按预期运行。当你成为机器学习从业者后，会发现 MNIST 一次又一次地出现在科学论文、博客文章等中。图 2-1 给出了 MNIST 数据集的一些样本。

关于类和标签的说明

　　在机器学习中,分类问题中的某个**类别**叫作**类**(class)。数据点叫作**样本**(sample)。某个样本对应的类叫作**标签**(label)。

图 2-1　MNIST 数字图像样本

　　你不需要现在就尝试在计算机上运行这个例子。但如果你想这么做的话,首先需要安装 Keras,安装方法见 3.3 节。

　　MNIST 数据集预先加载在 Keras 库中,其中包括 4 个 Numpy 数组。

代码清单 2-1　加载 Keras 中的 MNIST 数据集

```
from keras.datasets import mnist

(train_images, train_labels), (test_images, test_labels) = mnist.load_data()
```

　　train_images 和 train_labels 组成了**训练集**(training set),模型将从这些数据中进行学习。然后在**测试集**(test set,即 test_images 和 test_labels)上对模型进行测试。

　　图像被编码为 Numpy 数组,而标签是数字数组,取值范围为 0~9。图像和标签一一对应。

　　我们来看一下训练数据:

```
>>> train_images.shape
(60000, 28, 28)
>>> len(train_labels)
60000
>>> train_labels
array([5, 0, 4, ..., 5, 6, 8], dtype=uint8)
```

　　下面是测试数据:

```
>>> test_images.shape
(10000, 28, 28)
>>> len(test_labels)
10000
>>> test_labels
array([7, 2, 1, ..., 4, 5, 6], dtype=uint8)
```

　　接下来的工作流程如下:首先,将训练数据(train_images 和 train_labels)输入神经网络;其次,网络学习将图像和标签关联在一起;最后,网络对 test_images 生成预测,而我们将验证这些预测与 test_labels 中的标签是否匹配。

　　下面我们来构建网络。再说一遍,你现在不需要理解这个例子的全部内容。

代码清单 2-2　网络架构

```
from keras import models
from keras import layers

network = models.Sequential()
network.add(layers.Dense(512, activation='relu', input_shape=(28 * 28,)))
network.add(layers.Dense(10, activation='softmax'))
```

神经网络的核心组件是**层**（layer），它是一种数据处理模块，你可以将它看成数据过滤器。进去一些数据，出来的数据变得更加有用。具体来说，层从输入数据中提取**表示**——我们期望这种表示有助于解决手头的问题。大多数深度学习都是将简单的层链接起来，从而实现渐进式的**数据蒸馏**（data distillation）。深度学习模型就像是数据处理的筛子，包含一系列越来越精细的数据过滤器（即层）。

本例中的网络包含 2 个 Dense 层，它们是密集连接（也叫**全连接**）的神经层。第二层（也是最后一层）是一个 10 路 softmax 层，它将返回一个由 10 个概率值（总和为 1）组成的数组。每个概率值表示当前数字图像属于 10 个数字类别中某一个的概率。

要想训练网络，我们还需要选择**编译**（compile）步骤的三个参数。

- **损失函数**（loss function）：网络如何衡量在训练数据上的性能，即网络如何朝着正确的方向前进。
- **优化器**（optimizer）：基于训练数据和损失函数来更新网络的机制。
- **在训练和测试过程中需要监控的指标**（metric）：本例只关心精度，即正确分类的图像所占的比例。

后续两章会详细解释损失函数和优化器的确切用途。

代码清单 2-3　编译步骤

```
network.compile(optimizer='rmsprop',
                loss='categorical_crossentropy',
                metrics=['accuracy'])
```

在开始训练之前，我们将对数据进行预处理，将其变换为网络要求的形状，并缩放到所有值都在 [0, 1] 区间。比如，之前训练图像保存在一个 uint8 类型的数组中，其形状为 (60000, 28, 28)，取值区间为 [0, 255]。我们需要将其变换为一个 float32 数组，其形状为 (60000, 28 * 28)，取值范围为 0~1。

代码清单 2-4　准备图像数据

```
train_images = train_images.reshape((60000, 28 * 28))
train_images = train_images.astype('float32') / 255

test_images = test_images.reshape((10000, 28 * 28))
test_images = test_images.astype('float32') / 255
```

我们还需要对标签进行分类编码，第 3 章将会对这一步骤进行解释。

代码清单 2-5 准备标签

```
from keras.utils import to_categorical

train_labels = to_categorical(train_labels)
test_labels = to_categorical(test_labels)
```

现在我们准备开始训练网络，在 Keras 中这一步是通过调用网络的 `fit` 方法来完成的——我们在训练数据上**拟合**（fit）模型。

```
>>> network.fit(train_images, train_labels, epochs=5, batch_size=128)
Epoch 1/5
60000/60000 [==============================] - 9s - loss: 0.2524 - acc: 0.9273
Epoch 2/5
51328/60000 [========================>.....] - ETA: 1s - loss: 0.1035 - acc: 0.9692
```

训练过程中显示了两个数字：一个是网络在训练数据上的损失（loss），另一个是网络在训练数据上的精度（acc）。

我们很快就在训练数据上达到了 0.989（98.9%）的精度。现在我们来检查一下模型在测试集上的性能。

```
>>> test_loss, test_acc = network.evaluate(test_images, test_labels)
>>> print('test_acc:', test_acc)
test_acc: 0.9785
```

测试集精度为 97.8%，比训练集精度低不少。训练精度和测试精度之间的这种差距是**过拟合**（overfit）造成的。过拟合是指机器学习模型在新数据上的性能往往比在训练数据上要差，它是第 3 章的核心主题。

第一个例子到这里就结束了。你刚刚看到了如何构建和训练一个神经网络，用不到 20 行的 Python 代码对手写数字进行分类。下一章会详细介绍这个例子中的每一个步骤，并讲解其背后的原理。接下来你将要学到张量（输入网络的数据存储对象）、张量运算（层的组成要素）和梯度下降（可以让网络从训练样本中进行学习）。

2.2 神经网络的数据表示

前面例子使用的数据存储在多维 Numpy 数组中，也叫**张量**（tensor）。一般来说，当前所有机器学习系统都使用张量作为基本数据结构。张量对这个领域非常重要，重要到 Google 的 TensorFlow 都以它来命名。那么什么是张量？

张量这一概念的核心在于，它是一个数据容器。它包含的数据几乎总是数值数据，因此它是数字的容器。你可能对矩阵很熟悉，它是二维张量。张量是矩阵向任意维度的推广［注意，张量的**维度**（dimension）通常叫作**轴**（axis）］。

2.2.1 标量（0D 张量）

仅包含一个数字的张量叫作**标量**（scalar，也叫标量张量、零维张量、0D 张量）。在 Numpy 中，一个 `float32` 或 `float64` 的数字就是一个标量张量（或标量数组）。你可以用 `ndim` 属性

来查看一个 Numpy 张量的轴的个数。标量张量有 0 个轴（ndim == 0）。张量轴的个数也叫作
阶（rank）。下面是一个 Numpy 标量。

```
>>> import numpy as np
>>> x = np.array(12)
>>> x
array(12)
>>> x.ndim
0
```

2.2.2   向量（1D 张量）

数字组成的数组叫作**向量**（vector）或一维张量（1D 张量）。一维张量只有一个轴。下面是
一个 Numpy 向量。

```
>>> x = np.array([12, 3, 6, 14, 7])
>>> x
array([12, 3, 6, 14, 7])
>>> x.ndim
1
```

这个向量有 5 个元素，所以被称为 **5D 向量**。不要把 5D 向量和 5D 张量弄混！5D 向量只
有一个轴，沿着轴有 5 个维度，而 5D 张量有 5 个轴（沿着每个轴可能有任意个维度）。**维度**
（dimensionality）可以表示沿着某个轴上的元素个数（比如 5D 向量），也可以表示张量中轴的个
数（比如 5D 张量），这有时会令人感到混乱。对于后一种情况，技术上更准确的说法是 **5 阶张量**
（张量的阶数即轴的个数），但 **5D 张量**这种模糊的写法更常见。

2.2.3   矩阵（2D 张量）

向量组成的数组叫作**矩阵**（matrix）或二维张量（2D 张量）。矩阵有 2 个轴（通常叫作**行**和
列）。你可以将矩阵直观地理解为数字组成的矩形网格。下面是一个 Numpy 矩阵。

```
>>> x = np.array([[5, 78, 2, 34, 0],
                  [6, 79, 3, 35, 1],
                  [7, 80, 4, 36, 2]])
>>> x.ndim
2
```

第一个轴上的元素叫作行（row），第二个轴上的元素叫作列（column）。在上面的例子中，
[5, 78, 2, 34, 0] 是 x 的第一行，[5, 6, 7] 是第一列。

2.2.4   3D 张量与更高维张量

将多个矩阵组合成一个新的数组，可以得到一个 3D 张量，你可以将其直观地理解为数字
组成的立方体。下面是一个 Numpy 的 3D 张量。

```
>>> x = np.array([[[5, 78, 2, 34, 0],
                   [6, 79, 3, 35, 1],
                   [7, 80, 4, 36, 2]],
                  [[5, 78, 2, 34, 0],
                   [6, 79, 3, 35, 1],
                   [7, 80, 4, 36, 2]],
                  [[5, 78, 2, 34, 0],
                   [6, 79, 3, 35, 1],
                   [7, 80, 4, 36, 2]]])
>>> x.ndim
3
```

将多个 3D 张量组合成一个数组，可以创建一个 4D 张量，以此类推。深度学习处理的一般是 0D 到 4D 的张量，但处理视频数据时可能会遇到 5D 张量。

2.2.5 关键属性

张量是由以下三个关键属性来定义的。

- ❑ **轴的个数（阶）**。例如，3D 张量有 3 个轴，矩阵有 2 个轴。这在 Numpy 等 Python 库中也叫张量的 ndim。
- ❑ **形状**。这是一个整数元组，表示张量沿每个轴的维度大小（元素个数）。例如，前面矩阵示例的形状为 (3, 5)，3D 张量示例的形状为 (3, 3, 5)。向量的形状只包含一个元素，比如 (5,)，而标量的形状为空，即 ()。
- ❑ **数据类型**（在 Python 库中通常叫作 dtype）。这是张量中所包含数据的类型，例如，张量的类型可以是 float32、uint8、float64 等。在极少数情况下，你可能会遇到字符（char）张量。注意，Numpy（以及大多数其他库）中不存在字符串张量，因为张量存储在预先分配的连续内存段中，而字符串的长度是可变的，无法用这种方式存储。

为了具体说明，我们回头看一下 MNIST 例子中处理的数据。首先加载 MNIST 数据集。

```
from keras.datasets import mnist

(train_images, train_labels), (test_images, test_labels) = mnist.load_data()
```

接下来，我们给出张量 train_images 的轴的个数，即 ndim 属性。

```
>>> print(train_images.ndim)
3
```

下面是它的形状。

```
>>> print(train_images.shape)
(60000, 28, 28)
```

下面是它的数据类型，即 dtype 属性。

```
>>> print(train_images.dtype)
uint8
```

所以，这里 train_images 是一个由 8 位整数组成的 3D 张量。更确切地说，它是 60 000

个矩阵组成的数组,每个矩阵由 28×28 个整数组成。每个这样的矩阵都是一张灰度图像,元素取值范围为 0~255。

我们用 Matplotlib 库(Python 标准科学套件的一部分)来显示这个 3D 张量中的第 4 个数字,如图 2-2 所示。

代码清单 2-6   显示第 4 个数字

```
digit = train_images[4]

import matplotlib.pyplot as plt
plt.imshow(digit, cmap=plt.cm.binary)
plt.show()
```

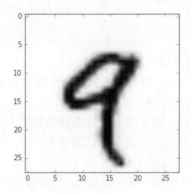

图 2-2   数据集中的第 4 个样本

2.2.6   在 Numpy 中操作张量

在前面的例子中,我们使用语法 train_images[i] 来选择沿着第一个轴的特定数字。选择张量的特定元素叫作**张量切片**(tensor slicing)。我们来看一下 Numpy 数组上的张量切片运算。

下面这个例子选择第 10~100 个数字(不包括第 100 个),并将其放在形状为 (90, 28, 28) 的数组中。

```
>>> my_slice = train_images[10:100]
>>> print(my_slice.shape)
(90, 28, 28)
```

它等同于下面这个更复杂的写法,给出了切片沿着每个张量轴的起始索引和结束索引。注意,: 等同于选择整个轴。

```
>>> my_slice = train_images[10:100, :, :]      ◄── 等同于前面的例子
>>> my_slice.shape
(90, 28, 28)
>>> my_slice = train_images[10:100, 0:28, 0:28]   ◄── 也等同于前面的例子
>>> my_slice.shape
(90, 28, 28)
```

一般来说，你可以沿着每个张量轴在任意两个索引之间进行选择。例如，你可以在所有图像的右下角选出 14 像素 × 14 像素的区域：

```
my_slice = train_images[:, 14:, 14:]
```

也可以使用负数索引。与 Python 列表中的负数索引类似，它表示与当前轴终点的相对位置。你可以在图像中心裁剪出 14 像素 × 14 像素的区域：

```
my_slice = train_images[:, 7:-7, 7:-7]
```

2.2.7 数据批量的概念

通常来说，深度学习中所有数据张量的第一个轴（0 轴，因为索引从 0 开始）都是**样本轴**（samples axis，有时也叫**样本维度**）。在 MNIST 的例子中，样本就是数字图像。

此外，深度学习模型不会同时处理整个数据集，而是将数据拆分成小批量。具体来看，下面是 MNIST 数据集的一个批量，批量大小为 128。

```
batch = train_images[:128]
```

然后是下一个批量。

```
batch = train_images[128:256]
```

然后是第 *n* 个批量。

```
batch = train_images[128 * n:128 * (n + 1)]
```

对于这种批量张量，第一个轴（0 轴）叫作**批量轴**（batch axis）或**批量维度**（batch dimension）。在使用 Keras 和其他深度学习库时，你会经常遇到这个术语。

2.2.8 现实世界中的数据张量

我们用几个你未来会遇到的示例来具体介绍数据张量。你需要处理的数据几乎总是以下类别之一。

- ❑ **向量数据**：2D 张量，形状为 (samples, features)。
- ❑ **时间序列数据或序列数据**：3D 张量，形状为 (samples, timesteps, features)。
- ❑ **图像**：4D 张量，形状为 (samples, height, width, channels) 或 (samples, channels, height, width)。
- ❑ **视频**：5D 张量，形状为 (samples, frames, height, width, channels) 或 (samples, frames, channels, height, width)。

2.2.9 向量数据

这是最常见的数据。对于这种数据集，每个数据点都被编码为一个向量，因此一个数据批量就被编码为 2D 张量（即向量组成的数组），其中第一个轴是**样本轴**，第二个轴是**特征轴**。

我们来看两个例子。

- □ 人口统计数据集，其中包括每个人的年龄、邮编和收入。每个人可以表示为包含 3 个值的向量，而整个数据集包含 100 000 个人，因此可以存储在形状为 (100000, 3) 的 2D 张量中。
- □ 文本文档数据集，我们将每个文档表示为每个单词在其中出现的次数（字典中包含 20 000 个常见单词）。每个文档可以被编码为包含 20 000 个值的向量（每个值对应于字典中每个单词的出现次数），整个数据集包含 500 个文档，因此可以存储在形状为 (500, 20000) 的张量中。

2.2.10   时间序列数据或序列数据

当时间（或序列顺序）对于数据很重要时，应该将数据存储在带有时间轴的 3D 张量中。每个样本可以被编码为一个向量序列（即 2D 张量），因此一个数据批量就被编码为一个 3D 张量（见图 2-3）。

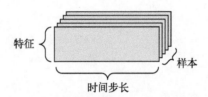

特征
样本
时间步长

图 2-3   时间序列数据组成的 3D 张量

根据惯例，时间轴始终是第 2 个轴（索引为 1 的轴）。我们来看几个例子。

- □ 股票价格数据集。每一分钟，我们将股票的当前价格、前一分钟的最高价格和前一分钟的最低价格保存下来。因此每分钟被编码为一个 3D 向量，整个交易日被编码为一个形状为 (390, 3) 的 2D 张量（一个交易日有 390 分钟），而 250 天的数据则可以保存在一个形状为 (250, 390, 3) 的 3D 张量中。这里每个样本是一天的股票数据。
- □ 推文数据集。我们将每条推文编码为 280 个字符组成的序列，而每个字符又来自于 128 个字符组成的字母表。在这种情况下，每个字符可以被编码为大小为 128 的二进制向量（只有在该字符对应的索引位置取值为 1，其他元素都为 0）。那么每条推文可以被编码为一个形状为 (280, 128) 的 2D 张量，而包含 100 万条推文的数据集则可以存储在一个形状为 (1000000, 280, 128) 的张量中。

2.2.11   图像数据

图像通常具有三个维度：高度、宽度和颜色深度。虽然灰度图像（比如 MNIST 数字图像）只有一个颜色通道，因此可以保存在 2D 张量中，但按照惯例，图像张量始终都是 3D 张量，灰度图像的彩色通道只有一维。因此，如果图像大小为 256×256，那么 128 张灰度图像组成的批量可以保存在一个形状为 (128, 256, 256, 1) 的张量中，而 128 张彩色图像组成的批量则可以保存在一个形状为 (128, 256, 256, 3) 的张量中（见图 2-4）。

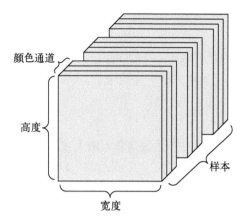

图 2-4 图像数据组成的 4D 张量（通道在前的约定）

图像张量的形状有两种约定：**通道在后**（channels-last）的约定（在 TensorFlow 中使用）和**通道在前**（channels-first）的约定（在 Theano 中使用）。Google 的 TensorFlow 机器学习框架将颜色深度轴放在最后：(samples, height, width, color_depth)。与此相反，Theano 将图像深度轴放在批量轴之后：(samples, color_depth, height, width)。如果采用 Theano 约定，前面的两个例子将变成 (128, 1, 256, 256) 和 (128, 3, 256, 256)。Keras 框架同时支持这两种格式。

2.2.12 视频数据

视频数据是现实生活中需要用到 5D 张量的少数数据类型之一。视频可以看作一系列帧，每一帧都是一张彩色图像。由于每一帧都可以保存在一个形状为 (height, width, color_depth) 的 3D 张量中，因此一系列帧可以保存在一个形状为 (frames, height, width, color_depth) 的 4D 张量中，而不同视频组成的批量则可以保存在一个 5D 张量中，其形状为 (samples, frames, height, width, color_depth)。

举个例子，一个以每秒 4 帧采样的 60 秒 YouTube 视频片段，视频尺寸为 144×256，这个视频共有 240 帧。4 个这样的视频片段组成的批量将保存在形状为 (4, 240, 144, 256, 3) 的张量中。总共有 106 168 320 个值！如果张量的数据类型（dtype）是 float32，每个值都是 32 位，那么这个张量共有 405MB。好大！你在现实生活中遇到的视频要小得多，因为它们不以 float32 格式存储，而且通常被大大压缩，比如 MPEG 格式。

2.3 神经网络的"齿轮"：张量运算

所有计算机程序最终都可以简化为二进制输入上的一些二进制运算（AND、OR、NOR 等），与此类似，深度神经网络学到的所有变换也都可以简化为数值数据张量上的一些**张量运算**（tensor operation），例如加上张量、乘以张量等。

在最开始的例子中，我们通过叠加 Dense 层来构建网络。Keras 层的实例如下所示。

```
keras.layers.Dense(512, activation='relu')
```

这个层可以理解为一个函数，输入一个 2D 张量，返回另一个 2D 张量，即输入张量的新表示。具体而言，这个函数如下所示（其中 W 是一个 2D 张量，b 是一个向量，二者都是该层的属性）。

```
output = relu(dot(W, input) + b)
```

我们将上式拆开来看。这里有三个张量运算：输入张量和张量 W 之间的点积运算（dot）、得到的 2D 张量与向量 b 之间的加法运算（+）、最后的 relu 运算。relu(x) 是 max(x, 0)。

注意　虽然本节的内容都是关于线性代数表达式，但你却找不到任何数学符号。我发现，对于没有数学背景的程序员来说，如果用简短的 Python 代码而不是数学方程来表达数学概念，他们将更容易掌握。所以我们自始至终将会使用 Numpy 代码。

2.3.1　逐元素运算

relu 运算和加法都是**逐元素**（element-wise）的运算，即该运算独立地应用于张量中的每个元素，也就是说，这些运算非常适合大规模并行实现（**向量化实现**，这一术语来自于 1970—1990 年间**向量处理器**超级计算机架构）。如果你想对逐元素运算编写简单的 Python 实现，那么可以用 for 循环。下列代码是对逐元素 relu 运算的简单实现。

```
def naive_relu(x):
    assert len(x.shape) == 2    ◀── x 是一个 Numpy 的 2D 张量

    x = x.copy()                ◀── 避免覆盖输入张量
    for i in range(x.shape[0]):
        for j in range(x.shape[1]):
            x[i, j] = max(x[i, j], 0)
    return x
```

对于加法采用同样的实现方法。

```
def naive_add(x, y):
    assert len(x.shape) == 2    ┐ x 和 y 是 Numpy 的 2D 张量
    assert x.shape == y.shape   ┘

    x = x.copy()
    for i in range(x.shape[0]):              ┐ 避免覆盖输入张量
        for j in range(x.shape[1]):          ┘
            x[i, j] += y[i, j]
    return x
```

根据同样的方法，你可以实现逐元素的乘法、减法等。

在实践中处理 Numpy 数组时，这些运算都是优化好的 Numpy 内置函数，这些函数将大量运算交给安装好的基础线性代数子程序（BLAS，basic linear algebra subprograms）实现（没装的话，应该装一个）。BLAS 是低层次的、高度并行的、高效的张量操作程序，通常用 Fortran或 C 语言来实现。

因此，在 Numpy 中可以直接进行下列逐元素运算，速度非常快。

```
import numpy as np

z = x + y        ←—— 逐元素的相加

z = np.maximum(z, 0.)      ←—— 逐元素的 relu
```

2.3.2　广播

上一节 naive_add 的简单实现仅支持两个形状相同的 2D 张量相加。但在前面介绍的Dense 层中，我们将一个 2D 张量与一个向量相加。如果将两个形状不同的张量相加，会发生什么？

如果没有歧义的话，较小的张量会被**广播**（broadcast），以匹配较大张量的形状。广播包含以下两步。

(1) 向较小的张量添加轴（叫作**广播轴**），使其 ndim 与较大的张量相同。

(2) 将较小的张量沿着新轴重复，使其形状与较大的张量相同。

来看一个具体的例子。假设 X 的形状是 (32, 10)，y 的形状是 (10,)。首先，我们给 y添加空的第一个轴，这样 y 的形状变为 (1, 10)。然后，我们将 y 沿着新轴重复 32 次，这样得到的张量 Y 的形状为 (32, 10)，并且 Y[i, :] == y for i in range(0, 32)。现在，我们可以将 X 和 Y 相加，因为它们的形状相同。

在实际的实现过程中并不会创建新的 2D 张量，因为那样做非常低效。重复的操作完全是虚拟的，它只出现在算法中，而没有发生在内存中。但想象将向量沿着新轴重复 10 次，是一种很有用的思维模型。下面是一种简单的实现。

```
def naive_add_matrix_and_vector(x, y):
    assert len(x.shape) == 2      ←—— x 是一个 Numpy 的 2D 张量
    assert len(y.shape) == 1      ←—— y 是一个 Numpy 向量
    assert x.shape[1] == y.shape[0]

    x = x.copy()                  ←—— 避免覆盖输入张量
    for i in range(x.shape[0]):
        for j in range(x.shape[1]):
            x[i, j] += y[j]
    return x
```

如果一个张量的形状是 (a, b, ... n, n+1, ... m)，另一个张量的形状是 (n, n+1,... m)，那么你通常可以利用广播对它们做两个张量之间的逐元素运算。广播操作会自动应用于从 a 到 n-1 的轴。

下面这个例子利用广播将逐元素的 maximum 运算应用于两个形状不同的张量。

```
import numpy as np

x = np.random.random((64, 3, 32, 10))        ←── x 是形状为 (64, 3, 32, 10) 的随机张量
y = np.random.random((32, 10))               ←── y 是形状为 (32, 10) 的随机张量

z = np.maximum(x, y)        ←── 输出 z 的形状是 (64, 3, 32, 10)，与 x 相同
```

2.3.3　张量点积

点积运算，也叫**张量积**（tensor product，不要与逐元素的乘积弄混），是最常见也最有用的张量运算。与逐元素的运算不同，它将输入张量的元素合并在一起。

在 Numpy、Keras、Theano 和 TensorFlow 中，都是用 * 实现逐元素乘积。TensorFlow 中的点积使用了不同的语法，但在 Numpy 和 Keras 中，都是用标准的 dot 运算符来实现点积。

```
import numpy as np

z = np.dot(x, y)
```

数学符号中的点（.）表示点积运算。

```
z=x.y
```

从数学的角度来看，点积运算做了什么？我们首先看一下两个向量 x 和 y 的点积。其计算过程如下。

```
def naive_vector_dot(x, y):
    assert len(x.shape) == 1        ┃ x 和 y 都是 Numpy 向量
    assert len(y.shape) == 1
    assert x.shape[0] == y.shape[0]

    z = 0.
    for i in range(x.shape[0]):
        z += x[i] * y[i]
    return z
```

注意，两个向量之间的点积是一个标量，而且只有元素个数相同的向量之间才能做点积。

你还可以对一个矩阵 x 和一个向量 y 做点积，返回值是一个向量，其中每个元素是 y 和 x 的每一行之间的点积。其实现过程如下。

```
import numpy as np

def naive_matrix_vector_dot(x, y):        ┃ x 是一个 Numpy 矩阵
    assert len(x.shape) == 2        ←──
    assert len(y.shape) == 1        ←── y 是一个 Numpy 向量
    assert x.shape[1] == y.shape[0]        ←── x 的第 1 维和 y 的第 0 维大小必须相同

    z = np.zeros(x.shape[0])        ←──
    for i in range(x.shape[0]):
        for j in range(x.shape[1]):        ┃ 这个运算返回一个全是 0 的向量，
            z[i] += x[i, j] * y[j]        ┃ 其形状与 x.shape[0] 相同
    return z
```

你还可以复用前面写过的代码，从中可以看出矩阵 – 向量点积与向量点积之间的关系。

```
def naive_matrix_vector_dot(x, y):
    z = np.zeros(x.shape[0])
    for i in range(x.shape[0]):
        z[i] = naive_vector_dot(x[i, :], y)
    return z
```

注意，如果两个张量中有一个的 ndim 大于 1，那么 dot 运算就不再是对称的，也就是说，dot(x, y) 不等于 dot(y, x)。

当然，点积可以推广到具有任意个轴的张量。最常见的应用可能就是两个矩阵之间的点积。对于两个矩阵 x 和 y，当且仅当 x.shape[1] == y.shape[0] 时，你才可以对它们做点积（dot(x, y)）。得到的结果是一个形状为 (x.shape[0], y.shape[1]) 的矩阵，其元素为 x 的行与 y 的列之间的点积。其简单实现如下。

x 和 y 都是 Numpy 矩阵

```
def naive_matrix_dot(x, y):
    assert len(x.shape) == 2
    assert len(y.shape) == 2
    assert x.shape[1] == y.shape[0]      ← x 的第 1 维和 y 的第 0 维大小必须相同

    z = np.zeros((x.shape[0], y.shape[1]))   ← 这个运算返回特定形状的零矩阵
    for i in range(x.shape[0]):          ← 遍历 x 的所有行……
        for j in range(y.shape[1]):      ← ……然后遍历 y 的所有列
            row_x = x[i, :]
            column_y = y[:, j]
            z[i, j] = naive_vector_dot(row_x, column_y)
    return z
```

为了便于理解点积的形状匹配，可以将输入张量和输出张量像图 2-5 中那样排列，利用可视化来帮助理解。

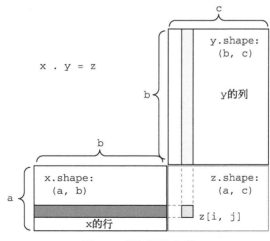

图 2-5 图解矩阵点积

图 2-5 中，x、y 和 z 都用矩形表示（元素按矩形排列）。x 的行和 y 的列必须大小相同，因此 x 的宽度一定等于 y 的高度。如果你打算开发新的机器学习算法，可能经常要画这种图。

更一般地说，你可以对更高维的张量做点积，只要其形状匹配遵循与前面 2D 张量相同的原则：

```
(a, b, c, d) . (d,) -> (a, b, c)

(a, b, c, d) . (d, e) -> (a, b, c, e)
```

以此类推。

2.3.4 张量变形

第三个重要的张量运算是**张量变形**（tensor reshaping）。虽然前面神经网络第一个例子的 Dense 层中没有用到它，但在将图像数据输入神经网络之前，我们在预处理时用到了这个运算。

```
train_images = train_images.reshape((60000, 28 * 28))
```

张量变形是指改变张量的行和列，以得到想要的形状。变形后的张量的元素总个数与初始张量相同。简单的例子可以帮助我们理解张量变形。

```
>>> x = np.array([[0., 1.],
                  [2., 3.],
                  [4., 5.]])
>>> print(x.shape)
(3, 2)
>>> x = x.reshape((6, 1))
>>> x
array([[ 0.],
       [ 1.],
       [ 2.],
       [ 3.],
       [ 4.],
       [ 5.]])
>>> x = x.reshape((2, 3))
>>> x
array([[ 0.,  1.,  2.],
       [ 3.,  4.,  5.]])
```

经常遇到的一种特殊的张量变形是**转置**（transposition）。对矩阵做转置是指将行和列互换，使 x[i, :] 变为 x[:, i]。

```
>>> x = np.zeros((300, 20))        <—— 创建一个形状为 (300, 20) 的零矩阵
>>> x = np.transpose(x)
>>> print(x.shape)
(20, 300)
```

2.3.5 张量运算的几何解释

对于张量运算所操作的张量，其元素可以被解释为某种几何空间内点的坐标，因此所有的

张量运算都有几何解释。举个例子，我们来看加法。首先有这样一个向量：

A = [0.5, 1]

它是二维空间中的一个点（见图 2-6）。常见的做法是将向量描绘成原点到这个点的箭头，如图 2-7 所示。

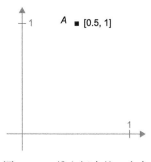
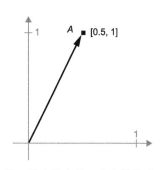

图 2-6 二维空间中的一个点   图 2-7 将二维空间中的一个点描绘成一个箭头

假设又有一个点：B = [1, 0.25]，将它与前面的 A 相加。从几何上来看，这相当于将两个向量箭头连在一起，得到的位置表示两个向量之和对应的向量（见图 2-8）。

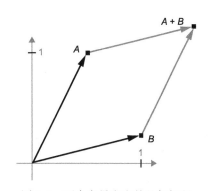

图 2-8 两个向量之和的几何解释

通常来说，仿射变换、旋转、缩放等基本的几何操作都可以表示为张量运算。举个例子，要将一个二维向量旋转 theta 角，可以通过与一个 2×2 矩阵做点积来实现，这个矩阵为 R = [u, v]，其中 u 和 v 都是平面向量：u = [cos(theta), sin(theta)]，v = [-sin(theta), cos(theta)]。

2.3.6 深度学习的几何解释

前面讲过，神经网络完全由一系列张量运算组成，而这些张量运算都只是输入数据的几何变换。因此，你可以将神经网络解释为高维空间中非常复杂的几何变换，这种变换可以通过许多简单的步骤来实现。

对于三维的情况，下面这个思维图像是很有用的。想象有两张彩纸：一张红色，一张蓝色。

将其中一张纸放在另一张上。现在将两张纸一起揉成小球。这个皱巴巴的纸球就是你的输入数据，每张纸对应于分类问题中的一个类别。神经网络（或者任何机器学习模型）要做的就是找到可以让纸球恢复平整的变换，从而能够再次让两个类别明确可分。通过深度学习，这一过程可以用三维空间中一系列简单的变换来实现，比如你用手指对纸球做的变换，每次做一个动作，如图 2-9 所示。

图 2-9　解开复杂的数据流形

让纸球恢复平整就是机器学习的内容：为复杂的、高度折叠的数据流形找到简洁的表示。现在你应该能够很好地理解，为什么深度学习特别擅长这一点：它将复杂的几何变换逐步分解为一长串基本的几何变换，这与人类展开纸球所采取的策略大致相同。深度网络的每一层都通过变换使数据解开一点点——许多层堆叠在一起，可以实现非常复杂的解开过程。

2.4　神经网络的"引擎"：基于梯度的优化

上一节介绍过，我们的第一个神经网络示例中，每个神经层都用下述方法对输入数据进行变换。

```
output = relu(dot(W, input) + b)
```

在这个表达式中，W 和 b 都是张量，均为该层的属性。它们被称为该层的**权重**（weight）或**可训练参数**（trainable parameter），分别对应 kernel 和 bias 属性。这些权重包含网络从观察训练数据中学到的信息。

一开始，这些权重矩阵取较小的随机值，这一步叫作**随机初始化**（random initialization）。当然，W 和 b 都是随机的，relu(dot(W, input) + b) 肯定不会得到任何有用的表示。虽然得到的表示是没有意义的，但这是一个起点。下一步则是根据反馈信号逐渐调节这些权重。这个逐渐调节的过程叫作**训练**，也就是机器学习中的学习。

上述过程发生在一个**训练循环**（training loop）内，其具体过程如下。必要时一直重复这些步骤。

(1) 抽取训练样本 x 和对应目标 y 组成的数据批量。

(2) 在 x 上运行网络［这一步叫作**前向传播**（forward pass）］，得到预测值 y_pred。

(3) 计算网络在这批数据上的损失，用于衡量 y_pred 和 y 之间的距离。

(4) 更新网络的所有权重，使网络在这批数据上的损失略微下降。

最终得到的网络在训练数据上的损失非常小，即预测值 y_pred 和预期目标 y 之间的距离非常小。网络"学会"将输入映射到正确的目标。乍一看可能像魔法一样，但如果你将其简化为基本步骤，那么会变得非常简单。

第一步看起来非常简单，只是输入/输出（I/O）的代码。第二步和第三步仅仅是一些张量运算的应用，所以你完全可以利用上一节学到的知识来实现这两步。难点在于第四步：更新网络的权重。考虑网络中某个权重系数，你怎么知道这个系数应该增大还是减小，以及变化多少？

一种简单的解决方案是，保持网络中其他权重不变，只考虑某个标量系数，让其尝试不同的取值。假设这个系数的初始值为 0.3。对一批数据做完前向传播后，网络在这批数据上的损失是 0.5。如果你将这个系数的值改为 0.35 并重新运行前向传播，损失会增大到 0.6。但如果你将这个系数减小到 0.25，损失会减小到 0.4。在这个例子中，将这个系数减小 0.05 似乎有助于使损失最小化。对于网络中的所有系数都要重复这一过程。

但这种方法是非常低效的，因为对每个系数（系数很多，通常有上千个，有时甚至多达上百万个）都需要计算两次前向传播（计算代价很大）。一种更好的方法是利用网络中所有运算都是**可微**（differentiable）的这一事实，计算损失相对于网络系数的**梯度**（gradient），然后向梯度的反方向改变系数，从而使损失降低。

如果你已经了解**可微**和**梯度**这两个概念，可以直接跳到 2.4.3 节。如果不了解，下面两小节有助于你理解这些概念。

2.4.1　什么是导数

假设有一个连续的光滑函数 f(x) = y,将实数 x 映射为另一个实数 y。由于函数是**连续的**，x 的微小变化只能导致 y 的微小变化——这就是函数连续性的直观解释。假设 x 增大了一个很小的因子 epsilon_x，这导致 y 也发生了很小的变化，即 epsilon_y：

f(x + epsilon_x) = y + epsilon_y

此外，由于函数是**光滑的**（即函数曲线没有突变的角度），在某个点 p 附近，如果 epsilon_x 足够小，就可以将 f 近似为斜率为 a 的线性函数，这样 epsilon_y 就变成了 a * epsilon_x：

f(x + epsilon_x) = y + a * epsilon_x

显然，只有在 x 足够接近 p 时，这个线性近似才有效。

斜率 a 被称为 f 在 p 点的**导数**（derivative）。如果 a 是负的，说明 x 在 p 点附近的微小变化将导致 f(x) 减小（如图 2-10 所示）；如果 a 是正的，那么 x 的微小变化将导致 f(x) 增大。此外，a 的绝对值（导数大小）表示增大或减小的速度快慢。

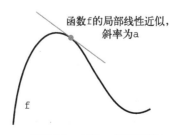

函数 f 的局部线性近似，斜率为 a

f

图 2-10　f 在 p 点的导数

对于每个可微函数 f(x)(**可微**的意思是"可以被求导"。例如,光滑的连续函数可以被求导),都存在一个导数函数 f'(x),将 x 的值映射为 f 在该点的局部线性近似的斜率。例如,cos(x)的导数是 -sin(x),f(x) = a * x 的导数是 f'(x) = a,等等。

如果你想要将 x 改变一个小因子 epsilon_x,目的是将 f(x) 最小化,并且知道 f 的导数,那么问题解决了:导数完全描述了改变 x 后 f(x) 会如何变化。如果你希望减小 f(x) 的值,只需将 x 沿着导数的反方向移动一小步。

2.4.2 张量运算的导数:梯度

梯度(gradient)是张量运算的导数。它是导数这一概念向多元函数导数的推广。多元函数是以张量作为输入的函数。

假设有一个输入向量 x、一个矩阵 W、一个目标 y 和一个损失函数 loss。你可以用 W 来计算预测值 y_pred,然后计算损失,或者说预测值 y_pred 和目标 y 之间的距离。

```
y_pred = dot(W, x)
loss_value = loss(y_pred, y)
```

如果输入数据 x 和 y 保持不变,那么这可以看作将 W 映射到损失值的函数。

```
loss_value = f(W)
```

假设 W 的当前值为 W0。f 在 W0 点的导数是一个张量 gradient(f)(W0),其形状与 W 相同,每个系数 gradient(f)(W0)[i, j] 表示改变 W0[i, j] 时 loss_value 变化的方向和大小。张量 gradient(f)(W0) 是函数 f(W) = loss_value 在 W0 的导数。

前面已经看到,单变量函数 f(x) 的导数可以看作函数 f 曲线的斜率。同样,gradient(f)(W0) 也可以看作表示 f(W) 在 W0 附近**曲率**(curvature)的张量。

对于一个函数 f(x),你可以通过将 x 向导数的反方向移动一小步来减小 f(x) 的值。同样,对于张量的函数 f(W),你也可以通过将 W 向梯度的反方向移动来减小 f(W),比如 W1 = W0 - step * gradient(f)(W0),其中 step 是一个很小的比例因子。也就是说,沿着曲率的反方向移动,直观上来看在曲线上的位置会更低。注意,比例因子 step 是必需的,因为 gradient(f)(W0) 只是 W0 附近曲率的近似值,不能离 W0 太远。

2.4.3 随机梯度下降

给定一个可微函数,理论上可以用解析法找到它的最小值:函数的最小值是导数为 0 的点,因此你只需找到所有导数为 0 的点,然后计算函数在其中哪个点具有最小值。

将这一方法应用于神经网络,就是用解析法求出最小损失函数对应的所有权重值。可以通过对方程 gradient(f)(W) = 0 求解 W 来实现这一方法。这是包含 N 个变量的多项式方程,其中 N 是网络中系数的个数。N=2 或 N=3 时可以对这样的方程求解,但对于实际的神经网络是无法求解的,因为参数的个数不会少于几千个,而且经常有上千万个。

相反,你可以使用 2.4 节开头总结的四步算法:基于当前在随机数据批量上的损失,一点一点地对参数进行调节。由于处理的是一个可微函数，你可以计算出它的梯度，从而有效地实现第四步。沿着梯度的反方向更新权重，损失每次都会变小一点。

(1) 抽取训练样本 x 和对应目标 y 组成的数据批量。

(2) 在 x 上运行网络，得到预测值 y_pred。

(3) 计算网络在这批数据上的损失，用于衡量 y_pred 和 y 之间的距离。

(4) 计算损失相对于网络参数的梯度［一次**反向传播**（backward pass）］。

(5) 将参数沿着梯度的反方向移动一点，比如 W -= step * gradient，从而使这批数据上的损失减小一点。

这很简单！我刚刚描述的方法叫作**小批量随机梯度下降**（mini-batch stochastic gradient descent，又称为小批量 SGD）。术语**随机**（stochastic）是指每批数据都是随机抽取的（stochastic 是 random 在科学上的同义词[①]）。图 2-11 给出了一维的情况，网络只有一个参数，并且只有一个训练样本。

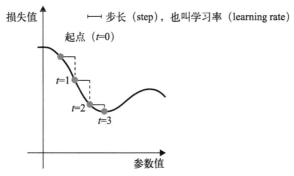

图 2-11 沿着一维损失函数曲线的随机梯度下降（一个需要学习的参数）

如你所见，直观上来看，为 step 因子选取合适的值是很重要的。如果取值太小，则沿着曲线的下降需要很多次迭代，而且可能会陷入局部极小点。如果取值太大，则更新权重值之后可能会出现在曲线上完全随机的位置。

注意，小批量 SGD 算法的一个变体是每次迭代时只抽取一个样本和目标，而不是抽取一批数据。这叫作**真 SGD**（有别于**小批量 SGD**）。还有另一种极端，每一次迭代都在**所有**数据上运行，这叫作**批量 SGD**。这样做的话，每次更新都更加准确，但计算代价也高得多。这两个极端之间的有效折中则是选择合理的批量大小。

图 2-11 描述的是一维参数空间中的梯度下降，但在实践中需要在高维空间中使用梯度下降。神经网络的每一个权重参数都是空间中的一个自由维度，网络中可能包含数万个甚至上百万个参数维度。为了让你对损失曲面有更直观的认识，你还可以将梯度下降沿着二维损失曲面可视化，如图 2-12 所示。但你不可能将神经网络的实际训练过程可视化，因为你无法用人类可以理解的方式来可视化 1 000 000 维空间。因此最好记住，在这些低维表示中形成的直觉在实践中不一定总是准确的。这在历史上一直是深度学习研究的问题来源。

[①] 这两个单词的中文意思都是"随机的"。——译者注

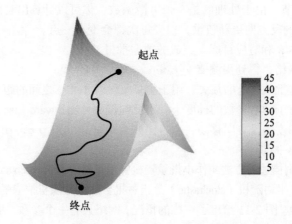

图 2-12   沿着二维损失曲面的梯度下降（两个需要学习的参数）

此外，SGD 还有多种变体，其区别在于计算下一次权重更新时还要考虑上一次权重更新，而不是仅仅考虑当前梯度值，比如带动量的 SGD、Adagrad、RMSProp 等变体。这些变体被称为**优化方法**（optimization method）或**优化器**（optimizer）。其中**动量**的概念尤其值得关注，它在许多变体中都有应用。动量解决了 SGD 的两个问题：收敛速度和局部极小点。图 2-13 给出了损失作为网络参数的函数的曲线。

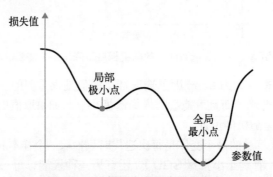

图 2-13   局部极小点和全局最小点

如你所见，在某个参数值附近，有一个**局部极小点**（local minimum）：在这个点附近，向左移动和向右移动都会导致损失值增大。如果使用小学习率的 SGD 进行优化，那么优化过程可能会陷入局部极小点，导致无法找到全局最小点。

使用动量方法可以避免这样的问题，这一方法的灵感来源于物理学。有一种有用的思维图像，就是将优化过程想象成一个小球从损失函数曲线上滚下来。如果小球的动量足够大，那么它不会卡在峡谷里，最终会到达全局最小点。动量方法的实现过程是每一步都移动小球，不仅要考虑当前的斜率值（当前的加速度），还要考虑当前的速度（来自于之前的加速度）。这在实践中指的是，更新参数 w 不仅要考虑当前的梯度值，还要考虑上一次的参数更新，其简单实现如下所示。

```
past_velocity = 0.
momentum = 0.1              ←── 不变的动量因子
while loss > 0.01:          ←── 优化循环
    w, loss, gradient = get_current_parameters()
    velocity = past_velocity * momentum - learning_rate * gradient
    w = w + momentum * velocity - learning_rate * gradient
    past_velocity = velocity
    update_parameter(w)
```

2.4.4　链式求导：反向传播算法

在前面的算法中，我们假设函数是可微的，因此可以明确计算其导数。在实践中，神经网络函数包含许多连接在一起的张量运算，每个运算都有简单的、已知的导数。例如，下面这个网络 f 包含 3 个张量运算 a、b 和 c，还有 3 个权重矩阵 W1、W2 和 W3。

```
f(W1, W2, W3) = a(W1, b(W2, c(W3)))
```

根据微积分的知识，这种函数链可以利用下面这个恒等式进行求导，它称为**链式法则**（chain rule）：`(f(g(x)))' = f'(g(x)) * g'(x)`。将链式法则应用于神经网络梯度值的计算，得到的算法叫作**反向传播**（backpropagation，有时也叫**反式微分**，reverse-mode differentiation）。反向传播从最终损失值开始，从最顶层反向作用至最底层，利用链式法则计算每个参数对损失值的贡献大小。

现在以及未来数年，人们将使用能够进行**符号微分**（symbolic differentiation）的现代框架来实现神经网络，比如 TensorFlow。也就是说，给定一个运算链，并且已知每个运算的导数，这些框架就可以利用链式法则来计算这个运算链的梯度**函数**，将网络参数值映射为梯度值。对于这样的函数，反向传播就简化为调用这个梯度函数。由于符号微分的出现，你无须手动实现反向传播算法。因此，我们不会在本节浪费你的时间和精力来推导反向传播的具体公式。你只需充分理解基于梯度的优化方法的工作原理。

2.5　回顾第一个例子

你已经读到了本章最后一节，现在应该对神经网络背后的原理有了大致的了解。我们回头看一下第一个例子，并根据前面三节学到的内容来重新阅读这个例子中的每一段代码。

下面是输入数据。

```
(train_images, train_labels), (test_images, test_labels) = mnist.load_data()

train_images = train_images.reshape((60000, 28 * 28))
train_images = train_images.astype('float32') / 255

test_images = test_images.reshape((10000, 28 * 28))
test_images = test_images.astype('float32') / 255
```

现在你明白了，输入图像保存在 `float32` 格式的 Numpy 张量中，形状分别为 (60000, 784)（训练数据）和 (10000, 784)（测试数据）。

下面是构建网络。

```
network = models.Sequential()
network.add(layers.Dense(512, activation='relu', input_shape=(28 * 28,)))
network.add(layers.Dense(10, activation='softmax'))
```

现在你明白了，这个网络包含两个 Dense 层，每层都对输入数据进行一些简单的张量运算，这些运算都包含权重张量。权重张量是该层的属性，里面保存了网络所学到的**知识**（knowledge）。

下面是网络的编译。

```
network.compile(optimizer='rmsprop',
                loss='categorical_crossentropy',
                metrics=['accuracy'])
```

现在你明白了，categorical_crossentropy 是损失函数，是用于学习权重张量的反馈信号，在训练阶段应使它最小化。你还知道，减小损失是通过小批量随机梯度下降来实现的。梯度下降的具体方法由第一个参数给定，即 rmsprop 优化器。

最后，下面是训练循环。

```
network.fit(train_images, train_labels, epochs=5, batch_size=128)
```

现在你明白在调用 fit 时发生了什么：网络开始在训练数据上进行迭代（每个小批量包含 128 个样本），共迭代 5 次［在所有训练数据上迭代一次叫作一个**轮次**（epoch）］。在每次迭代过程中，网络会计算批量损失相对于权重的梯度，并相应地更新权重。5 轮之后，网络进行了 2345 次梯度更新（每轮 469 次），网络损失值将变得足够小，使得网络能够以很高的精度对手写数字进行分类。

到目前为止，你已经了解了神经网络的大部分知识。

本章小结

- **学习**是指找到一组模型参数，使得在给定的训练数据样本和对应目标值上的损失函数最小化。
- 学习的过程：随机选取包含数据样本及其目标值的批量，并计算批量损失相对于网络参数的梯度。随后将网络参数沿着梯度的反方向稍稍移动（移动距离由学习率指定）。
- 整个学习过程之所以能够实现，是因为神经网络是一系列可微分的张量运算，因此可以利用求导的链式法则来得到梯度函数，这个函数将当前参数和当前数据批量映射为一个梯度值。
- 后续几章你会经常遇到两个关键的概念：**损失**和**优化器**。将数据输入网络之前，你需要先定义这二者。
- **损失**是在训练过程中需要最小化的量，因此，它应该能够衡量当前任务是否已成功解决。
- **优化器**是使用损失梯度更新参数的具体方式，比如 RMSProp 优化器、带动量的随机梯度下降（SGD）等。

第3章

神经网络入门

本章包括以下内容：
- 神经网络的核心组件
- Keras 简介
- 建立深度学习工作站
- 使用神经网络解决基本的分类问题与回归问题

本章的目的是让你开始用神经网络来解决实际问题。你将进一步巩固在第 2 章第一个示例中学到的知识，还会将学到的知识应用于三个新问题，这三个问题涵盖神经网络最常见的三种使用场景：二分类问题、多分类问题和标量回归问题。

本章将进一步介绍神经网络的核心组件，即层、网络、目标函数和优化器；还会简要介绍 Keras，它是贯穿本书的 Python 深度学习库。你还将建立深度学习工作站，安装好 TensorFlow 和 Keras，并支持 GPU。最后，我们将用三个介绍性示例深入讲解如何使用神经网络解决实际问题，这三个示例分别是：

- 将电影评论划分为正面或负面（二分类问题）
- 将新闻按主题分类（多分类问题）
- 根据房地产数据估算房屋价格（回归问题）

学完本章，你将能够使用神经网络解决简单的机器问题，比如对向量数据的分类问题和回归问题。然后，你就可以从第 4 章开始建立对机器学习更加具有原则性、理论性的理解。

3.1 神经网络剖析

前面几章介绍过，训练神经网络主要围绕以下四个方面。
- **层**，多个层组合成**网络**（或**模型**）。
- **输入数据**和相应的**目标**。
- **损失函数**，即用于学习的反馈信号。
- **优化器**，决定学习过程如何进行。

你可以将这四者的关系可视化，如图 3-1 所示：多个层链接在一起组成了网络，将输入数据映射为预测值。然后损失函数将这些预测值与目标进行比较，得到损失值，用于衡量网络预测值与预期结果的匹配程度。优化器使用这个损失值来更新网络的权重。

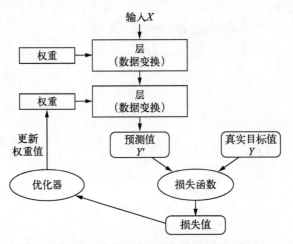

图 3-1　网络、层、损失函数和优化器之间的关系

我们来进一步研究层、网络、损失函数和优化器。

3.1.1 层：深度学习的基础组件

我们在第 2 章中介绍过，神经网络的基本数据结构是**层**。层是一个数据处理模块，将一个或多个输入张量转换为一个或多个输出张量。有些层是无状态的，但大多数的层是有状态的，即层的**权重**。权重是利用随机梯度下降学到的一个或多个张量，其中包含网络的**知识**。

不同的张量格式与不同的数据处理类型需要用到不同的层。例如，简单的向量数据保存在形状为 (samples, features) 的 2D 张量中，通常用**密集连接层**［densely connected layer，也叫**全连接层**（fully connected layer）或**密集层**（dense layer），对应于 Keras 的 Dense 类］来处理。序列数据保存在形状为 (samples, timesteps, features) 的 3D 张量中，通常用**循环层**（recurrent layer，比如 Keras 的 LSTM 层）来处理。图像数据保存在 4D 张量中，通常用二维卷积层（Keras 的 Conv2D）来处理。

你可以将层看作深度学习的乐高积木，Keras 等框架则将这种比喻具体化。在 Keras 中，构建深度学习模型就是将相互兼容的多个层拼接在一起，以建立有用的数据变换流程。这里**层兼容性**（layer compatibility）具体指的是每一层只接受特定形状的输入张量，并返回特定形状的输出张量。看看下面这个例子。

```
from keras import layers

layer = layers.Dense(32, input_shape=(784,))    ◁────┐ 有 32 个输出单元的密集层
```

　　我们创建了一个层，只接受第一个维度大小为 784 的 2D 张量（第 0 轴是批量维度，其大小没有指定，因此可以任意取值）作为输入。这个层将返回一个张量，第一个维度的大小变成了 32。

　　因此，这个层后面只能连接一个接受 32 维向量作为输入的层。使用 Keras 时，你无须担心兼容性，因为向模型中添加的层都会自动匹配输入层的形状，例如下面这段代码。

```
from keras import models
from keras import layers

model = models.Sequential()
model.add(layers.Dense(32, input_shape=(784,)))
model.add(layers.Dense(32))
```

　　其中第二层没有输入形状（input_shape）的参数，相反，它可以自动推导出输入形状等于上一层的输出形状。

3.1.2　模型：层构成的网络

　　深度学习模型是层构成的有向无环图。最常见的例子就是层的线性堆叠，将单一输入映射为单一输出。

　　但随着深入学习，你会接触到更多类型的网络拓扑结构。一些常见的网络拓扑结构如下。
- □ 双分支（two-branch）网络
- □ 多头（multihead）网络
- □ Inception 模块

　　网络的拓扑结构定义了一个**假设空间**（hypothesis space）。你可能还记得第 1 章里机器学习的定义："在预先定义好的可能性空间中，利用反馈信号的指引来寻找输入数据的有用表示。"选定了网络拓扑结构，意味着将**可能性空间**（假设空间）限定为一系列特定的张量运算，将输入数据映射为输出数据。然后，你需要为这些张量运算的权重张量找到一组合适的值。

　　选择正确的网络架构更像是一门艺术而不是科学。虽然有一些最佳实践和原则，但只有动手实践才能让你成为合格的神经网络架构师。后面几章将教你构建神经网络的详细原则，也会帮你建立直觉，明白对于特定问题哪些架构有用、哪些架构无用。

3.1.3　损失函数与优化器：配置学习过程的关键

　　一旦确定了网络架构，你还需要选择以下两个参数。
- □ **损失函数**（目标函数）——在训练过程中需要将其最小化。它能够衡量当前任务是否已成功完成。
- □ **优化器**——决定如何基于损失函数对网络进行更新。它执行的是随机梯度下降（SGD）的某个变体。

具有多个输出的神经网络可能具有多个损失函数（每个输出对应一个损失函数）。但是，梯度下降过程必须基于**单个标量损失值**。因此，对于具有多个损失函数的网络，需要将所有损失函数取平均，变为一个标量值。

选择正确的目标函数对解决问题是非常重要的。网络的目的是使损失尽可能最小化，因此，如果目标函数与成功完成当前任务不完全相关，那么网络最终得到的结果可能会不符合你的预期。想象一下，利用 SGD 训练一个愚蠢而又无所不能的人工智能，给它一个蹩脚的目标函数："将所有活着的人的平均幸福感最大化"。为了简化自己的工作，这个人工智能可能会选择杀死绝大多数人类，只留几个人并专注于这几个人的幸福——因为平均幸福感并不受人数的影响。这可能并不是你想要的结果！请记住，你构建的所有神经网络在降低损失函数时和上述的人工智能一样无情。因此，一定要明智地选择目标函数，否则你将会遇到意想不到的副作用。

幸运的是，对于分类、回归、序列预测等常见问题，你可以遵循一些简单的指导原则来选择正确的损失函数。例如，对于二分类问题，你可以使用二元交叉熵（binary crossentropy）损失函数；对于多分类问题，可以用分类交叉熵（categorical crossentropy）损失函数；对于回归问题，可以用均方误差（mean-squared error）损失函数；对于序列学习问题，可以用联结主义时序分类（CTC, connectionist temporal classification）损失函数，等等。只有在面对真正全新的研究问题时，你才需要自主开发目标函数。在后面几章里，我们将详细说明对于各种常见任务应选择哪种损失函数。

3.2　Keras 简介

本书的代码示例全都使用 Keras 实现。Keras 是一个 Python 深度学习框架，可以方便地定义和训练几乎所有类型的深度学习模型。Keras 最开始是为研究人员开发的，其目的在于快速实验。

Keras 具有以下重要特性。

❑ 相同的代码可以在 CPU 或 GPU 上无缝切换运行。

❑ 具有用户友好的 API，便于快速开发深度学习模型的原型。

❑ 内置支持卷积网络（用于计算机视觉）、循环网络（用于序列处理）以及二者的任意组合。

❑ 支持任意网络架构：多输入或多输出模型、层共享、模型共享等。这也就是说，Keras能够构建任意深度学习模型，无论是生成式对抗网络还是神经图灵机。

Keras 基于宽松的 MIT 许可证发布，这意味着可以在商业项目中免费使用它。它与所有版本的 Python 都兼容（截至 2017 年年中，从 Python 2.7 到 Python 3.6 都兼容）。

Keras 已有 200 000 多个用户，既包括创业公司和大公司的学术研究人员和工程师，也包括研究生和业余爱好者。Google、Netflix、Uber、CERN、Yelp、Square 以及上百家创业公司都在用 Keras 解决各种各样的问题。Keras 还是机器学习竞赛网站 Kaggle 上的热门框架，最新的深度学习竞赛中，几乎所有的优胜者用的都是 Keras 模型，如图 3-2 所示。

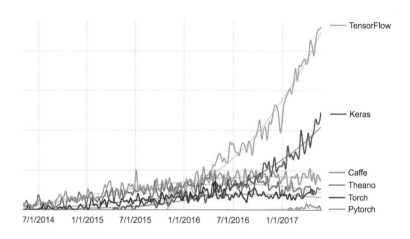

图 3-2　不同深度学习框架的 Google 网页搜索热度的变化趋势

3.2.1 Keras、TensorFlow、Theano 和 CNTK

　　Keras 是一个模型级（model-level）的库，为开发深度学习模型提供了高层次的构建模块。它不处理张量操作、求微分等低层次的运算。相反，它依赖于一个专门的、高度优化的张量库来完成这些运算，这个张量库就是 Keras 的**后端引擎**（backend engine）。Keras 没有选择单个张量库并将 Keras 实现与这个库绑定，而是以模块化的方式处理这个问题（见图 3-3）。因此，几个不同的后端引擎都可以无缝嵌入到 Keras 中。目前，Keras 有三个后端实现：TensorFlow 后端、Theano 后端和微软认知工具包（CNTK，Microsoft cognitive toolkit）后端。未来 Keras 可能会扩展到支持更多的深度学习引擎。

图 3-3　深度学习的软件栈和硬件栈

　　TensorFlow、CNTK 和 Theano 是当今深度学习的几个主要平台。Theano 由蒙特利尔大学的 MILA 实验室开发，TensorFlow 由 Google 开发，CNTK 由微软开发。你用 Keras 写的每一段代码都可以在这三个后端上运行，无须任何修改。也就是说，你在开发过程中可以在两个后端之间无缝切换，这通常是很有用的。例如，对于特定任务，某个后端的速度更快，那么我们就可以无缝切换过去。我们推荐使用 TensorFlow 后端作为大部分深度学习任务的默认后端，因为它的应用最广泛，可扩展，而且可用于生产环境。

通过 TensorFlow（或 Theano、CNTK），Keras 可以在 CPU 和 GPU 上无缝运行。在 CPU 上运行时，TensorFlow 本身封装了一个低层次的张量运算库，叫作 Eigen；在 GPU 上运行时，TensorFlow 封装了一个高度优化的深度学习运算库，叫作 NVIDIA CUDA 深度神经网络库（cuDNN）。

3.2.2　使用 Keras 开发：概述

你已经见过一个 Keras 模型的示例，就是 MNIST 的例子。典型的 Keras 工作流程就和那个例子类似。

(1) 定义训练数据：输入张量和目标张量。

(2) 定义层组成的网络（或**模型**），将输入映射到目标。

(3) 配置学习过程：选择损失函数、优化器和需要监控的指标。

(4) 调用模型的 `fit` 方法在训练数据上进行迭代。

定义模型有两种方法：一种是使用 Sequential 类（仅用于层的线性堆叠，这是目前最常见的网络架构），另一种是**函数式 API**（functional API，用于层组成的有向无环图，让你可以构建任意形式的架构）。

前面讲过，这是一个利用 Sequential 类定义的两层模型（注意，我们向第一层传入了输入数据的预期形状）。

```
from keras import models
from keras import layers

model = models.Sequential()
model.add(layers.Dense(32, activation='relu', input_shape=(784,)))
model.add(layers.Dense(10, activation='softmax'))
```

下面是用函数式 API 定义的相同模型。

```
input_tensor = layers.Input(shape=(784,))
x = layers.Dense(32, activation='relu')(input_tensor)
output_tensor = layers.Dense(10, activation='softmax')(x)

model = models.Model(inputs=input_tensor, outputs=output_tensor)
```

利用函数式 API，你可以操纵模型处理的数据张量，并将层应用于这个张量，就好像这些层是函数一样。

注意　第 7 章有关于函数式 API 的详细指南。在那之前，我们的代码示例中只会用到 Sequential 类。

一旦定义好了模型架构，使用 Sequential 模型还是函数式 API 就不重要了。接下来的步骤都是相同的。

配置学习过程是在编译这一步，你需要指定模型使用的优化器和损失函数，以及训练过程中想要监控的指标。下面是单一损失函数的例子，这也是目前最常见的。

```
from keras import optimizers

model.compile(optimizer=optimizers.RMSprop(lr=0.001),
              loss='mse',
              metrics=['accuracy'])
```

最后，学习过程就是通过 `fit()` 方法将输入数据的 Numpy 数组（和对应的目标数据）传入模型，这一做法与 Scikit-Learn 及其他机器学习库类似。

```
model.fit(input_tensor, target_tensor, batch_size=128, epochs=10)
```

在接下来的几章里，你将会在这些问题上培养可靠的直觉：哪种类型的网络架构适合解决哪种类型的问题？如何选择正确的学习配置？如何调节模型使其给出你想要的结果？我们将在 3.4~3.6 节讲解三个基本示例，分别是二分类问题、多分类问题和回归问题。

3.3 建立深度学习工作站

在开始开发深度学习应用之前，你需要建立自己的深度学习工作站。虽然并非绝对必要，但强烈推荐你在现代 NVIDIA GPU 上运行深度学习实验。某些应用，特别是卷积神经网络的图像处理和循环神经网络的序列处理，在 CPU 上的速度非常之慢，即使是高速多核 CPU 也是如此。即使是可以在 CPU 上运行的深度学习应用，使用现代 GPU 通常也可以将速度提高 5 倍或 10 倍。如果你不想在计算机上安装 GPU，也可以考虑在 AWS EC2 GPU 实例或 Google 云平台上运行深度学习实验。但请注意，时间一长，云端 GPU 实例可能会变得非常昂贵。

无论在本地还是在云端运行，最好都使用 UNIX 工作站。虽然从技术上来说可以在 Windows 上使用 Keras（Keras 的三个后端都支持 Windows），但我们不建议这么做。在附录 A 的安装说明中，我们以安装了 Ubuntu 的计算机为例。如果你是 Windows 用户，最简单的解决方案就是安装 Ubuntu 双系统。这看起来可能有点麻烦，但从长远来看，使用 Ubuntu 将会为你省去大量时间和麻烦。

注意，使用 Keras 需要安装 TensorFlow、CNTK 或 Theano（如果你希望能够在三个后端之间来回切换，那么可以安装三个）。本书将重点介绍 TensorFlow，并简要介绍一下 Theano，不会涉及 CNTK。

3.3.1 Jupyter 笔记本：运行深度学习实验的首选方法

Jupyter 笔记本是运行深度学习实验的好方法，特别适合运行本书中的许多代码示例。它广泛用于数据科学和机器学习领域。**笔记本**（notebook）是 Jupyter Notebook 应用生成的文件，可以在浏览器中编辑。它可以执行 Python 代码，还具有丰富的文本编辑功能，可以对代码进行注释。笔记本还可以将冗长的实验代码拆分为可独立执行的短代码，这使得开发具有交互性，而且如果后面的代码出现问题，你也不必重新运行前面的所有代码。

我们推荐使用 Jupyter 笔记本来上手 Keras，虽然这并不是必需的。你也可以运行独立的 Python 脚本，或者在 IDE（比如 PyCharm）中运行代码。本书所有代码示例都以开源笔记本的形式提供，你可以在本书网站上下载：https://www.manning.com/books/deep-learning-with-python。

3.3.2   运行 Keras：两种选择

想要在实践中使用 Keras，我们推荐以下两种方式。

- 使用官方的 EC2 深度学习 Amazon 系统映像（AMI），并在 EC2 上以 Jupyter 笔记本的方式运行 Keras 实验。如果你的本地计算机上没有 GPU，你可以选择这种方式。附录 B 给出了详细指南。
- 在本地 UNIX 工作站上从头安装。然后你可以运行本地 Jupyter 笔记本或常规的 Python 代码库。如果你已经拥有了高端的 NVIDIA GPU，可以选择这种方式。附录 A 给出了基于 Ubuntu 的详细安装指南。

我们来详细看一下这两种方式的优缺点。

3.3.3   在云端运行深度学习任务：优点和缺点

如果你还没有可用于深度学习的 GPU（即最新的高端 NVIDIA GPU），那么在云端运行深度学习实验是一种简单又低成本的方法，让你无须额外购买硬件就可以上手。如果你使用 Jupyter 笔记本，那么在云端运行的体验与在本地运行完全相同。截至 2017 年年中，最容易上手深度学习的云产品肯定是 AWS EC2。附录 B 给出了在 EC2 GPU 实例上运行 Jupyter 笔记本的详细指南。

但如果你是深度学习的重度用户，从长期来看这种方案是难以持续的，甚至几个星期都不行。EC2 实例的价格很高：附录 B 推荐的实例（`p2.xlarge` 实例，计算能力一般）在 2017 年年中的价格是每小时 0.90 美元。与此相对的是，一款可靠的消费级 GPU 价格在 1000~1500 美元——这个价格一直相当稳定，而这种 GPU 的性能则在不断提高。如果你准备认真从事深度学习，那么应该建立具有一块或多块 GPU 的本地工作站。

简而言之，EC2 是很好的上手方法。你完全可以在 EC2 GPU 实例上运行本书的代码示例。但如果你想成为深度学习的高手，那就自己买 GPU。

3.3.4   深度学习的最佳 GPU

如果你准备买一块 GPU，应该选择哪一款呢？首先要注意，一定要买 NVIDIA GPU。NVIDIA 是目前唯一一家在深度学习方面大规模投资的图形计算公司，现代深度学习框架只能在 NVIDIA 显卡上运行。

截至 2017 年年中，我们推荐 NVIDIA TITAN Xp 为市场上用于深度学习的最佳显卡。如果预算较少，你也可以考虑 GTX 1060。如果你读到本节的时间是在 2018 年或更晚，请花点时间在网上查找最新的推荐，因为每年都会推出新的模型。

从这一节开始，我们将认为你的计算机已经安装好 Keras 及其依赖，最好支持 GPU。在继续阅读之前请确认已经完成此步骤。阅读附录中的详细指南，还可以在网上搜索进一步的帮助。安装 Keras 及常见的深度学习依赖的教程有很多。

下面我们将深入讲解 Keras 示例。

3.4 电影评论分类：二分类问题

二分类问题可能是应用最广泛的机器学习问题。在这个例子中，你将学习根据电影评论的文字内容将其划分为正面或负面。

3.4.1 IMDB 数据集

本节使用 IMDB 数据集，它包含来自互联网电影数据库（IMDB）的 50 000 条严重两极分化的评论。数据集被分为用于训练的 25 000 条评论与用于测试的 25 000 条评论，训练集和测试集都包含 50% 的正面评论和 50% 的负面评论。

为什么要将训练集和测试集分开？因为你不应该将训练机器学习模型的同一批数据再用于测试模型！模型在训练数据上的表现很好，并不意味着它在前所未见的数据上也会表现得很好，而且你真正关心的是模型在新数据上的性能（因为你已经知道了训练数据对应的标签，显然不再需要模型来进行预测）。例如，你的模型最终可能只是**记住**了训练样本和目标值之间的映射关系，但这对在前所未见的数据上进行预测毫无用处。下一章将会更详细地讨论这一点。

与 MNIST 数据集一样，IMDB 数据集也内置于 Keras 库。它已经过预处理：评论（单词序列）已经被转换为整数序列，其中每个整数代表字典中的某个单词。

下列代码将会加载 IMDB 数据集（第一次运行时会下载大约 80MB 的数据）。

代码清单 3-1 加载 IMDB 数据集

```
from keras.datasets import imdb

(train_data, train_labels), (test_data, test_labels) = imdb.load_data(
    num_words=10000)
```

参数 num_words=10000 的意思是仅保留训练数据中前 10 000 个最常出现的单词。低频单词将被舍弃。这样得到的向量数据不会太大，便于处理。

train_data 和 test_data 这两个变量都是评论组成的列表，每条评论又是单词索引组成的列表（表示一系列单词）。train_labels 和 test_labels 都是 0 和 1 组成的列表，其中 0 代表**负面**（negative），1 代表**正面**（positive）。

```
>>> train_data[0]
[1, 14, 22, 16, ... 178, 32]

>>> train_labels[0]
1
```

由于限定为前 10 000 个最常见的单词，单词索引都不会超过 10 000。

```
>>> max([max(sequence) for sequence in train_data])
9999
```

下面这段代码很有意思，你可以将某条评论迅速解码为英文单词。

```
word_index = imdb.get_word_index()   ◁── word_index 是一个将单词映射为整数索引的字典
reverse_word_index = dict(
    [(value, key) for (key, value) in word_index.items()])
decoded_review = ' '.join(
    [reverse_word_index.get(i - 3, '?') for i in train_data[0]])   ◁─┐
```

键值颠倒，将整数
索引映射为单词

将评论解码。注意，索引减去了 3，因为 0、1、2
是为 "padding"（填充）、"start of sequence"（序
列开始）、"unknown"（未知词）分别保留的索引

3.4.2　准备数据

你不能将整数序列直接输入神经网络。你需要将列表转换为张量。转换方法有以下两种。

❑ 填充列表，使其具有相同的长度，再将列表转换成形状为 (samples, word_indices)
的整数张量，然后网络第一层使用能处理这种整数张量的层（即 Embedding 层，本书
后面会详细介绍）。

❑ 对列表进行 one-hot 编码，将其转换为 0 和 1 组成的向量。举个例子，序列 [3, 5] 将会
被转换为 10 000 维向量，只有索引为 3 和 5 的元素是 1，其余元素都是 0。然后网络第
一层可以用 Dense 层，它能够处理浮点数向量数据。

下面我们采用后一种方法将数据向量化。为了加深理解，你可以手动实现这一方法，如下
所示。

代码清单 3-2　将整数序列编码为二进制矩阵

```
import numpy as np

def vectorize_sequences(sequences, dimension=10000):          创建一个形状为 (len(sequences),
    results = np.zeros((len(sequences), dimension))  ◁──      dimension) 的零矩阵
    for i, sequence in enumerate(sequences):
        results[i, sequence] = 1.   ◁── 将 results[i] 的指定索引设为 1
    return results

x_train = vectorize_sequences(train_data)   ◁── 将训练数据向量化
x_test = vectorize_sequences(test_data)     ◁── 将测试数据向量化
```

样本现在变成了这样：

```
>>> x_train[0]
array([ 0., 1., 1., ..., 0., 0., 0.])
```

你还应该将标签向量化，这很简单。

```
y_train = np.asarray(train_labels).astype('float32')
y_test = np.asarray(test_labels).astype('float32')
```

现在可以将数据输入到神经网络中。

3.4.3　构建网络

输入数据是向量，而标签是标量（1 和 0），这是你会遇到的最简单的情况。有一类网

络在这种问题上表现很好，就是带有 relu 激活的全连接层（Dense）的简单堆叠，比如 Dense(16, activation='relu')。

传入 Dense 层的参数（16）是该层隐藏单元的个数。一个**隐藏单元**（hidden unit）是该层表示空间的一个维度。我们在第 2 章讲过，每个带有 relu 激活的 Dense 层都实现了下列张量运算：

```
output = relu(dot(W, input) + b)
```

16 个隐藏单元对应的权重矩阵 W 的形状为 (input_dimension, 16)，与 W 做点积相当于将输入数据投影到 16 维表示空间中（然后再加上偏置向量 b 并应用 relu 运算）。你可以将表示空间的维度直观地理解为"网络学习内部表示时所拥有的自由度"。隐藏单元越多（即更高维的表示空间），网络越能够学到更加复杂的表示，但网络的计算代价也变得更大，而且可能会导致学到不好的模式（这种模式会提高训练数据上的性能，但不会提高测试数据上的性能）。

对于这种 Dense 层的堆叠，你需要确定以下两个关键架构：

❑ 网络有多少层；

❑ 每层有多少个隐藏单元。

第 4 章中的原则将会指导你对上述问题做出选择。现在你只需要相信我选择的下列架构：

❑ 两个中间层，每层都有 16 个隐藏单元；

❑ 第三层输出一个标量，预测当前评论的情感。

中间层使用 relu 作为激活函数，最后一层使用 sigmoid 激活以输出一个 0~1 范围内的概率值（表示样本的目标值等于 1 的可能性，即评论为正面的可能性）。relu（rectified linear unit，整流线性单元）函数将所有负值归零（见图 3-4），而 sigmoid 函数则将任意值"压缩"到 [0, 1] 区间内（见图 3-5），其输出值可以看作概率值。

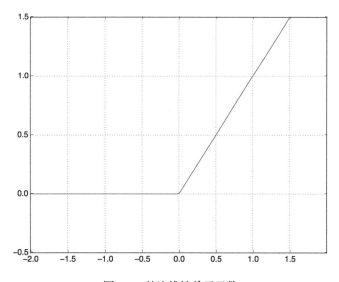

图 3-4　整流线性单元函数

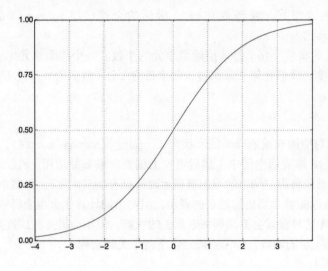

图 3-5　sigmoid 函数

图 3-6 显示了网络的结构。代码清单 3-3 是其 Keras 实现，与前面见过的 MNIST 例子类似。

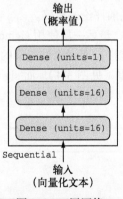

图 3-6　三层网络

代码清单 3-3　模型定义

```
from keras import models
from keras import layers

model = models.Sequential()
model.add(layers.Dense(16, activation='relu', input_shape=(10000,)))
model.add(layers.Dense(16, activation='relu'))
model.add(layers.Dense(1, activation='sigmoid'))
```

什么是激活函数？为什么要使用激活函数？

如果没有 relu 等激活函数（也叫**非线性**），Dense 层将只包含两个线性运算——点积和加法：

```
output = dot(W, input) + b
```

这样 Dense 层就只能学习输入数据的**线性变换**（仿射变换）：该层的**假设空间**是从输入数据到 16 位空间所有可能的线性变换集合。这种假设空间非常有限，无法利用多个表示层的优势，因为多个线性层堆叠实现的仍是线性运算，添加层数并不会扩展假设空间。

为了得到更丰富的假设空间，从而充分利用多层表示的优势，你需要添加非线性或激活函数。relu 是深度学习中最常用的激活函数，但还有许多其他函数可选，它们都有类似的奇怪名称，比如 prelu、elu 等。

最后，你需要选择损失函数和优化器。由于你面对的是一个二分类问题，网络输出是一个概率值（网络最后一层使用 sigmoid 激活函数，仅包含一个单元），那么最好使用 binary_crossentropy（二元交叉熵）损失。这并不是唯一可行的选择，比如你还可以使用 mean_squared_error（均方误差）。但对于输出概率值的模型，**交叉熵**（crossentropy）往往是最好的选择。交叉熵是来自于信息论领域的概念，用于衡量概率分布之间的距离，在这个例子中就是真实分布与预测值之间的距离。

下面的步骤是用 rmsprop 优化器和 binary_crossentropy 损失函数来配置模型。注意，我们还在训练过程中监控精度。

代码清单 3-4　编译模型

```
model.compile(optimizer='rmsprop',
              loss='binary_crossentropy',
              metrics=['accuracy'])
```

上述代码将优化器、损失函数和指标作为字符串传入，这是因为 rmsprop、binary_crossentropy 和 accuracy 都是 Keras 内置的一部分。有时你可能希望配置自定义优化器的参数，或者传入自定义的损失函数或指标函数。前者可通过向 optimizer 参数传入一个优化器类实例来实现，如代码清单 3-5 所示；后者可通过向 loss 和 metrics 参数传入函数对象来实现，如代码清单 3-6 所示。

代码清单 3-5　配置优化器

```
from keras import optimizers

model.compile(optimizer=optimizers.RMSprop(lr=0.001),
              loss='binary_crossentropy',
              metrics=['accuracy'])
```

代码清单 3-6 使用自定义的损失和指标

```
from keras import losses
from keras import metrics

model.compile(optimizer=optimizers.RMSprop(lr=0.001),
              loss=losses.binary_crossentropy,
              metrics=[metrics.binary_accuracy])
```

3.4.4 验证你的方法

为了在训练过程中监控模型在前所未见的数据上的精度，你需要将原始训练数据留出 10 000 个样本作为验证集。

代码清单 3-7 留出验证集

```
x_val = x_train[:10000]
partial_x_train = x_train[10000:]

y_val = y_train[:10000]
partial_y_train = y_train[10000:]
```

现在使用 512 个样本组成的小批量，将模型训练 20 个轮次（即对 x_train 和 y_train 两个张量中的所有样本进行 20 次迭代）。与此同时，你还要监控在留出的 10 000 个样本上的损失和精度。你可以通过将验证数据传入 validation_data 参数来完成。

代码清单 3-8 训练模型

```
model.compile(optimizer='rmsprop',
              loss='binary_crossentropy',
              metrics=['acc'])

history = model.fit(partial_x_train,
                    partial_y_train,
                    epochs=20,
                    batch_size=512,
                    validation_data=(x_val, y_val))
```

在 CPU 上运行，每轮的时间不到 2 秒，训练过程将在 20 秒内结束。每轮结束时会有短暂的停顿，因为模型要计算在验证集的 10 000 个样本上的损失和精度。

注意，调用 model.fit() 返回了一个 History 对象。这个对象有一个成员 history，它是一个字典，包含训练过程中的所有数据。我们来看一下。

```
>>> history_dict = history.history
>>> history_dict.keys()
dict_keys(['val_acc', 'acc', 'val_loss', 'loss'])
```

字典中包含 4 个条目，对应训练过程和验证过程中监控的指标。在下面两个代码清单中，我们将使用 Matplotlib 在同一张图上绘制训练损失和验证损失（见图 3-7），以及训练精度和验证精度（见图 3-8）。请注意，由于网络的随机初始化不同，你得到的结果可能会略有不同。

代码清单 3-9 绘制训练损失和验证损失

```
import matplotlib.pyplot as plt

history_dict = history.history
loss_values = history_dict['loss']
val_loss_values = history_dict['val_loss']

epochs = range(1, len(loss_values) + 1)

plt.plot(epochs, loss_values, 'bo', label='Training loss')      ←── 'bo' 表示蓝色圆点
plt.plot(epochs, val_loss_values, 'b', label='Validation loss') ←── 'b' 表示蓝色实线
plt.title('Training and validation loss')
plt.xlabel('Epochs')
plt.ylabel('Loss')
plt.legend()

plt.show()
```

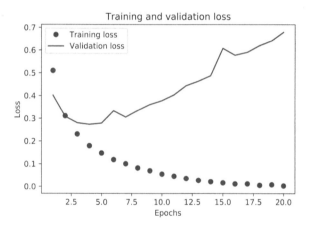

图 3-7 训练损失和验证损失

代码清单 3-10 绘制训练精度和验证精度

```
plt.clf()       ←── 清空图像
acc = history_dict['acc']
val_acc = history_dict['val_acc']

plt.plot(epochs, acc, 'bo', label='Training acc')
plt.plot(epochs, val_acc, 'b', label='Validation acc')
plt.title('Training and validation accuracy')
plt.xlabel('Epochs')
plt.ylabel('Accuracy')
plt.legend()

plt.show()
```

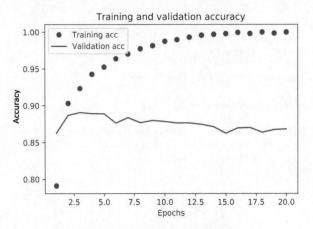

图 3-8　训练精度和验证精度

如你所见，训练损失每轮都在降低，训练精度每轮都在提升。这就是梯度下降优化的预期结果——你想要最小化的量随着每次迭代越来越小。但验证损失和验证精度并非如此：它们似乎在第四轮达到最佳值。这就是我们之前警告过的一种情况：模型在训练数据上的表现越来越好，但在前所未见的数据上不一定表现得越来越好。准确地说，你看到的是**过拟合**（overfit）：在第二轮之后，你对训练数据过度优化，最终学到的表示仅针对于训练数据，无法泛化到训练集之外的数据。

在这种情况下，为了防止过拟合，你可以在 3 轮之后停止训练。通常来说，你可以使用许多方法来降低过拟合，我们将在第 4 章中详细介绍。

我们从头开始训练一个新的网络，训练 4 轮，然后在测试数据上评估模型。

代码清单 3-11　从头开始重新训练一个模型

```
model = models.Sequential()
model.add(layers.Dense(16, activation='relu', input_shape=(10000,)))
model.add(layers.Dense(16, activation='relu'))
model.add(layers.Dense(1, activation='sigmoid'))

model.compile(optimizer='rmsprop',
              loss='binary_crossentropy',
              metrics=['accuracy'])

model.fit(x_train, y_train, epochs=4, batch_size=512)
results = model.evaluate(x_test, y_test)
```

最终结果如下所示。

```
>>> results
[0.2929924130630493, 0.88327999999999995]
```

这种相当简单的方法得到了 **88%** 的精度。利用最先进的方法，你应该能够得到接近 95% 的精度。

3.4.5 使用训练好的网络在新数据上生成预测结果

训练好网络之后，你希望将其用于实践。你可以用 predict 方法来得到评论为正面的可能性大小。

```
>>> model.predict(x_test)
array([[ 0.98006207]
       [ 0.99758697]
       [ 0.99975556]
       ...,
       [ 0.82167041]
       [ 0.02885115]
       [ 0.65371346]], dtype=float32)
```

如你所见，网络对某些样本的结果非常确信（大于等于 0.99，或小于等于 0.01），但对其他结果却不那么确信（0.6 或 0.4）。

3.4.6 进一步的实验

通过以下实验，你可以确信前面选择的网络架构是非常合理的，虽然仍有改进的空间。
- 前面使用了两个隐藏层。你可以尝试使用一个或三个隐藏层，然后观察对验证精度和测试精度的影响。
- 尝试使用更多或更少的隐藏单元，比如 32 个、64 个等。
- 尝试使用 mse 损失函数代替 binary_crossentropy。
- 尝试使用 tanh 激活（这种激活在神经网络早期非常流行）代替 relu。

3.4.7 小结

下面是你应该从这个例子中学到的要点。
- 通常需要对原始数据进行大量预处理，以便将其转换为张量输入到神经网络中。单词序列可以编码为二进制向量，但也有其他编码方式。
- 带有 relu 激活的 Dense 层堆叠，可以解决很多种问题（包括情感分类），你可能会经常用到这种模型。
- 对于二分类问题（两个输出类别），网络的最后一层应该是只有一个单元并使用 sigmoid 激活的 Dense 层，网络输出应该是 0~1 范围内的标量，表示概率值。
- 对于二分类问题的 sigmoid 标量输出，你应该使用 binary_crossentropy 损失函数。
- 无论你的问题是什么，rmsprop 优化器通常都是足够好的选择。这一点你无须担心。
- 随着神经网络在训练数据上的表现越来越好，模型最终会过拟合，并在前所未见的数据上得到越来越差的结果。一定要一直监控模型在训练集之外的数据上的性能。

3.5 新闻分类：多分类问题

上一节中，我们介绍了如何用密集连接的神经网络将向量输入划分为两个互斥的类别。但如果类别不止两个，要怎么做?

　　本节你会构建一个网络，将路透社新闻划分为 46 个互斥的主题。因为有多个类别，所以这是**多分类**（multiclass classification）问题的一个例子。因为每个数据点只能划分到一个类别，所以更具体地说，这是**单标签、多分类**（single-label, multiclass classification）问题的一个例子。如果每个数据点可以划分到多个类别（主题），那它就是一个**多标签、多分类**（multilabel, multiclass classification）问题。

3.5.1　路透社数据集

　　本节使用**路透社数据集**，它包含许多短新闻及其对应的主题，由路透社在 1986 年发布。它是一个简单的、广泛使用的文本分类数据集。它包括 46 个不同的主题:某些主题的样本更多，但训练集中每个主题都有至少 10 个样本。

　　与 IMDB 和 MNIST 类似，路透社数据集也内置为 Keras 的一部分。我们来看一下。

代码清单 3-12　加载路透社数据集

```
from keras.datasets import reuters

(train_data, train_labels), (test_data, test_labels) = reuters.load_data(
    num_words=10000)
```

　　与 IMDB 数据集一样，参数 num_words=10000 将数据限定为前 10 000 个最常出现的单词。我们有 8982 个训练样本和 2246 个测试样本。

```
>>> len(train_data)
8982
>>> len(test_data)
2246
```

　　与 IMDB 评论一样，每个样本都是一个整数列表（表示单词索引）。

```
>>> train_data[10]
[1, 245, 273, 207, 156, 53, 74, 160, 26, 14, 46, 296, 26, 39, 74, 2979,
3554, 14, 46, 4689, 4329, 86, 61, 3499, 4795, 14, 61, 451, 4329, 17, 12]
```

　　如果好奇的话，你可以用下列代码将索引解码为单词。

代码清单 3-13　将索引解码为新闻文本

```
word_index = reuters.get_word_index()
reverse_word_index = dict([(value, key) for (key, value) in word_index.items()])
decoded_newswire = ' '.join([reverse_word_index.get(i - 3, '?') for i in
    train_data[0]])  ←
```

> 注意，索引减去了 3，因为 0、1、2 是为 "padding"（填充）、"start of sequence"（序列开始）、"unknown"（未知词）分别保留的索引

　　样本对应的标签是一个 0~45 范围内的整数，即话题索引编号。

```
>>> train_labels[10]
3
```

3.5.2 准备数据

你可以使用与上一个例子相同的代码将数据向量化。

代码清单 3-14　编码数据

```
import numpy as np

def vectorize_sequences(sequences, dimension=10000):
    results = np.zeros((len(sequences), dimension))
    for i, sequence in enumerate(sequences):
        results[i, sequence] = 1.
    return results

x_train = vectorize_sequences(train_data)    ← 将训练数据向量化
x_test = vectorize_sequences(test_data)       ← 将测试数据向量化
```

将标签向量化有两种方法：你可以将标签列表转换为整数张量，或者使用 one-hot 编码。one-hot 编码是分类数据广泛使用的一种格式，也叫**分类编码**（categorical encoding）。6.1 节给出了 one-hot 编码的详细解释。在这个例子中，标签的 one-hot 编码就是将每个标签表示为全零向量，只有标签索引对应的元素为 1。其代码实现如下。

```
def to_one_hot(labels, dimension=46):
    results = np.zeros((len(labels), dimension))
    for i, label in enumerate(labels):
        results[i, label] = 1.
    return results

one_hot_train_labels = to_one_hot(train_labels)    ← 将训练标签向量化
one_hot_test_labels = to_one_hot(test_labels)       ← 将测试标签向量化
```

注意，Keras 内置方法可以实现这个操作，你在 MNIST 例子中已经见过这种方法。

```
from keras.utils.np_utils import to_categorical

one_hot_train_labels = to_categorical(train_labels)
one_hot_test_labels = to_categorical(test_labels)
```

3.5.3 构建网络

这个主题分类问题与前面的电影评论分类问题类似，两个例子都是试图对简短的文本片段进行分类。但这个问题有一个新的约束条件：输出类别的数量从 2 个变为 46 个。输出空间的维度要大得多。

对于前面用过的 Dense 层的堆叠，每层只能访问上一层输出的信息。如果某一层丢失了与分类问题相关的一些信息，那么这些信息无法被后面的层找回，也就是说，每一层都可能成为信息瓶颈。上一个例子使用了 16 维的中间层，但对这个例子来说 16 维空间可能太小了，无法学会区分 46 个不同的类别。这种维度较小的层可能成为信息瓶颈，永久地丢失相关信息。

出于这个原因，下面将使用维度更大的层，包含 64 个单元。

代码清单 3-15　模型定义

```
from keras import models
from keras import layers

model = models.Sequential()
model.add(layers.Dense(64, activation='relu', input_shape=(10000,)))
model.add(layers.Dense(64, activation='relu'))
model.add(layers.Dense(46, activation='softmax'))
```

关于这个架构还应该注意另外两点。

- 网络的最后一层是大小为 46 的 Dense 层。这意味着，对于每个输入样本，网络都会输出一个 46 维向量。这个向量的每个元素（即每个维度）代表不同的输出类别。
- 最后一层使用了 softmax 激活。你在 MNIST 例子中见过这种用法。网络将输出在 46 个不同输出类别上的**概率分布**——对于每一个输入样本，网络都会输出一个 46 维向量，其中 output[i] 是样本属于第 i 个类别的概率。46 个概率的总和为 1。

对于这个例子，最好的损失函数是 categorical_crossentropy（分类交叉熵）。它用于衡量两个概率分布之间的距离，这里两个概率分布分别是网络输出的概率分布和标签的真实分布。通过将这两个分布的距离最小化，训练网络可使输出结果尽可能接近真实标签。

代码清单 3-16　编译模型

```
model.compile(optimizer='rmsprop',
              loss='categorical_crossentropy',
              metrics=['accuracy'])
```

3.5.4　验证你的方法

我们在训练数据中留出 1000 个样本作为验证集。

代码清单 3-17　留出验证集

```
x_val = x_train[:1000]
partial_x_train = x_train[1000:]

y_val = one_hot_train_labels[:1000]
partial_y_train = one_hot_train_labels[1000:]
```

现在开始训练网络，共 20 个轮次。

代码清单 3-18　训练模型

```
history = model.fit(partial_x_train,
                    partial_y_train,
                    epochs=20,
                    batch_size=512,
                    validation_data=(x_val, y_val))
```

最后，我们来绘制损失曲线和精度曲线（见图 3-9 和图 3-10）。

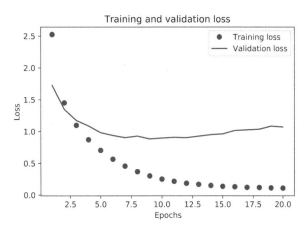

图 3-9　训练损失和验证损失

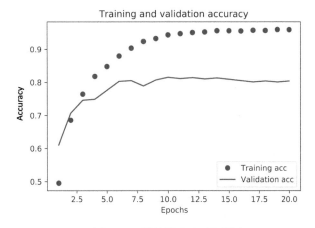

图 3-10　训练精度和验证精度

代码清单 3-19　绘制训练损失和验证损失

```
import matplotlib.pyplot as plt

loss = history.history['loss']
val_loss = history.history['val_loss']

epochs = range(1, len(loss) + 1)

plt.plot(epochs, loss, 'bo', label='Training loss')
plt.plot(epochs, val_loss, 'b', label='Validation loss')
plt.title('Training and validation loss')
plt.xlabel('Epochs')
plt.ylabel('Loss')
plt.legend()

plt.show()
```

```
plt.clf()   ◀── 清空图像

acc = history.history['acc']
val_acc = history.history['val_acc']

plt.plot(epochs, acc, 'bo', label='Training acc')
plt.plot(epochs, val_acc, 'b', label='Validation acc')
plt.title('Training and validation accuracy')
plt.xlabel('Epochs')
plt.ylabel('Accuracy')
plt.legend()

plt.show()
```

网络在训练 9 轮后开始过拟合。我们从头开始训练一个新网络，共 9 个轮次，然后在测试集上评估模型。

代码清单 3-21 从头开始重新训练一个模型

```
model = models.Sequential()
model.add(layers.Dense(64, activation='relu', input_shape=(10000,)))
model.add(layers.Dense(64, activation='relu'))
model.add(layers.Dense(46, activation='softmax'))

model.compile(optimizer='rmsprop',
              loss='categorical_crossentropy',
              metrics=['accuracy'])
model.fit(partial_x_train,
          partial_y_train,
          epochs=9,
          batch_size=512,
          validation_data=(x_val, y_val))
results = model.evaluate(x_test, one_hot_test_labels)
```

最终结果如下。

```
>>> results
[0.9565213431445807, 0.79697239536954589]
```

这种方法可以得到约 80% 的精度。对于平衡的二分类问题，完全随机的分类器能够得到 50% 的精度。但在这个例子中，完全随机的精度约为 19%，所以上述结果相当不错，至少和随机的基准比起来还不错。

```
>>> import copy
>>> test_labels_copy = copy.copy(test_labels)
>>> np.random.shuffle(test_labels_copy)
>>> hits_array = np.array(test_labels) == np.array(test_labels_copy)
>>> float(np.sum(hits_array)) / len(test_labels)
0.18655387355298308
```

3.5.5 在新数据上生成预测结果

你可以验证，模型实例的 `predict` 方法返回了在 46 个主题上的概率分布。我们对所有测试数据生成主题预测。

代码清单 3-22 在新数据上生成预测结果

```
predictions = model.predict(x_test)
```

`predictions` 中的每个元素都是长度为 46 的向量。

```
>>> predictions[0].shape
(46,)
```

这个向量的所有元素总和为 1。

```
>>> np.sum(predictions[0])
1.0
```

最大的元素就是预测类别，即概率最大的类别。

```
>>> np.argmax(predictions[0])
4
```

3.5.6 处理标签和损失的另一种方法

前面提到了另一种编码标签的方法，就是将其转换为整数张量，如下所示。

```
y_train = np.array(train_labels)
y_test = np.array(test_labels)
```

对于这种编码方法，唯一需要改变的是损失函数的选择。对于代码清单 3-21 使用的损失函数 `categorical_crossentropy`，标签应该遵循分类编码。对于整数标签，你应该使用 `sparse_categorical_crossentropy`。

```
model.compile(optimizer='rmsprop',
              loss='sparse_categorical_crossentropy',
              metrics=['acc'])
```

这个新的损失函数在数学上与 `categorical_crossentropy` 完全相同,二者只是接口不同。

3.5.7 中间层维度足够大的重要性

前面提到，最终输出是 46 维的，因此中间层的隐藏单元个数不应该比 46 小太多。现在来看一下，如果中间层的维度远远小于 46（比如 4 维），造成了信息瓶颈，那么会发生什么？

代码清单 3-23 具有信息瓶颈的模型

```
model = models.Sequential()
model.add(layers.Dense(64, activation='relu', input_shape=(10000,)))
model.add(layers.Dense(4, activation='relu'))
model.add(layers.Dense(46, activation='softmax'))
```

```
model.compile(optimizer='rmsprop',
              loss='categorical_crossentropy',
              metrics=['accuracy'])
model.fit(partial_x_train,
          partial_y_train,
          epochs=20,
          batch_size=128,
          validation_data=(x_val, y_val))
```

现在网络的验证精度最大约为 71%，比前面下降了 8%。导致这一下降的主要原因在于，你试图将大量信息（这些信息足够恢复 46 个类别的分割超平面）压缩到维度很小的中间空间。网络能够将**大部分**必要信息塞入这个四维表示中，但并不是全部信息。

3.5.8　进一步的实验

- 尝试使用更多或更少的隐藏单元，比如 32 个、128 个等。
- 前面使用了两个隐藏层，现在尝试使用一个或三个隐藏层。

3.5.9　小结

下面是你应该从这个例子中学到的要点。

- 如果要对 N 个类别的数据点进行分类，网络的最后一层应该是大小为 N 的 Dense 层。
- 对于单标签、多分类问题，网络的最后一层应该使用 softmax 激活，这样可以输出在 N 个输出类别上的概率分布。
- 这种问题的损失函数几乎总是应该使用分类交叉熵。它将网络输出的概率分布与目标的真实分布之间的距离最小化。
- 处理多分类问题的标签有两种方法。
  - 通过分类编码（也叫 one-hot 编码）对标签进行编码，然后使用 categorical_crossentropy 作为损失函数。
  - 将标签编码为整数，然后使用 sparse_categorical_crossentropy 损失函数。
- 如果你需要将数据划分到许多类别中，应该避免使用太小的中间层，以免在网络中造成信息瓶颈。

3.6　预测房价：回归问题

前面两个例子都是分类问题，其目标是预测输入数据点所对应的单一离散的标签。另一种常见的机器学习问题是回归问题，它预测一个连续值而不是离散的标签，例如，根据气象数据预测明天的气温，或者根据软件说明书预测完成软件项目所需要的时间。

注意　不要将回归问题与 logistic 回归算法混为一谈。logistic 回归不是回归算法，而是分类算法。

3.6.1 波士顿房价数据集

本节将要预测 20 世纪 70 年代中期波士顿郊区房屋价格的中位数，已知当时郊区的一些数据点，比如犯罪率、当地房产税率等。本节用到的数据集与前面两个例子有一个有趣的区别。它包含的数据点相对较少，只有 506 个，分为 404 个训练样本和 102 个测试样本。输入数据的每个**特征**（比如犯罪率）都有不同的取值范围。例如，有些特性是比例，取值范围为 0~1；有的取值范围为 1~12；还有的取值范围为 0~100，等等。

代码清单 3-24　加载波士顿房价数据

```
from keras.datasets import boston_housing

(train_data, train_targets), (test_data, test_targets) = boston_housing.load_data()
```

我们来看一下数据。

```
>>> train_data.shape
(404, 13)
>>> test_data.shape
(102, 13)
```

如你所见，我们有 404 个训练样本和 102 个测试样本，每个样本都有 13 个数值特征，比如人均犯罪率、每个住宅的平均房间数、高速公路可达性等。

目标是房屋价格的中位数，单位是千美元。

```
>>> train_targets
array([ 15.2, 42.3, 50. ... 19.4, 19.4, 29.1])
```

房价大都在 10 000~50 000 美元。如果你觉得这很便宜，不要忘记当时是 20 世纪 70 年代中期，而且这些价格没有根据通货膨胀进行调整。

3.6.2 准备数据

将取值范围差异很大的数据输入到神经网络中，这是有问题的。网络可能会自动适应这种取值范围不同的数据，但学习肯定变得更加困难。对于这种数据，普遍采用的最佳实践是对每个特征做标准化，即对于输入数据的每个特征（输入数据矩阵中的列），减去特征平均值，再除以标准差，这样得到的特征平均值为 0，标准差为 1。用 Numpy 可以很容易实现标准化。

代码清单 3-25　数据标准化

```
mean = train_data.mean(axis=0)
train_data -= mean
std = train_data.std(axis=0)
train_data /= std

test_data -= mean
test_data /= std
```

注意，用于测试数据标准化的均值和标准差都是在训练数据上计算得到的。在工作流程中，你不能使用在测试数据上计算得到的任何结果，即使是像数据标准化这么简单的事情也不行。

3.6.3　构建网络

由于样本数量很少，我们将使用一个非常小的网络，其中包含两个隐藏层，每层有 64 个单元。一般来说，训练数据越少，过拟合会越严重，而较小的网络可以降低过拟合。

代码清单 3-26　模型定义

```
from keras import models
from keras import layers

def build_model():
    model = models.Sequential()          ◁──┐  因为需要将同一个模型多次实例化，
    model.add(layers.Dense(64, activation='relu',  └  所以用一个函数来构建模型
                           input_shape=(train_data.shape[1],)))
    model.add(layers.Dense(64, activation='relu'))
    model.add(layers.Dense(1))
    model.compile(optimizer='rmsprop', loss='mse', metrics=['mae'])
    return model
```

网络的最后一层只有一个单元，没有激活，是一个线性层。这是标量回归（标量回归是预测单一连续值的回归）的典型设置。添加激活函数将会限制输出范围。例如，如果向最后一层添加 sigmoid 激活函数，网络只能学会预测 0~1 范围内的值。这里最后一层是纯线性的，所以网络可以学会预测任意范围内的值。

注意，编译网络用的是 mse 损失函数，即**均方误差**（MSE，mean squared error），预测值与目标值之差的平方。这是回归问题常用的损失函数。

在训练过程中还监控一个新指标：**平均绝对误差**（MAE，mean absolute error）。它是预测值与目标值之差的绝对值。比如，如果这个问题的 MAE 等于 0.5，就表示你预测的房价与实际价格平均相差 500 美元。

3.6.4　利用 K 折验证来验证你的方法

为了在调节网络参数（比如训练的轮数）的同时对网络进行评估，你可以将数据划分为训练集和验证集，正如前面例子中所做的那样。但由于数据点很少，验证集会非常小（比如大约 100 个样本）。因此，验证分数可能会有很大波动，这取决于你所选择的验证集和训练集。也就是说，验证集的划分方式可能会造成验证分数上有很大的**方差**，这样就无法对模型进行可靠的评估。

在这种情况下，最佳做法是使用 *K* **折交叉验证**（见图 3-11）。这种方法将可用数据划分为 *K* 个分区（*K* 通常取 4 或 5），实例化 *K* 个相同的模型，将每个模型在 *K*−1 个分区上训练，并在剩下的一个分区上进行评估。模型的验证分数等于 *K* 个验证分数的平均值。这种方法的代码实现很简单。

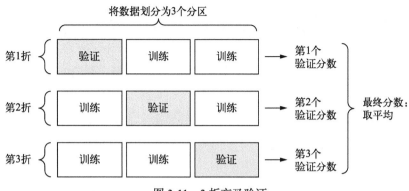

图 3-11 3 折交叉验证

代码清单 3-27　K 折验证

```
import numpy as np

k = 4
num_val_samples = len(train_data) // k
num_epochs = 100
all_scores = []

for i in range(k):
    print('processing fold #', i)
    val_data = train_data[i * num_val_samples: (i + 1) * num_val_samples]          ← 准备验证数据：第 k 个
    val_targets = train_targets[i * num_val_samples: (i + 1) * num_val_samples]        分区的数据

    partial_train_data = np.concatenate(          ← 准备训练数据：其他所有分区的数据
        [train_data[:i * num_val_samples],
         train_data[(i + 1) * num_val_samples:]],
        axis=0)
    partial_train_targets = np.concatenate(
        [train_targets[:i * num_val_samples],
         train_targets[(i + 1) * num_val_samples:]],
        axis=0)

    model = build_model()   ← 构建 Keras 模型（已编译）
    model.fit(partial_train_data, partial_train_targets,          ← 训练模型（静默模式，verbose=0）
              epochs=num_epochs, batch_size=1, verbose=0)
    val_mse,  val_mae = model.evaluate(val_data, val_targets, verbose=0)   ← 在验证数据上
    all_scores.append(val_mae)                                                评估模型
```

设置 num_epochs = 100，运行结果如下。

```
>>> all_scores
[2.588258957792037, 3.1289568449719116, 3.1856116051248984, 3.0763342615401386]
>>> np.mean(all_scores)
2.9947904173572462
```

每次运行模型得到的验证分数有很大差异，从 2.6 到 3.2 不等。平均分数（3.0）是比单一分数更可靠的指标——这就是 K 折交叉验证的关键。在这个例子中，预测的房价与实际价格平均相差 3000 美元，考虑到实际价格范围在 10 000~50 000 美元，这一差别还是很大的。

我们让训练时间更长一点，达到 500 个轮次。为了记录模型在每轮的表现，我们需要修改训练循环，以保存每轮的验证分数记录。

代码清单 3-28   保存每折的验证结果

```
num_epochs = 500
all_mae_histories = []                              准备验证数据：第 k 个
for i in range(k):                                  分区的数据
    print('processing fold #', i)
    val_data = train_data[i * num_val_samples: (i + 1) * num_val_samples]  ◄──
    val_targets = train_targets[i * num_val_samples: (i + 1) * num_val_samples]

    partial_train_data = np.concatenate(      ◄── 准备训练数据：其他所有分区的数据
        [train_data[:i * num_val_samples],
         train_data[(i + 1) * num_val_samples:]],
        axis=0)

    partial_train_targets = np.concatenate(
        [train_targets[:i * num_val_samples],
         train_targets[(i + 1) * num_val_samples:]],
        axis=0)

    model = build_model()      ◄── 构建 Keras 模型（已编译）
    history = model.fit(partial_train_data, partial_train_targets,  ◄
                        validation_data=(val_data, val_targets),
                        epochs=num_epochs, batch_size=1, verbose=0)
    mae_history = history.history['val_mean_absolute_error']
    all_mae_histories.append(mae_history)
                                                         训练模型（静默模式，
                                                         verbose=0）
```

然后你可以计算每个轮次中所有折 MAE 的平均值。

代码清单 3-29   计算所有轮次中的 K 折验证分数平均值

```
average_mae_history = [
    np.mean([x[i] for x in all_mae_histories]) for i in range(num_epochs)]
```

我们画图来看一下，见图 3-12。

代码清单 3-30   绘制验证分数

```
import matplotlib.pyplot as plt

plt.plot(range(1, len(average_mae_history) + 1), average_mae_history)
plt.xlabel('Epochs')
plt.ylabel('Validation MAE')
plt.show()
```

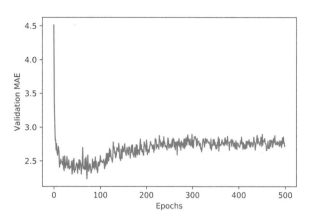

图 3-12　每轮的验证 MAE

因为纵轴的范围较大，且数据方差相对较大，所以难以看清这张图的规律。我们来重新绘制一张图。

❑ 删除前 10 个数据点，因为它们的取值范围与曲线上的其他点不同。

❑ 将每个数据点替换为前面数据点的指数移动平均值，以得到光滑的曲线。

结果如图 3-13 所示。

代码清单 3-31　绘制验证分数（删除前 10 个数据点）

```
def smooth_curve(points, factor=0.9):
  smoothed_points = []
  for point in points:
    if smoothed_points:
      previous = smoothed_points[-1]
      smoothed_points.append(previous * factor + point * (1 - factor))
    else:
      smoothed_points.append(point)
  return smoothed_points

smooth_mae_history = smooth_curve(average_mae_history[10:])

plt.plot(range(1, len(smooth_mae_history) + 1), smooth_mae_history)
plt.xlabel('Epochs')
plt.ylabel('Validation MAE')
plt.show()
```

从图 3-13 可以看出，验证 MAE 在 80 轮后不再显著降低，之后就开始过拟合。

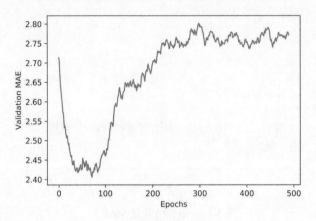

图 3-13　每轮的验证 MAE（删除前 10 个数据点）

完成模型调参之后（除了轮数，还可以调节隐藏层大小），你可以使用最佳参数在所有训练数据上训练最终的生产模型，然后观察模型在测试集上的性能。

代码清单 3-32　训练最终模型

```
model = build_model()            ← 一个全新的编译好的模型
model.fit(train_data, train_targets,      ← 在所有训练数据上训练模型
          epochs=80, batch_size=16, verbose=0)
test_mse_score, test_mae_score = model.evaluate(test_data, test_targets)
```

最终结果如下。

```
>>> test_mae_score
2.5532484335057877
```

你预测的房价还是和实际价格相差约 2550 美元。

3.6.5　小结

下面是你应该从这个例子中学到的要点。

- ❑ 回归问题使用的损失函数与分类问题不同。回归常用的损失函数是均方误差（MSE）。
- ❑ 同样，回归问题使用的评估指标也与分类问题不同。显而易见，精度的概念不适用于回归问题。常见的回归指标是平均绝对误差（MAE）。
- ❑ 如果输入数据的特征具有不同的取值范围，应该先进行预处理，对每个特征单独进行缩放。
- ❑ 如果可用的数据很少，使用 K 折验证可以可靠地评估模型。
- ❑ 如果可用的训练数据很少，最好使用隐藏层较少（通常只有一到两个）的小型网络，以避免严重的过拟合。

本章小结

- 现在你可以处理关于向量数据最常见的机器学习任务了：二分类问题、多分类问题和标量回归问题。前面三节的"小结"总结了你从这些任务中学到的要点。
- 在将原始数据输入神经网络之前，通常需要对其进行预处理。
- 如果数据特征具有不同的取值范围，那么需要进行预处理，将每个特征单独缩放。
- 随着训练的进行，神经网络最终会过拟合，并在前所未见的数据上得到更差的结果。
- 如果训练数据不是很多，应该使用只有一两个隐藏层的小型网络，以避免严重的过拟合。
- 如果数据被分为多个类别，那么中间层过小可能会导致信息瓶颈。
- 回归问题使用的损失函数和评估指标都与分类问题不同。
- 如果要处理的数据很少，K 折验证有助于可靠地评估模型。

3

第 4 章 机器学习基础

本章包括以下内容：
- □ 除分类和回归之外的机器学习形式
- □ 评估机器学习模型的规范流程
- □ 为深度学习准备数据
- □ 特征工程
- □ 解决过拟合
- □ 处理机器学习问题的通用工作流程

学完第 3 章的三个实例，你应该已经知道如何用神经网络解决分类问题和回归问题，而且也看到了机器学习的核心难题：过拟合。本章会将你对这些问题的直觉固化为解决深度学习问题的可靠的概念框架。我们将把所有这些概念——模型评估、数据预处理、特征工程、解决过拟合——整合为详细的七步工作流程，用来解决任何机器学习任务。

4.1 机器学习的四个分支

在前面的例子中，你已经熟悉了三种类型的机器学习问题：二分类问题、多分类问题和标量回归问题。这三者都是**监督学习**（supervised learning）的例子，其目标是学习训练输入与训练目标之间的关系。

监督学习只是冰山一角——机器学习是非常宽泛的领域，其子领域的划分非常复杂。机器学习算法大致可分为四大类，我们将在接下来的四小节中依次介绍。

4.1.1 监督学习

监督学习是目前最常见的机器学习类型。给定一组样本（通常由人工标注），它可以学会将输入数据映射到已知目标［也叫**标注**（annotation）］。本书前面的四个例子都属于监督学习。一般来说，近年来广受关注的深度学习应用几乎都属于监督学习，比如光学字符识别、语音识别、图像分类和语言翻译。

虽然监督学习主要包括分类和回归，但还有更多的奇特变体，主要包括如下几种。

❑ **序列生成**（sequence generation）。给定一张图像，预测描述图像的文字。序列生成有时可以被重新表示为一系列分类问题，比如反复预测序列中的单词或标记。

❑ **语法树预测**（syntax tree prediction）。给定一个句子，预测其分解生成的语法树。

❑ **目标检测**（object detection）。给定一张图像，在图中特定目标的周围画一个边界框。这个问题也可以表示为分类问题（给定多个候选边界框，对每个框内的目标进行分类）或分类与回归联合问题（用向量回归来预测边界框的坐标）。

❑ **图像分割**（image segmentation）。给定一张图像，在特定物体上画一个像素级的掩模（mask）。

4.1.2　无监督学习

无监督学习是指在没有目标的情况下寻找输入数据的有趣变换，其目的在于数据可视化、数据压缩、数据去噪或更好地理解数据中的相关性。无监督学习是数据分析的必备技能，在解决监督学习问题之前，为了更好地了解数据集，它通常是一个必要步骤。**降维**（dimensionality reduction）和**聚类**（clustering）都是众所周知的无监督学习方法。

4.1.3　自监督学习

自监督学习是监督学习的一个特例，它与众不同，值得单独归为一类。自监督学习是没有人工标注的标签的监督学习，你可以将它看作没有人类参与的监督学习。标签仍然存在（因为总要有什么东西来监督学习过程），但它们是从输入数据中生成的，通常是使用启发式算法生成的。

举个例子，**自编码器**（autoencoder）是有名的自监督学习的例子，其生成的目标就是未经修改的输入。同样，给定视频中过去的帧来预测下一帧，或者给定文本中前面的词来预测下一个词，都是自监督学习的例子［这两个例子也属于**时序监督学习**（temporally supervised learning），即用未来的输入数据作为监督］。注意，监督学习、自监督学习和无监督学习之间的区别有时很模糊，这三个类别更像是没有明确界限的连续体。自监督学习可以被重新解释为监督学习或无监督学习，这取决于你关注的是学习机制还是应用场景。

注意　本书的重点在于监督学习，因为它是当前深度学习的主要形式，行业应用非常广泛。后续章节也会简要介绍自监督学习。

4.1.4　强化学习

强化学习一直以来被人们所忽视，但最近随着 Google 的 DeepMind 公司将其成功应用于学习玩 Atari 游戏（以及后来学习下围棋并达到最高水平），机器学习的这一分支开始受到大量关注。在强化学习中，**智能体**（agent）接收有关其环境的信息，并学会选择使某种奖励最大化的行动。例如，神经网络会"观察"视频游戏的屏幕并输出游戏操作，目的是尽可能得高分，这种神经网络可以通过强化学习来训练。

目前，强化学习主要集中在研究领域，除游戏外还没有取得实践上的重大成功。但是，我们期待强化学习未来能够实现越来越多的实际应用：自动驾驶汽车、机器人、资源管理、教育等。强化学习的时代已经到来，或即将到来。

分类和回归术语表

分类和回归都包含很多专业术语。前面你已经见过一些术语，在后续章节会遇到更多。这些术语在机器学习领域都有确切的定义，你应该了解这些定义。

- ❑ **样本**（sample）或**输入**（input）：进入模型的数据点。
- ❑ **预测**（prediction）或**输出**（output）：从模型出来的结果。
- ❑ **目标**（target）：真实值。对于外部数据源，理想情况下，模型应该能够预测出目标。
- ❑ **预测误差**（prediction error）或**损失值**（loss value）：模型预测与目标之间的距离。
- ❑ **类别**（class）：分类问题中供选择的一组标签。例如，对猫狗图像进行分类时，"狗"和"猫"就是两个类别。
- ❑ **标签**（label）：分类问题中类别标注的具体例子。比如，如果 1234 号图像被标注为包含类别"狗"，那么"狗"就是 1234 号图像的标签。
- ❑ **真值**（ground-truth）或**标注**（annotation）：数据集的所有目标，通常由人工收集。
- ❑ **二分类**（binary classification）：一种分类任务，每个输入样本都应被划分到两个互斥的类别中。
- ❑ **多分类**（multiclass classification）：一种分类任务，每个输入样本都应被划分到两个以上的类别中，比如手写数字分类。
- ❑ **多标签分类**（multilabel classification）：一种分类任务，每个输入样本都可以分配多个标签。举个例子，如果一幅图像里可能既有猫又有狗，那么应该同时标注"猫"标签和"狗"标签。每幅图像的标签个数通常是可变的。
- ❑ **标量回归**（scalar regression）：目标是连续标量值的任务。预测房价就是一个很好的例子，不同的目标价格形成一个连续的空间。
- ❑ **向量回归**（vector regression）：目标是一组连续值（比如一个连续向量）的任务。如果对多个值（比如图像边界框的坐标）进行回归，那就是向量回归。
- ❑ **小批量**（mini-batch）或**批量**（batch）：模型同时处理的一小部分样本（样本数通常为 8~128）。样本数通常取 2 的幂，这样便于 GPU 上的内存分配。训练时，小批量用来为模型权重计算一次梯度下降更新。

4.2   评估机器学习模型

在第 3 章介绍的三个例子中，我们将数据划分为训练集、验证集和测试集。我们没有在训练模型的相同数据上对模型进行评估，其原因很快显而易见：仅仅几轮过后，三个模型都开始

过拟合。也就是说，随着训练的进行，模型在训练数据上的性能始终在提高，但在前所未见的数据上的性能则不再变化或者开始下降。

机器学习的目的是得到可以**泛化**（generalize）的模型，即在前所未见的数据上表现很好的模型，而过拟合则是核心难点。你只能控制可以观察的事情，所以能够可靠地衡量模型的泛化能力非常重要。后面几节将介绍降低过拟合以及将泛化能力最大化的方法。本节重点介绍如何衡量泛化能力，即如何评估机器学习模型。

4.2.1 训练集、验证集和测试集

评估模型的重点是将数据划分为三个集合：训练集、验证集和测试集。在训练数据上训练模型，在验证数据上评估模型。一旦找到了最佳参数，就在测试数据上最后测试一次。

你可能会问，为什么不是两个集合：一个训练集和一个测试集？在训练集上训练模型，然后在测试集上评估模型。这样简单得多！

原因在于开发模型时总是需要调节模型配置，比如选择层数或每层大小［这叫作模型的**超参数**（hyperparameter），以便与模型**参数**（即权重）区分开］。这个调节过程需要使用模型在验证数据上的性能作为反馈信号。这个调节过程本质上就是一种**学习**：在某个参数空间中寻找良好的模型配置。因此，如果基于模型在验证集上的性能来调节模型配置，会很快导致模型**在验证集上过拟合**，即使你并没有在验证集上直接训练模型也会如此。

造成这一现象的关键在于**信息泄露**（information leak）。每次基于模型在验证集上的性能来调节模型超参数，都会有一些关于验证数据的信息泄露到模型中。如果对每个参数只调节一次，那么泄露的信息很少，验证集仍然可以可靠地评估模型。但如果你多次重复这一过程（运行一次实验，在验证集上评估，然后据此修改模型），那么将会有越来越多的关于验证集的信息泄露到模型中。

最后，你得到的模型在验证集上的性能非常好（人为造成的），因为这正是你优化的目的。你关心的是模型在全新数据上的性能，而不是在验证数据上的性能，因此你需要使用一个完全不同的、前所未见的数据集来评估模型，它就是测试集。你的模型一定不能读取与测试集有关的**任何**信息，既使间接读取也不行。如果基于测试集性能来调节模型，那么对泛化能力的衡量是不准确的。

将数据划分为训练集、验证集和测试集可能看起来很简单，但如果可用数据很少，还有几种高级方法可以派上用场。我们先来介绍三种经典的评估方法：简单的留出验证、*K* 折验证，以及带有打乱数据的重复 *K* 折验证。

1. 简单的留出验证

留出一定比例的数据作为测试集。在剩余的数据上训练模型，然后在测试集上评估模型。如前所述，为了防止信息泄露，你不能基于测试集来调节模型，所以还应该保留一个验证集。

留出验证（hold-out validation）的示意图见图 4-1。代码清单 4-1 给出了其简单实现。

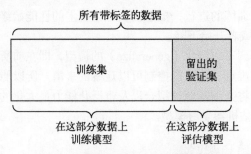

图 4-1　简单的留出验证数据划分

代码清单 4-1　留出验证

```
num_validation_samples = 10000

np.random.shuffle(data)    ←—— 通常需要打乱数据

validation_data = data[:num_validation_samples]    ←—— 定义验证集
data = data[num_validation_samples:]

training_data = data[:]    ←—— 定义训练集

model = get_model()
model.train(training_data)                              在训练数据上训练模型,
validation_score = model.evaluate(validation_data)      并在验证数据上评估模型

# 现在你可以调节模型、重新训练、评估,然后再次调节……

model = get_model()                                     一旦调节好超参数,通常就在
model.train(np.concatenate([training_data,              所有非测试数据上从头开始训
                            validation_data]))          练最终模型
test_score = model.evaluate(test_data)
```

这是最简单的评估方法,但有一个缺点:如果可用的数据很少,那么可能验证集和测试集包含的样本就太少,从而无法在统计学上代表数据。这个问题很容易发现:如果在划分数据前进行不同的随机打乱,最终得到的模型性能差别很大,那么就存在这个问题。接下来会介绍 K 折验证与重复的 K 折验证,它们是解决这一问题的两种方法。

2. K 折验证

K 折验证(K-fold validation)将数据划分为大小相同的 K 个分区。对于每个分区 i,在剩余的 $K-1$ 个分区上训练模型,然后在分区 i 上评估模型。最终分数等于 K 个分数的平均值。对于不同的训练集 – 测试集划分,如果模型性能的变化很大,那么这种方法很有用。与留出验证一样,这种方法也需要独立的验证集进行模型校正。

K 折交叉验证的示意图见图 4-2。代码清单 4-2 给出了其简单实现。

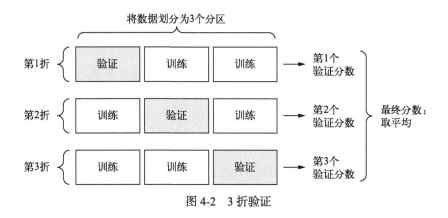

图 4-2　3 折验证

代码清单 4-2　*K* 折交叉验证

```
k = 4
num_validation_samples = len(data) // k

np.random.shuffle(data)

validation_scores = []
for fold in range(k):
    validation_data = data[num_validation_samples * fold:
     num_validation_samples * (fold + 1)]              选择验证数据分区
    training_data = data[:num_validation_samples * fold] +
     data[num_validation_samples * (fold + 1):]
                                                         使用剩余数据作为训练数据。注意,
                                                         + 运算符是列表合并,不是求和
    model = get_model()
    model.train(training_data)
    validation_score = model.evaluate(validation_data)
    validation_scores.append(validation_score)
                                                         创建一个全新的模型
                                                         实例(未训练)
validation_score = np.average(validation_scores)
                                                         最终验证分数:K 折验证
                                                         分数的平均值
model = get_model()
model.train(data)          在所有非测试数据
test_score = model.evaluate(test_data)    上训练最终模型
```

3. 带有打乱数据的重复 *K* 折验证

如果可用的数据相对较少,而你又需要尽可能精确地评估模型,那么可以选择带有打乱数据的重复 *K* 折验证(iterated *K*-fold validation with shuffling)。我发现这种方法在 Kaggle 竞赛中特别有用。具体做法是多次使用 *K* 折验证,在每次将数据划分为 *K* 个分区之前都先将数据打乱。最终分数是每次 *K* 折验证分数的平均值。注意,这种方法一共要训练和评估 *P* × *K* 个模型(*P* 是重复次数),计算代价很大。

4.2.2　评估模型的注意事项

选择模型评估方法时，需要注意以下几点。

- **数据代表性**（data representativeness）。你希望训练集和测试集都能够代表当前数据。例如，你想要对数字图像进行分类，而图像样本是按类别排序的，如果你将前 80% 作为训练集，剩余 20% 作为测试集，那么会导致训练集中只包含类别 0~7，而测试集中只包含类别 8~9。这个错误看起来很可笑，却很常见。因此，在将数据划分为训练集和测试集之前，通常应该随机打乱数据。
- **时间箭头**（the arrow of time）。如果想要根据过去预测未来（比如明天的天气、股票走势等），那么在划分数据前你不应该随机打乱数据，因为这么做会造成**时间泄露**（temporal leak）：你的模型将在未来数据上得到有效训练。在这种情况下，你应该始终确保测试集中所有数据的时间都**晚于**训练集数据。
- **数据冗余**（redundancy in your data）。如果数据中的某些数据点出现了两次（这在现实中的数据里十分常见），那么打乱数据并划分成训练集和验证集会导致训练集和验证集之间的数据冗余。从效果上来看，你是在部分训练数据上评估模型，这是极其糟糕的！一定要确保训练集和验证集之间没有交集。

4.3　数据预处理、特征工程和特征学习

除模型评估之外，在深入研究模型开发之前，我们还必须解决另一个重要问题：将数据输入神经网络之前，如何准备输入数据和目标？许多数据预处理方法和特征工程技术都是和特定领域相关的（比如只和文本数据或图像数据相关），我们将在后续章节的实例中介绍这些内容。现在我们要介绍所有数据领域通用的基本方法。

4.3.1　神经网络的数据预处理

数据预处理的目的是使原始数据更适于用神经网络处理，包括向量化、标准化、处理缺失值和特征提取。

1. 向量化

神经网络的所有输入和目标都必须是浮点数张量（在特定情况下可以是整数张量）。无论处理什么数据（声音、图像还是文本），都必须首先将其转换为张量，这一步叫作**数据向量化**（data vectorization）。例如，在前面两个文本分类的例子中，开始时文本都表示为整数列表（代表单词序列），然后我们用 one-hot 编码将其转换为 `float32` 格式的张量。在手写数字分类和预测房价的例子中，数据已经是向量形式，所以可以跳过这一步。

2. 值标准化

在手写数字分类的例子中，开始时图像数据被编码为 0~255 范围内的整数，表示灰度值。将这一数据输入网络之前，你需要将其转换为 `float32` 格式并除以 255，这样就得到 0~1 范围

内的浮点数。同样，预测房价时，开始时特征有各种不同的取值范围，有些特征是较小的浮点数，有些特征是相对较大的整数。将这一数据输入网络之前，你需要对每个特征分别做标准化，使其均值为 0、标准差为 1。

一般来说，将取值相对较大的数据（比如多位整数，比网络权重的初始值大很多）或异质数据（heterogeneous data，比如数据的一个特征在 0~1 范围内，另一个特征在 100~200 范围内）输入到神经网络中是不安全的。这么做可能导致较大的梯度更新，进而导致网络无法收敛。为了让网络的学习变得更容易，输入数据应该具有以下特征。

- ❑ **取值较小**：大部分值都应该在 0~1 范围内。
- ❑ **同质性**（homogenous）：所有特征的取值都应该在大致相同的范围内。

此外，下面这种更严格的标准化方法也很常见，而且很有用，虽然不一定总是必需的（例如，对于数字分类问题就不需要这么做）。

- ❑ 将每个特征分别标准化，使其平均值为 0。
- ❑ 将每个特征分别标准化，使其标准差为 1。

这对于 Numpy 数组很容易实现。

```
x -= x.mean(axis=0)
x /= x.std(axis=0)
```

← 假设 **x** 是一个形状为 **(samples, features)** 的二维矩阵

3. 处理缺失值

你的数据中有时可能会有缺失值。例如在房价的例子中，第一个特征（数据中索引编号为 0 的列）是人均犯罪率。如果不是所有样本都具有这个特征的话，怎么办？那样你的训练数据或测试数据将会有缺失值。

一般来说，对于神经网络，将缺失值设置为 0 是安全的，只要 0 不是一个有意义的值。网络能够从数据中学到 0 意味着**缺失数据**，并且会忽略这个值。

注意，如果测试数据中可能有缺失值，而网络是在没有缺失值的数据上训练的，那么网络不可能学会忽略缺失值。在这种情况下，你应该人为生成一些有缺失项的训练样本：多次复制一些训练样本，然后删除测试数据中可能缺失的某些特征。

4.3.2 特征工程

特征工程（feature engineering）是指将数据输入模型之前，利用你自己关于数据和机器学习算法（这里指神经网络）的知识对数据进行硬编码的变换（不是模型学到的），以改善模型的效果。多数情况下，一个机器学习模型无法从完全任意的数据中进行学习。呈现给模型的数据应该便于模型进行学习。

我们来看一个直观的例子。假设你想开发一个模型，输入一个时钟图像，模型能够输出对应的时间（见图 4-3）。

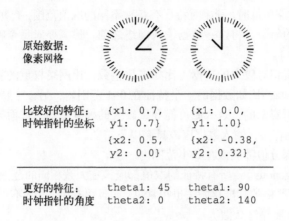

原始数据：
像素网格

比较好的特征： 时钟指针的坐标	{x1: 0.7, y1: 0.7}	{x1: 0.0, y1: 1.0}
	{x2: 0.5, y2: 0.0}	{x2: -0.38, y2: 0.32}

更好的特征： 时钟指针的角度	theta1: 45 theta2: 0	theta1: 90 theta2: 140

图 4-3　从钟表上读取时间的特征工程

如果你选择用图像的原始像素作为输入数据，那么这个机器学习问题将非常困难。你需要用卷积神经网络来解决这个问题，而且还需要花费大量的计算资源来训练网络。

但如果你从更高的层次理解了这个问题（你知道人们怎么看时钟上的时间），那么可以为机器学习算法找到更好的输入特征，比如你可以编写 5 行 Python 脚本，找到时钟指针对应的黑色像素并输出每个指针尖的 (x, y) 坐标，这很简单。然后，一个简单的机器学习算法就可以学会这些坐标与时间的对应关系。

你还可以进一步思考：进行坐标变换，将 (x, y) 坐标转换为相对于图像中心的极坐标。这样输入就变成了每个时钟指针的角度 theta。现在的特征使问题变得非常简单，根本不需要机器学习，因为简单的舍入运算和字典查找就足以给出大致的时间。

这就是特征工程的本质：用更简单的方式表述问题，从而使问题变得更容易。它通常需要深入理解问题。

深度学习出现之前，特征工程曾经非常重要，因为经典的浅层算法没有足够大的假设空间来自己学习有用的表示。将数据呈现给算法的方式对解决问题至关重要。例如，卷积神经网络在 MNIST 数字分类问题上取得成功之前，其解决方法通常是基于硬编码的特征，比如数字图像中的圆圈个数、图像中每个数字的高度、像素值的直方图等。

幸运的是，对于现代深度学习，大部分特征工程都是不需要的，因为神经网络能够从原始数据中自动提取有用的特征。这是否意味着，只要使用深度神经网络，就无须担心特征工程呢？并不是这样，原因有两点。

❑ 良好的特征仍然可以让你用更少的资源更优雅地解决问题。例如，使用卷积神经网络来读取钟面上的时间是非常可笑的。

❑ 良好的特征可以让你用更少的数据解决问题。深度学习模型自主学习特征的能力依赖于大量的训练数据。如果只有很少的样本，那么特征的信息价值就变得非常重要。

4.4 过拟合与欠拟合

在上一章的三个例子（预测电影评论、主题分类和房价回归）中，模型在留出验证数据上的性能总是在几轮后达到最高点，然后开始下降。也就是说，模型很快就在训练数据上开始**过拟合**。过拟合存在于所有机器学习问题中。学会如何处理过拟合对掌握机器学习至关重要。

机器学习的根本问题是优化和泛化之间的对立。**优化**（optimization）是指调节模型以在训练数据上得到最佳性能（即**机器学习**中的**学习**），而**泛化**（generalization）是指训练好的模型在前所未见的数据上的性能好坏。机器学习的目的当然是得到良好的泛化，但你无法控制泛化，只能基于训练数据调节模型。

训练开始时，优化和泛化是相关的：训练数据上的损失越小，测试数据上的损失也越小。这时的模型是**欠拟合**（underfit）的，即仍有改进的空间，网络还没有对训练数据中所有相关模式建模。但在训练数据上迭代一定次数之后，泛化不再提高，验证指标先是不变，然后开始变差，即模型开始过拟合。这时模型开始学习仅和训练数据有关的模式，但这种模式对新数据来说是错误的或无关紧要的。

为了防止模型从训练数据中学到错误或无关紧要的模式，**最优解决方法是获取更多的训练数据**。模型的训练数据越多，泛化能力自然也越好。如果无法获取更多数据，次优解决方法是调节模型允许存储的信息量，或对模型允许存储的信息加以约束。如果一个网络只能记住几个模式，那么优化过程会迫使模型集中学习最重要的模式，这样更可能得到良好的泛化。

这种降低过拟合的方法叫作**正则化**（regularization）。我们先介绍几种最常见的正则化方法，然后将其应用于实践中，以改进 3.4 节的电影分类模型。

4.4.1 减小网络大小

防止过拟合的最简单的方法就是减小模型大小，即减少模型中可学习参数的个数（这由层数和每层的单元个数决定）。在深度学习中，模型中可学习参数的个数通常被称为模型的**容量**（capacity）。直观上来看，参数更多的模型拥有更大的**记忆容量**（memorization capacity），因此能够在训练样本和目标之间轻松地学会完美的字典式映射，这种映射没有任何泛化能力。例如，拥有 500 000 个二进制参数的模型，能够轻松学会 MNIST 训练集中所有数字对应的类别——我们只需让 50 000 个数字每个都对应 10 个二进制参数。但这种模型对于新数字样本的分类毫无用处。始终牢记：深度学习模型通常都很擅长拟合训练数据，但真正的挑战在于泛化，而不是拟合。

与此相反，如果网络的记忆资源有限，则无法轻松学会这种映射。因此，为了让损失最小化，网络必须学会对目标具有很强预测能力的压缩表示，这也正是我们感兴趣的数据表示。同时请记住，你使用的模型应该具有足够多的参数，以防欠拟合，即模型应避免记忆资源不足。在**容量过大**与**容量不足**之间要找到一个折中。

不幸的是，没有一个魔法公式能够确定最佳层数或每层的最佳大小。你必须评估一系列不同的网络架构（当然是在验证集上评估，而不是在测试集上），以便为数据找到最佳的模型大小。要找到合适的模型大小，一般的工作流程是开始时选择相对较少的层和参数，然后逐渐增加层的大小或增加新层，直到这种增加对验证损失的影响变得很小。

我们在电影评论分类的网络上试一下。原始网络如下所示。

代码清单 4-3   原始模型

```
from keras import models
from keras import layers

model = models.Sequential()
model.add(layers.Dense(16, activation='relu', input_shape=(10000,)))
model.add(layers.Dense(16, activation='relu'))
model.add(layers.Dense(1, activation='sigmoid'))
```

现在我们尝试用下面这个更小的网络来替换它。

代码清单 4-4   容量更小的模型

```
model = models.Sequential()
model.add(layers.Dense(4, activation='relu', input_shape=(10000,)))
model.add(layers.Dense(4, activation='relu'))
model.add(layers.Dense(1, activation='sigmoid'))
```

图 4-4 比较了原始网络与更小网络的验证损失。圆点是更小网络的验证损失值，十字是原始网络的验证损失值（请记住，更小的验证损失对应更好的模型）。

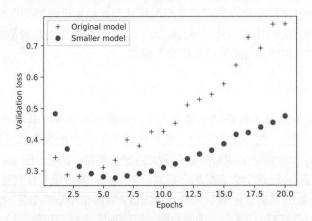

图 4-4   模型容量对验证损失的影响：换用更小的网络

如你所见，更小的网络开始过拟合的时间要晚于参考网络（前者 6 轮后开始过拟合，而后者 4 轮后开始），而且开始过拟合之后，它的性能变差的速度也更慢。

现在，为了好玩，我们再向这个基准中添加一个容量更大的网络（容量远大于问题所需）。

代码清单 4-5   容量更大的模型

```
model = models.Sequential()
model.add(layers.Dense(512, activation='relu', input_shape=(10000,)))
model.add(layers.Dense(512, activation='relu'))
model.add(layers.Dense(1, activation='sigmoid'))
```

图 4-5 显示了更大的网络与参考网络的性能对比。圆点是更大网络的验证损失值，十字是原始网络的验证损失值。

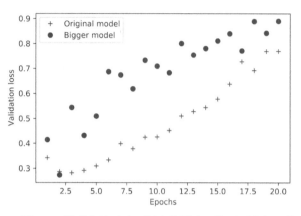

图 4-5　模型容量对验证损失的影响：换用更大的网络

更大的网络只过了一轮就开始过拟合，过拟合也更严重。其验证损失的波动也更大。

图 4-6 同时给出了这两个网络的训练损失。如你所见，更大网络的训练损失很快就接近于零。网络的容量越大，它拟合训练数据（即得到很小的训练损失）的速度就越快，但也更容易过拟合（导致训练损失和验证损失有很大差异）。

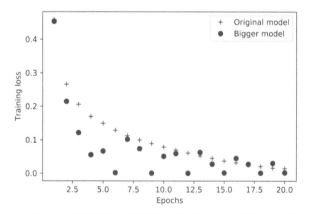

图 4-6　模型容量对训练损失的影响：换用更大的网络

4.4.2　添加权重正则化

你可能知道**奥卡姆剃刀**（Occam's razor）原理：如果一件事情有两种解释，那么最可能正确的解释就是最简单的那个，即假设更少的那个。这个原理也适用于神经网络学到的模型：给定一些训练数据和一种网络架构，很多组权重值（即很多**模型**）都可以解释这些数据。简单模型比复杂模型更不容易过拟合。

这里的**简单模型**（simple model）是指参数值分布的熵更小的模型（或参数更少的模型，比如上一节的例子）。因此，一种常见的降低过拟合的方法就是强制让模型权重只能取较小的值，从而限制模型的复杂度，这使得权重值的分布更加**规则**（regular）。这种方法叫作**权重正则化**（weight regularization），其实现方法是向网络损失函数中添加与较大权重值相关的**成本**（cost）。这个成本有两种形式。

- ❑ L1 正则化（L1 regularization）:添加的成本与**权重系数的绝对值**［权重的 L1 范数（norm）］成正比。
- ❑ L2 正则化（L2 regularization）:添加的成本与**权重系数的平方**（权重的 L2 范数）成正比。神经网络的 L2 正则化也叫**权重衰减**（weight decay）。不要被不同的名称搞混，权重衰减与 L2 正则化在数学上是完全相同的。

在 Keras 中，添加权重正则化的方法是向层传递权重正则化项实例（weight regularizer instance）作为关键字参数。下列代码将向电影评论分类网络中添加 L2 权重正则化。

代码清单 4-6 向模型添加 L2 权重正则化

```
from keras import regularizers

model = models.Sequential()
model.add(layers.Dense(16, kernel_regularizer=regularizers.l2(0.001),
                       activation='relu', input_shape=(10000,)))
model.add(layers.Dense(16, kernel_regularizer=regularizers.l2(0.001),
                       activation='relu'))
model.add(layers.Dense(1, activation='sigmoid'))
```

`l2(0.001)` 的意思是该层权重矩阵的每个系数都会使网络总损失增加 `0.001 * weight_coefficient_value`。注意，由于这个惩罚项**只在训练时添加**，所以这个网络的训练损失会比测试损失大很多。

图 4-7 显示了 L2 正则化惩罚的影响。如你所见，即使两个模型的参数个数相同，具有 L2 正则化的模型（圆点）比参考模型（十字）更不容易过拟合。

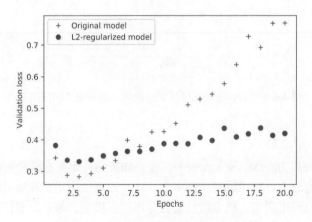

图 4-7 L2 权重正则化对验证损失的影响

你还可以用 Keras 中以下这些权重正则化项来代替 L2 正则化。

代码清单 4-7　Keras 中不同的权重正则化项

```
from keras import regularizers

regularizers.l1(0.001)    ←── L1 正则化

regularizers.l1_l2(l1=0.001, l2=0.001)    ←── 同时做 L1 和 L2 正则化
```

4.4.3　添加 dropout 正则化

dropout 是神经网络最有效也最常用的正则化方法之一，它是由多伦多大学的 Geoffrey Hinton 和他的学生开发的。对某一层使用 dropout，就是在训练过程中随机将该层的一些输出特征**舍弃**（设置为 0）。假设在训练过程中，某一层对给定输入样本的返回值应该是向量 [0.2, 0.5, 1.3, 0.8, 1.1]。使用 dropout 后，这个向量会有几个随机的元素变成 0，比如 [0, 0.5, 1.3, 0, 1.1]。**dropout 比率**（dropout rate）是被设为 0 的特征所占的比例，通常在 0.2~0.5 范围内。测试时没有单元被舍弃，而该层的输出值需要按 dropout 比率缩小，因为这时比训练时有更多的单元被激活，需要加以平衡。

假设有一个包含某层输出的 Numpy 矩阵 layer_output，其形状为 (batch_size, features)。训练时，我们随机将矩阵中一部分值设为 0。

```
layer_output *= np.random.randint(0, high=2, size=layer_output.shape)    ←──
```
训练时，舍弃 50% 的输出单元

测试时，我们将输出按 dropout 比率缩小。这里我们乘以 0.5（因为前面舍弃了一半的单元）。

```
layer_output *= 0.5    ←── 测试时
```

注意，为了实现这一过程，还可以让两个运算都在训练时进行，而测试时输出保持不变。这通常也是实践中的实现方式（见图 4-8）。

```
layer_output *= np.random.randint(0, high=2, size=layer_output.shape)    ←── 训练时
layer_output /= 0.5    ←── 注意，是成比例放大而不是成比例缩小
```

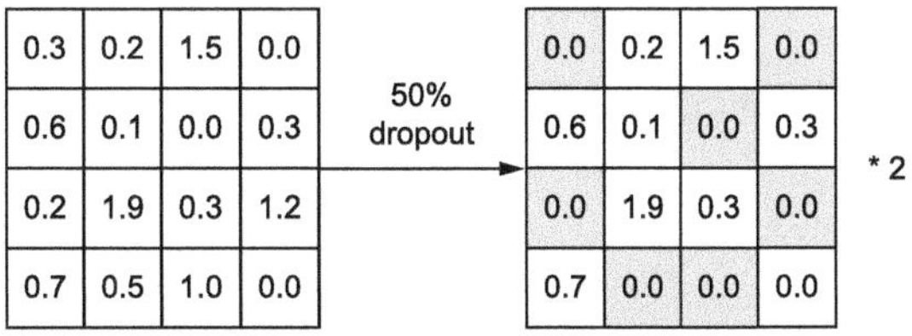

图 4-8　训练时对激活矩阵使用 dropout，并在训练时成比例增大。测试时激活矩阵保持不变

这一方法可能看起来有些奇怪和随意。它为什么能够降低过拟合？ Hinton 说他的灵感之一

来自于银行的防欺诈机制。用他自己的话来说:"我去银行办理业务。柜员不停地换人,于是我问其中一人这是为什么。他说他不知道,但他们经常换来换去。我猜想,银行工作人员要想成功欺诈银行,他们之间要互相合作才行。这让我意识到,在每个样本中随机删除不同的部分神经元,可以阻止它们的阴谋,因此可以降低过拟合。"[①] 其核心思想是在层的输出值中引入噪声,打破不显著的偶然模式(Hinton 称之为**阴谋**)。如果没有噪声的话,网络将会记住这些偶然模式。

在 Keras 中,你可以通过 Dropout 层向网络中引入 dropout,dropout 将被应用于前面一层的输出。

```
model.add(layers.Dropout(0.5))
```

我们向 IMDB 网络中添加两个 Dropout 层,来看一下它们降低过拟合的效果。

代码清单 4-8　向 IMDB 网络中添加 dropout

```
model = models.Sequential()
model.add(layers.Dense(16, activation='relu', input_shape=(10000,)))
model.add(layers.Dropout(0.5))
model.add(layers.Dense(16, activation='relu'))
model.add(layers.Dropout(0.5))
model.add(layers.Dense(1, activation='sigmoid'))
```

图 4-9 给出了结果的图示。我们再次看到,这种方法的性能相比参考网络有明显提高。

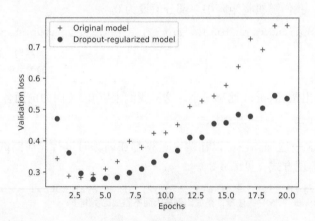

图 4-9　dropout 对验证损失的影响

总结一下,防止神经网络过拟合的常用方法包括:
- 获取更多的训练数据
- 减小网络容量
- 添加权重正则化
- 添加 dropout

4.5 机器学习的通用工作流程

本节将介绍一种可用于解决任何机器学习问题的通用模板。这一模板将你在本章学到的这些概念串在一起：问题定义、评估、特征工程和解决过拟合。

4.5.1 定义问题，收集数据集

首先，你必须定义所面对的问题。

❏ 你的输入数据是什么？你要预测什么？只有拥有可用的训练数据，你才能学习预测某件事情。比如，只有同时拥有电影评论和情感标注，你才能学习对电影评论进行情感分类。因此，数据可用性通常是这一阶段的限制因素（除非你有办法付钱让人帮你收集数据）。

❏ 你面对的是什么类型的问题？是二分类问题、多分类问题、标量回归问题、向量回归问题，还是多分类、多标签问题？或者是其他问题，比如聚类、生成或强化学习？确定问题类型有助于你选择模型架构、损失函数等。

只有明确了输入、输出以及所使用的数据，你才能进入下一阶段。注意你在这一阶段所做的假设。

❏ 假设输出是可以根据输入进行预测的。

❏ 假设可用数据包含足够多的信息，足以学习输入和输出之间的关系。

在开发出工作模型之前，这些只是假设，等待验证真假。并非所有问题都可以解决。你收集了包含输入 X 和目标 Y 的很多样例，并不意味着 X 包含足够多的信息来预测 Y。例如，如果你想根据某支股票最近的历史价格来预测其股价走势，那你成功的可能性不大，因为历史价格并没有包含很多可用于预测的信息。

有一类无法解决的问题你应该知道，那就是**非平稳问题**（nonstationary problem）。假设你想要构建一个服装推荐引擎，并在一个月（八月）的数据上训练，然后在冬天开始生成推荐结果。一个大问题是，人们购买服装的种类是随着季节变化的，即服装购买在几个月的尺度上是一个非平稳现象。你想要建模的对象随着时间推移而改变。在这种情况下，正确的做法是不断地利用最新数据重新训练模型，或者在一个问题是平稳的时间尺度上收集数据。对于服装购买这种周期性问题，几年的数据足以捕捉到季节性变化，但一定要记住，要将一年中的时间作为模型的一个输入。

请记住，机器学习只能用来记忆训练数据中存在的模式。你只能识别出曾经见过的东西。在过去的数据上训练机器学习来预测未来，这里存在一个假设，就是未来的规律与过去相同。但事实往往并非如此。

4.5.2 选择衡量成功的指标

要控制一件事物，就需要能够观察它。要取得成功，就必须给出成功的定义：精度？准确率（precision）和召回率（recall）？客户保留率？衡量成功的指标将指引你选择损失函数，即模型要优化什么。它应该直接与你的目标（如业务成功）保持一致。

对于平衡分类问题（每个类别的可能性相同），精度和**接收者操作特征曲线下面积**（area under the receiver operating characteristic curve，ROC AUC）是常用的指标。对于类别不平衡的问题，你可以使用准确率和召回率。对于排序问题或多标签分类，你可以使用平均准确率均值（mean average precision）。自定义衡量成功的指标也很常见。要想了解各种机器学习的成功衡量指标以及这些指标与不同问题域的关系，你可以浏览 Kaggle 网站上的数据科学竞赛，上面展示了各种各样的问题和评估指标。

4.5.3　确定评估方法

一旦明确了目标，你必须确定如何衡量当前的进展。前面介绍了三种常见的评估方法。
- **留出验证集**。数据量很大时可以采用这种方法。
- **K 折交叉验证**。如果留出验证的样本量太少，无法保证可靠性，那么应该选择这种方法。
- **重复的 K 折验证**。如果可用的数据很少，同时模型评估又需要非常准确，那么应该使用这种方法。

只需选择三者之一。大多数情况下，第一种方法足以满足要求。

4.5.4　准备数据

一旦知道了要训练什么、要优化什么以及评估方法，那么你就几乎已经准备好训练模型了。但首先你应该将数据格式化，使其可以输入到机器学习模型中（这里假设模型为深度神经网络）。
- 如前所述，应该将数据格式化为张量。
- 这些张量的取值通常应该缩放为较小的值，比如在 [–1, 1] 区间或 [0, 1] 区间。
- 如果不同的特征具有不同的取值范围（异质数据），那么应该做数据标准化。
- 你可能需要做特征工程，尤其是对于小数据问题。

准备好输入数据和目标数据的张量后，你就可以开始训练模型了。

4.5.5　开发比基准更好的模型

这一阶段的目标是获得**统计功效**（statistical power），即开发一个小型模型，它能够打败纯随机的基准（dumb baseline）。在 MNIST 数字分类的例子中，任何精度大于 0.1 的模型都可以说具有统计功效；在 IMDB 的例子中，任何精度大于 0.5 的模型都可以说具有统计功效。

注意，不一定总是能获得统计功效。如果你尝试了多种合理架构之后仍然无法打败随机基准，那么原因可能是问题的答案并不在输入数据中。要记住你所做的两个假设。
- 假设输出是可以根据输入进行预测的。
- 假设可用的数据包含足够多的信息，足以学习输入和输出之间的关系。

这些假设很可能是错误的，这样的话你需要从头重新开始。

如果一切顺利，你还需要选择三个关键参数来构建第一个工作模型。

- **最后一层的激活**。它对网络输出进行有效的限制。例如，IMDB 分类的例子在最后一层使用了 `sigmoid`，回归的例子在最后一层没有使用激活，等等。
- **损失函数**。它应该匹配你要解决的问题的类型。例如，IMDB 的例子使用 `binary_crossentropy`、回归的例子使用 `mse`，等等。
- **优化配置**。你要使用哪种优化器？学习率是多少？大多数情况下，使用 `rmsprop` 及其默认的学习率是稳妥的。

关于损失函数的选择，需要注意，直接优化衡量问题成功的指标不一定总是可行的。有时难以将指标转化为损失函数，要知道，损失函数需要在只有小批量数据时即可计算（理想情况下，只有一个数据点时，损失函数应该也是可计算的），而且还必须是可微的（否则无法用反向传播来训练网络）。例如，广泛使用的分类指标 ROC AUC 就不能被直接优化。因此在分类任务中，常见的做法是优化 ROC AUC 的替代指标，比如交叉熵。一般来说，你可以认为交叉熵越小，ROC AUC 越大。

表 4-1 列出了常见问题类型的最后一层激活和损失函数，可以帮你进行选择。

表 4-1 为模型选择正确的最后一层激活和损失函数

问题类型	最后一层激活	损失函数
二分类问题	sigmoid	binary_crossentropy
多分类、单标签问题	softmax	categorical_crossentropy
多分类、多标签问题	sigmoid	binary_crossentropy
回归到任意值	无	mse
回归到 0~1 范围内的值	sigmoid	mse 或 binary_crossentropy

4.5.6 扩大模型规模：开发过拟合的模型

一旦得到了具有统计功效的模型，问题就变成了：模型是否足够强大？它是否具有足够多的层和参数来对问题进行建模？例如，只有单个隐藏层且只有两个单元的网络，在 MNIST 问题上具有统计功效，但并不足以很好地解决问题。请记住，机器学习中无处不在的对立是优化和泛化的对立，理想的模型是刚好在欠拟合和过拟合的界线上，在容量不足和容量过大的界线上。为了找到这条界线，你必须穿过它。

要搞清楚你需要多大的模型，就必须开发一个过拟合的模型，这很简单。

(1) 添加更多的层。

(2) 让每一层变得更大。

(3) 训练更多的轮次。

要始终监控训练损失和验证损失，以及你所关心的指标的训练值和验证值。如果你发现模型在验证数据上的性能开始下降，那么就出现了过拟合。

下一阶段将开始正则化和调节模型，以便尽可能地接近理想模型，既不过拟合也不欠拟合。

4.5.7　模型正则化与调节超参数

这一步是最费时间的：你将不断地调节模型、训练、在验证数据上评估（这里不是测试数据）、再次调节模型，然后重复这一过程，直到模型达到最佳性能。你应该尝试以下几项。

- 添加 dropout。
- 尝试不同的架构：增加或减少层数。
- 添加 L1 和 / 或 L2 正则化。
- 尝试不同的超参数（比如每层的单元个数或优化器的学习率），以找到最佳配置。
- （可选）反复做特征工程：添加新特征或删除没有信息量的特征。

请注意：每次使用验证过程的反馈来调节模型，都会将有关验证过程的信息泄露到模型中。如果只重复几次，那么无关紧要；但如果系统性地迭代许多次，最终会导致模型对验证过程过拟合（即使模型并没有直接在验证数据上训练）。这会降低验证过程的可靠性。

一旦开发出令人满意的模型配置，你就可以在所有可用数据（训练数据 + 验证数据）上训练最终的生产模型，然后在测试集上最后评估一次。如果测试集上的性能比验证集上差很多，那么这可能意味着你的验证流程不可靠，或者你在调节模型参数时在验证数据上出现了过拟合。在这种情况下，你可能需要换用更加可靠的评估方法，比如重复的 K 折验证。

本章小结

- 定义问题与要训练的数据。收集这些数据，有需要的话用标签来标注数据。
- 选择衡量问题成功的指标。你要在验证数据上监控哪些指标？
- 确定评估方法：留出验证？K 折验证？你应该将哪一部分数据用于验证？
- 开发第一个比基准更好的模型，即一个具有统计功效的模型。
- 开发过拟合的模型。
- 基于模型在验证数据上的性能来进行模型正则化与调节超参数。许多机器学习研究往往只关注这一步，但你一定要牢记整个工作流程。

Part 2

深度学习实践

在第 5~9 章，你将通过实践培养出如何用深度学习解决现实问题的直觉，还将学到重要的深度学习最佳实践。本书大部分代码示例都集中在第二部分。

第 5 章

深度学习用于计算机视觉

5

本章包括以下内容：
- 理解卷积神经网络（convnet）
- 使用数据增强来降低过拟合
- 使用预训练的卷积神经网络进行特征提取
- 微调预训练的卷积神经网络
- 将卷积神经网络学到的内容及其如何做出分类决策可视化

本章将介绍卷积神经网络，也叫 convnet，它是计算机视觉应用几乎都在使用的一种深度学习模型。你将学到将卷积神经网络应用于图像分类问题，特别是那些训练数据集较小的问题。如果你工作的地方并非大型科技公司，这也将是你最常见的使用场景。

5.1 卷积神经网络简介

我们将深入讲解卷积神经网络的原理，以及它在计算机视觉任务上为什么如此成功。但在此之前，我们先来看一个简单的卷积神经网络示例，即使用卷积神经网络对 MNIST 数字进行分类，这个任务我们在第 2 章用密集连接网络做过（当时的测试精度为 97.8%）。虽然本例中的卷积神经网络很简单，但其精度肯定会超过第 2 章的密集连接网络。

下列代码将会展示一个简单的卷积神经网络。它是 `Conv2D` 层和 `MaxPooling2D` 层的堆叠。很快你就会知道这些层的作用。

代码清单 5-1 实例化一个小型的卷积神经网络

```
from keras import layers
from keras import models

model = models.Sequential()
model.add(layers.Conv2D(32, (3, 3), activation='relu', input_shape=(28, 28, 1)))
model.add(layers.MaxPooling2D((2, 2)))
model.add(layers.Conv2D(64, (3, 3), activation='relu'))
model.add(layers.MaxPooling2D((2, 2)))
model.add(layers.Conv2D(64, (3, 3), activation='relu'))
```

重要的是，卷积神经网络接收形状为 (image_height, image_width, image_channels) 的输入张量（不包括批量维度）。本例中设置卷积神经网络处理大小为 (28, 28, 1) 的输入张量，这正是 MNIST 图像的格式。我们向第一层传入参数 input_shape=(28, 28, 1) 来完成此设置。

我们来看一下目前卷积神经网络的架构。

```
>>> model.summary()
```

```
Layer (type)                    Output Shape              Param #
=================================================================
conv2d_1 (Conv2D)               (None, 26, 26, 32)        320

max_pooling2d_1 (MaxPooling2D)  (None, 13, 13, 32)        0

conv2d_2 (Conv2D)               (None, 11, 11, 64)        18496

max_pooling2d_2 (MaxPooling2D)  (None, 5, 5, 64)          0

conv2d_3 (Conv2D)               (None, 3, 3, 64)          36928
=================================================================
Total params: 55,744
Trainable params: 55,744
Non-trainable params: 0
```

可以看到，每个 Conv2D 层和 MaxPooling2D 层的输出都是一个形状为 (height, width, channels) 的 3D 张量。宽度和高度两个维度的尺寸通常会随着网络加深而变小。通道数量由传入 Conv2D 层的第一个参数所控制（32 或 64）。

下一步是将最后的输出张量［大小为 (3, 3, 64)］输入到一个密集连接分类器网络中，即 Dense 层的堆叠，你已经很熟悉了。这些分类器可以处理 1D 向量，而当前的输出是 3D 张量。首先，我们需要将 3D 输出展平为 1D，然后在上面添加几个 Dense 层。

代码清单 5-2　在卷积神经网络上添加分类器

```
model.add(layers.Flatten())
model.add(layers.Dense(64, activation='relu'))
model.add(layers.Dense(10, activation='softmax'))
```

我们将进行 10 类别分类，最后一层使用带 10 个输出的 softmax 激活。现在网络的架构如下。

```
>>> model.summary()
```

```
Layer (type)                    Output Shape              Param #
=================================================================
conv2d_1 (Conv2D)               (None, 26, 26, 32)        320

max_pooling2d_1 (MaxPooling2D)  (None, 13, 13, 32)        0

conv2d_2 (Conv2D)               (None, 11, 11, 64)        18496

max_pooling2d_2 (MaxPooling2D)  (None, 5, 5, 64)          0

conv2d_3 (Conv2D)               (None, 3, 3, 64)          36928
```

flatten_1 (Flatten)	(None, 576)	0
dense_1 (Dense)	(None, 64)	36928
dense_2 (Dense)	(None, 10)	650

```
=================================================================
Total params: 93,322
Trainable params: 93,322
Non-trainable params: 0
```

如你所见，在进入两个 Dense 层之前，形状 (3, 3, 64) 的输出被展平为形状 (576,) 的向量。

下面我们在 MNIST 数字图像上训练这个卷积神经网络。我们将复用第 2 章 MNIST 示例中的很多代码。

代码清单 5-3   在 MNIST 图像上训练卷积神经网络

```
from keras.datasets import mnist
from keras.utils import to_categorical

(train_images, train_labels), (test_images, test_labels) = mnist.load_data()

train_images = train_images.reshape((60000, 28, 28, 1))
train_images = train_images.astype('float32') / 255

test_images = test_images.reshape((10000, 28, 28, 1))
test_images = test_images.astype('float32') / 255

train_labels = to_categorical(train_labels)
test_labels = to_categorical(test_labels)

model.compile(optimizer='rmsprop',
              loss='categorical_crossentropy',
              metrics=['accuracy'])
model.fit(train_images, train_labels, epochs=5, batch_size=64)
```

我们在测试数据上对模型进行评估。

```
>>> test_loss, test_acc = model.evaluate(test_images, test_labels)
>>> test_acc
0.99080000000000001
```

第 2 章密集连接网络的测试精度为 97.8%，但这个简单卷积神经网络的测试精度达到了 99.3%，我们将错误率降低了 68%（相对比例）。相当不错！

与密集连接模型相比，为什么这个简单卷积神经网络的效果这么好？要回答这个问题，我们来深入了解 Conv2D 层和 MaxPooling2D 层的作用。

5.1.1   卷积运算

密集连接层和卷积层的根本区别在于，Dense 层从输入特征空间中学到的是全局模式

（比如对于 MNIST 数字，全局模式就是涉及所有像素的模式），而卷积层学到的是局部模式（见图 5-1），对于图像来说，学到的就是在输入图像的二维小窗口中发现的模式。在上面的例子中，这些窗口的大小都是 3×3。

图 5-1 图像可以被分解为局部模式，如边缘、纹理等

这个重要特性使卷积神经网络具有以下两个有趣的性质。

❑ 卷积神经网络学到的模式具有**平移不变性**（translation invariant）。卷积神经网络在图像右下角学到某个模式之后，它可以在任何地方识别这个模式，比如左上角。对于密集连接网络来说，如果模式出现在新的位置，它只能重新学习这个模式。这使得卷积神经网络在处理图像时可以高效利用数据（因为**视觉世界从根本上具有平移不变性**），它只需要更少的训练样本就可以学到具有泛化能力的数据表示。

❑ 卷积神经网络可以学到**模式的空间层次结构**（spatial hierarchies of patterns），见图 5-2。第一个卷积层将学习较小的局部模式（比如边缘），第二个卷积层将学习由第一层特征组成的更大的模式，以此类推。这使得卷积神经网络可以有效地学习越来越复杂、越来越抽象的视觉概念（因为**视觉世界从根本上具有空间层次结构**）。

对于包含两个空间轴（**高度和宽度**）和一个**深度轴**（也叫**通道轴**）的 3D 张量，其卷积也叫**特征图**（feature map）。对于 RGB 图像，深度轴的维度大小等于 3，因为图像有 3 个颜色通道：红色、绿色和蓝色。对于黑白图像（比如 MNIST 数字图像），深度等于 1（表示灰度等级）。卷积运算从输入特征图中提取图块，并对所有这些图块应用相同的变换，生成**输出特征图**（output feature map）。该输出特征图仍是一个 3D 张量，具有宽度和高度，其深度可以任意取值，因为输出深度是层的参数，深度轴的不同通道不再像 RGB 输入那样代表特定颜色，而是代表**过滤器**（filter）。过滤器对输入数据的某一方面进行编码，比如，单个过滤器可以从更高层次编码这样一个概念："输入中包含一张脸。"

5

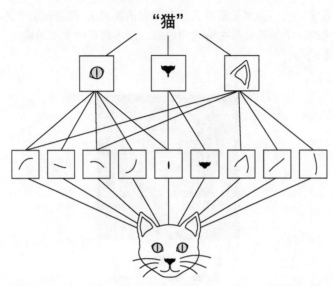

图 5-2　视觉世界形成了视觉模块的空间层次结构：超局部的边缘组合成局部的对象，
比如眼睛或耳朵，这些局部对象又组合成高级概念，比如"猫"

　　在 MNIST 示例中，第一个卷积层接收一个大小为 (28, 28, 1) 的特征图，并输出一个大小为 (26, 26, 32) 的特征图，即它在输入上计算 32 个过滤器。对于这 32 个输出通道，每个通道都包含一个 26 × 26 的数值网格，它是过滤器对输入的响应图（response map），表示这个过滤器模式在输入中不同位置的响应（见图 5-3）。这也是**特征图**这一术语的含义：深度轴的每个维度都是一个特征（或过滤器），而 2D 张量 output[:, :, n] 是这个过滤器在输入上的响应的二维空间**图**（map）。

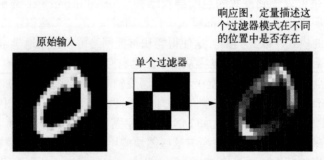

图 5-3　响应图的概念：某个模式在输入中的不同位置是否存在的二维图

卷积由以下两个关键参数所定义。

- **从输入中提取的图块尺寸**：这些图块的大小通常是 3 × 3 或 5 × 5。本例中为 3 × 3，这是很常见的选择。
- **输出特征图的深度**：卷积所计算的过滤器的数量。本例第一层的深度为 32，最后一层的深度是 64。

对于 Keras 的 Conv2D 层，这些参数都是向层传入的前几个参数：Conv2D(output_depth, (window_height, window_width))。

卷积的工作原理：在 3D 输入特征图上**滑动**（slide）这些 3×3 或 5×5 的窗口，在每个可能的位置停止并提取周围特征的 3D 图块［形状为 (window_height, window_width, input_depth)］。然后每个 3D 图块与学到的同一个权重矩阵［叫作**卷积核**（convolution kernel）］做张量积，转换成形状为 (output_depth,) 的 1D 向量。然后对所有这些向量进行空间重组，使其转换为形状为 (height, width, output_depth) 的 3D 输出特征图。输出特征图中的每个空间位置都对应于输入特征图中的相同位置（比如输出的右下角包含了输入右下角的信息）。举个例子，利用 3×3 的窗口，向量 output[i, j, :] 来自 3D 图块 input[i-1:i+1, j-1:j+1, :]。整个过程详见图 5-4。

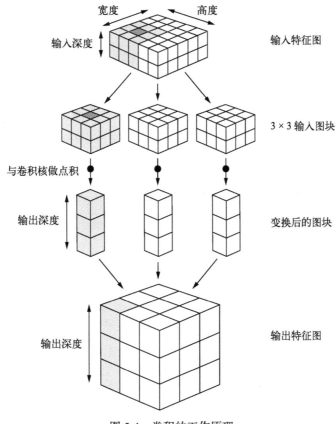

图 5-4　卷积的工作原理

注意，输出的宽度和高度可能与输入的宽度和高度不同。不同的原因可能有两点。

❑ 边界效应，可以通过对输入特征图进行填充来抵消。

❑ 使用了**步幅**（stride），稍后会给出其定义。

我们来深入研究一下这些概念。

1. 理解边界效应与填充

假设有一个 5×5 的特征图（共 25 个方块）。其中只有 9 个方块可以作为中心放入一个 3×3 的窗口，这 9 个方块形成一个 3×3 的网格（见图 5-5）。因此，输出特征图的尺寸是 3×3。它比输入尺寸小了一点，在本例中沿着每个维度都正好缩小了 2 个方块。在前一个例子中你也可以看到这种边界效应的作用：开始的输入尺寸为 28×28，经过第一个卷积层之后尺寸变为 26×26。

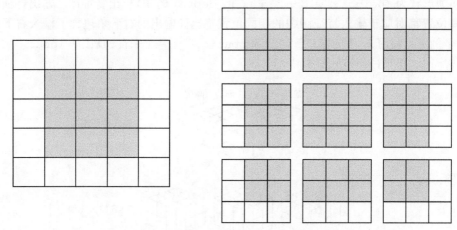

图 5-5   在 5×5 的输入特征图中，可以提取 3×3 图块的有效位置

如果你希望输出特征图的空间维度与输入相同，那么可以使用**填充**（padding）。填充是在输入特征图的每一边添加适当数目的行和列，使得每个输入方块都能作为卷积窗口的中心。对于 3×3 的窗口，在左右各添加一列，在上下各添加一行。对于 5×5 的窗口，各添加两行和两列（见图 5-6）。

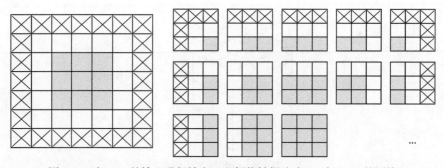

图 5-6   对 5×5 的输入进行填充，以便能够提取出 25 个 3×3 的图块

对于 Conv2D 层，可以通过 padding 参数来设置填充，这个参数有两个取值："valid" 表示不使用填充（只使用有效的窗口位置）；"same" 表示"填充后输出的宽度和高度与输入相同"。padding 参数的默认值为 "valid"。

2. 理解卷积步幅

影响输出尺寸的另一个因素是**步幅**的概念。目前为止，对卷积的描述都假设卷积窗口的中心方块都是相邻的。但两个连续窗口的距离是卷积的一个参数，叫作**步幅**，默认值为 1。也可以使用**步进卷积**（strided convolution），即步幅大于 1 的卷积。在图 5-7 中，你可以看到用步幅为 2 的 3×3 卷积从 5×5 输入中提取的图块（无填充）。

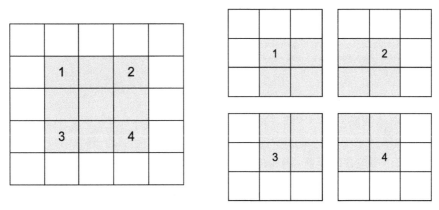

图 5-7　2×2 步幅的 3×3 卷积图块

步幅为 2 意味着特征图的宽度和高度都被做了 2 倍下采样（除了边界效应引起的变化）。虽然步进卷积对某些类型的模型可能有用，但在实践中很少使用。熟悉这个概念是有好处的。

为了对特征图进行下采样，我们不用步幅，而是通常使用**最大池化**（max-pooling）运算，你在第一个卷积神经网络示例中见过此运算。下面我们来深入研究这种运算。

5.1.2　最大池化运算

在卷积神经网络示例中，你可能注意到，在每个 MaxPooling2D 层之后，特征图的尺寸都会减半。例如，在第一个 MaxPooling2D 层之前，特征图的尺寸是 26×26，但最大池化运算将其减半为 13×13。这就是最大池化的作用：对特征图进行下采样，与步进卷积类似。

最大池化是从输入特征图中提取窗口，并输出每个通道的最大值。它的概念与卷积类似，但是最大池化使用硬编码的 max 张量运算对局部图块进行变换，而不是使用学到的线性变换（卷积核）。最大池化与卷积的最大不同之处在于，最大池化通常使用 2×2 的窗口和步幅 2，其目的是将特征图下采样 2 倍。与此相对的是，卷积通常使用 3×3 窗口和步幅 1。

为什么要用这种方式对特征图下采样？为什么不删除最大池化层，一直保留较大的特征图？我们来这么做试一下。这时模型的卷积基（convolutional base）如下所示。

```
model_no_max_pool = models.Sequential()
model_no_max_pool.add(layers.Conv2D(32, (3, 3), activation='relu',
                      input_shape=(28, 28, 1)))
model_no_max_pool.add(layers.Conv2D(64, (3, 3), activation='relu'))
model_no_max_pool.add(layers.Conv2D(64, (3, 3), activation='relu'))
```

该模型的架构如下。

```
>>> model_no_max_pool.summary()
```

Layer (type)	Output Shape	Param #
conv2d_4 (Conv2D)	(None, 26, 26, 32)	320
conv2d_5 (Conv2D)	(None, 24, 24, 64)	18496
conv2d_6 (Conv2D)	(None, 22, 22, 64)	36928

```
Total params: 55,744
Trainable params: 55,744
Non-trainable params: 0
```

这种架构有什么问题？有如下两点问题。

❑ 这种架构不利于学习特征的空间层级结构。第三层的 3×3 窗口中只包含初始输入的 7×7 窗口中所包含的信息。卷积神经网络学到的高级模式相对于初始输入来说仍然很小，这可能不足以学会对数字进行分类（你可以试试仅通过 7 像素×7 像素的窗口观察图像来识别其中的数字）。我们需要让最后一个卷积层的特征包含输入的整体信息。

❑ 最后一层的特征图对每个样本共有 22×22×64=30 976 个元素。这太多了。如果你将其展平并在上面添加一个大小为 512 的 Dense 层，那一层将会有 1580 万个参数。这对于这样一个小模型来说太多了，会导致严重的过拟合。

简而言之，使用下采样的原因，一是减少需要处理的特征图的元素个数，二是通过让连续卷积层的观察窗口越来越大（即窗口覆盖原始输入的比例越来越大），从而引入空间过滤器的层级结构。

注意，最大池化不是实现这种下采样的唯一方法。你已经知道，还可以在前一个卷积层中使用步幅来实现。此外，你还可以使用平均池化来代替最大池化，其方法是将每个局部输入图块变换为取该图块各通道的平均值，而不是最大值。但最大池化的效果往往比这些替代方法更好。简而言之，原因在于特征中往往编码了某种模式或概念在特征图的不同位置是否存在（因此得名**特征图**），而观察不同特征的**最大值**而不是**平均值**能够给出更多的信息。因此，最合理的子采样策略是首先生成密集的特征图（通过无步进的卷积），然后观察特征每个小图块上的最大激活，而不是查看输入的稀疏窗口（通过步进卷积）或对输入图块取平均，因为后两种方法可能导致错过或淡化特征是否存在的信息。

现在你应该已经理解了卷积神经网络的基本概念，即特征图、卷积和最大池化，并且也知道如何构建一个小型卷积神经网络来解决简单问题，比如 MNIST 数字分类。下面我们将介绍更加实用的应用。

5.2　在小型数据集上从头开始训练一个卷积神经网络

使用很少的数据来训练一个图像分类模型，这是很常见的情况，如果你要从事计算机视觉方面的职业，很可能会在实践中遇到这种情况。"很少的"样本可能是几百张图像，也可能是几万张图像。来看一个实例，我们将重点讨论猫狗图像分类，数据集中包含 4000 张猫和狗的图像（2000 张猫的图像，2000 张狗的图像）。我们将 2000 张图像用于训练，1000 张用于验证，1000张用于测试。

本节将介绍解决这一问题的基本策略，即使用已有的少量数据从头开始训练一个新模型。首先，在 2000 个训练样本上训练一个简单的小型卷积神经网络，不做任何正则化，为模型目标设定一个基准。这会得到 71% 的分类精度。此时主要的问题在于过拟合。然后，我们会介绍**数据增强**（data augmentation），它在计算机视觉领域是一种非常强大的降低过拟合的技术。使用数据增强之后，网络精度将提高到 82%。

5.3 节会介绍将深度学习应用于小型数据集的另外两个重要技巧：**用预训练的网络做特征提取**（得到的精度范围在 90%~96%），**对预训练的网络进行微调**（最终精度为 97%）。总而言之，这三种策略——从头开始训练一个小型模型、使用预训练的网络做特征提取、对预训练的网络进行微调——构成了你的工具箱，未来可用于解决小型数据集的图像分类问题。

5.2.1　深度学习与小数据问题的相关性

有时你会听人说，仅在有大量数据可用时，深度学习才有效。这种说法部分正确：深度学习的一个基本特性就是能够独立地在训练数据中找到有趣的特征，无须人为的特征工程，而这只在拥有大量训练样本时才能实现。对于输入样本的维度非常高（比如图像）的问题尤其如此。

但对于初学者来说，所谓"大量"样本是相对的，即相对于你所要训练网络的大小和深度而言。只用几十个样本训练卷积神经网络就解决一个复杂问题是不可能的，但如果模型很小，并做了很好的正则化，同时任务非常简单，那么几百个样本可能就足够了。由于卷积神经网络学到的是局部的、平移不变的特征，它对于感知问题可以高效地利用数据。虽然数据相对较少，但在非常小的图像数据集上从头开始训练一个卷积神经网络，仍然可以得到不错的结果，而且无须任何自定义的特征工程。本节你将看到其效果。

此外，深度学习模型本质上具有高度的可复用性，比如，已有一个在大规模数据集上训练的图像分类模型或语音转文本模型，你只需做很小的修改就能将其复用于完全不同的问题。特别是在计算机视觉领域，许多预训练的模型（通常都是在 ImageNet 数据集上训练得到的）现在都可以公开下载，并可以用于在数据很少的情况下构建强大的视觉模型。这是 5.3 节的内容。我们先来看一下数据。

5.2.2　下载数据

本节用到的猫狗分类数据集不包含在 Keras 中。它由 Kaggle 在 2013 年末公开并作为一项计算视觉竞赛的一部分，当时卷积神经网络还不是主流算法。你可以从 https://www.kaggle.com/c/dogs-vs-cats/data 下载原始数据集（如果没有 Kaggle 账号的话，你需要注册一个，别担心，很简单）。

这些图像都是中等分辨率的彩色 JPEG 图像。图 5-8 给出了一些样本示例。

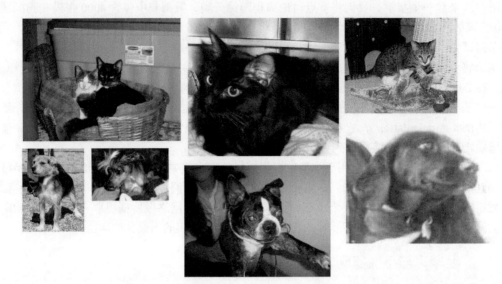

图 5-8　猫狗分类数据集的一些样本。没有修改尺寸：样本在尺寸、外观等方面是不一样的

不出所料，2013 年的猫狗分类 Kaggle 竞赛的优胜者使用的是卷积神经网络。最佳结果达到了 95% 的精度。本例中，虽然你只在不到参赛选手所用的 10% 的数据上训练模型，但结果也和这个精度相当接近（见下一节）。

这个数据集包含 25 000 张猫狗图像（每个类别都有 12 500 张），大小为 543MB（压缩后）。下载数据并解压之后，你需要创建一个新数据集，其中包含三个子集：每个类别各 1000 个样本的训练集、每个类别各 500 个样本的验证集和每个类别各 500 个样本的测试集。

创建新数据集的代码如下所示。

代码清单 5-4　将图像复制到训练、验证和测试的目录

```
import os, shutil                                          原始数据集解压目录的路径

original_dataset_dir = '/Users/fchollet/Downloads/kaggle_original_data'  ←┘

base_dir = '/Users/fchollet/Downloads/cats_and_dogs_small'  ←── 保存较小数据集的目录
os.mkdir(base_dir)

train_dir = os.path.join(base_dir, 'train')
os.mkdir(train_dir)
validation_dir = os.path.join(base_dir, 'validation')       分别对应划分后的训练、
os.mkdir(validation_dir)                                    验证和测试的目录
test_dir = os.path.join(base_dir, 'test')
os.mkdir(test_dir)

train_cats_dir = os.path.join(train_dir, 'cats')           猫的训练图像目录
os.mkdir(train_cats_dir)
```

```
train_dogs_dir = os.path.join(train_dir, 'dogs')          狗的训练图像目录
os.mkdir(train_dogs_dir)

validation_cats_dir = os.path.join(validation_dir, 'cats')    猫的验证图像目录
os.mkdir(validation_cats_dir)

validation_dogs_dir = os.path.join(validation_dir, 'dogs')    狗的验证图像目录
os.mkdir(validation_dogs_dir)

test_cats_dir = os.path.join(test_dir, 'cats')          猫的测试图像目录
os.mkdir(test_cats_dir)

test_dogs_dir = os.path.join(test_dir, 'dogs')          狗的测试图像目录
os.mkdir(test_dogs_dir)

fnames = ['cat.{}.jpg'.format(i) for i in range(1000)]
for fname in fnames:
    src = os.path.join(original_dataset_dir, fname)       将前 1000 张猫的图像复制
    dst = os.path.join(train_cats_dir, fname)            到 train_cats_dir
    shutil.copyfile(src, dst)

fnames = ['cat.{}.jpg'.format(i) for i in range(1000, 1500)]
for fname in fnames:
    src = os.path.join(original_dataset_dir, fname)       将接下来 500 张猫的图像复
    dst = os.path.join(validation_cats_dir, fname)        制到 validation_cats_dir
    shutil.copyfile(src, dst)

fnames = ['cat.{}.jpg'.format(i) for i in range(1500, 2000)]
for fname in fnames:
    src = os.path.join(original_dataset_dir, fname)       将接下来的 500 张猫的图像
    dst = os.path.join(test_cats_dir, fname)             复制到 test_cats_dir
    shutil.copyfile(src, dst)

fnames = ['dog.{}.jpg'.format(i) for i in range(1000)]
for fname in fnames:
    src = os.path.join(original_dataset_dir, fname)       将前 1000 张狗的图像复制
    dst = os.path.join(train_dogs_dir, fname)            到 train_dogs_dir
    shutil.copyfile(src, dst)

fnames = ['dog.{}.jpg'.format(i) for i in range(1000, 1500)]
for fname in fnames:
    src = os.path.join(original_dataset_dir, fname)       将接下来 500 张狗的图像复
    dst = os.path.join(validation_dogs_dir, fname)        制到 validation_dogs_dir
    shutil.copyfile(src, dst)

fnames = ['dog.{}.jpg'.format(i) for i in range(1500, 2000)]
for fname in fnames:
    src = os.path.join(original_dataset_dir, fname)       将接下来 500 张狗的图像复
    dst = os.path.join(test_dogs_dir, fname)             制到 test_dogs_dir
    shutil.copyfile(src, dst)
```

5

我们来检查一下，看看每个分组（训练 / 验证 / 测试）中分别包含多少张图像。

```
>>> print('total training cat images:', len(os.listdir(train_cats_dir)))
total training cat images: 1000
>>> print('total training dog images:', len(os.listdir(train_dogs_dir)))
total training dog images: 1000
>>> print('total validation cat images:', len(os.listdir(validation_cats_dir)))
total validation cat images: 500
>>> print('total validation dog images:', len(os.listdir(validation_dogs_dir)))
total validation dog images: 500
>>> print('total test cat images:', len(os.listdir(test_cats_dir)))
total test cat images: 500
>>> print('total test dog images:', len(os.listdir(test_dogs_dir)))
total test dog images: 500
```

所以我们的确有 2000 张训练图像、1000 张验证图像和 1000 张测试图像。每个分组中两个类别的样本数相同，这是一个平衡的二分类问题，分类精度可作为衡量成功的指标。

5.2.3 构建网络

在前一个 MNIST 示例中，我们构建了一个小型卷积神经网络，所以你应该已经熟悉这种网络。我们将复用相同的总体结构，即卷积神经网络由 Conv2D 层（使用 relu 激活）和 MaxPooling2D 层交替堆叠构成。

但由于这里要处理的是更大的图像和更复杂的问题，你需要相应地增大网络，即再增加一个 Conv2D+MaxPooling2D 的组合。这既可以增大网络容量，也可以进一步减小特征图的尺寸，使其在连接 Flatten 层时尺寸不会太大。本例中初始输入的尺寸为 150×150（有些随意的选择），所以最后在 Flatten 层之前的特征图大小为 7×7。

注意　网络中特征图的深度在逐渐增大（从 32 增大到 128），而特征图的尺寸在逐渐减小（从 150×150 减小到 7×7）。这几乎是所有卷积神经网络的模式。

你面对的是一个二分类问题，所以网络最后一层是使用 sigmoid 激活的单一单元（大小为 1 的 Dense 层）。这个单元将对某个类别的概率进行编码。

代码清单 5-5　将猫狗分类的小型卷积神经网络实例化

```
from keras import layers
from keras import models

model = models.Sequential()
model.add(layers.Conv2D(32, (3, 3), activation='relu',
                        input_shape=(150, 150, 3)))
model.add(layers.MaxPooling2D((2, 2)))
model.add(layers.Conv2D(64, (3, 3), activation='relu'))
model.add(layers.MaxPooling2D((2, 2)))
model.add(layers.Conv2D(128, (3, 3), activation='relu'))
model.add(layers.MaxPooling2D((2, 2)))
model.add(layers.Conv2D(128, (3, 3), activation='relu'))
model.add(layers.MaxPooling2D((2, 2)))
```

```
model.add(layers.Flatten())
model.add(layers.Dense(512, activation='relu'))
model.add(layers.Dense(1, activation='sigmoid'))
```

我们来看一下特征图的维度如何随着每层变化。

```
>>> model.summary()
```

Layer (type)	Output Shape	Param #
conv2d_1 (Conv2D)	(None, 148, 148, 32)	896
max_pooling2d_1 (MaxPooling2D)	(None, 74, 74, 32)	0
conv2d_2 (Conv2D)	(None, 72, 72, 64)	18496
max_pooling2d_2 (MaxPooling2D)	(None, 36, 36, 64)	0
conv2d_3 (Conv2D)	(None, 34, 34, 128)	73856
max_pooling2d_3 (MaxPooling2D)	(None, 17, 17, 128)	0
conv2d_4 (Conv2D)	(None, 15, 15, 128)	147584
max_pooling2d_4 (MaxPooling2D)	(None, 7, 7, 128)	0
flatten_1 (Flatten)	(None, 6272)	0
dense_1 (Dense)	(None, 512)	3211776
dense_2 (Dense)	(None, 1)	513

```
Total params: 3,453,121
Trainable params: 3,453,121
Non-trainable params: 0
```

在编译这一步，和前面一样，我们将使用 RMSprop 优化器。因为网络最后一层是单一 sigmoid 单元，所以我们将使用二元交叉熵作为损失函数（提醒一下，表 4-1 列出了各种情况下应该使用的损失函数）。

代码清单 5-6　配置模型用于训练

```
from keras import optimizers

model.compile(loss='binary_crossentropy',
              optimizer=optimizers.RMSprop(lr=1e-4),
              metrics=['acc'])
```

5.2.4　数据预处理

你现在已经知道，将数据输入神经网络之前，应该将数据格式化为经过预处理的浮点数张量。现在，数据以 JPEG 文件的形式保存在硬盘中，所以数据预处理步骤大致如下。

(1) 读取图像文件。

(2) 将 JPEG 文件解码为 RGB 像素网格。

(3) 将这些像素网格转换为浮点数张量。

(4) 将像素值（0~255 范围内）缩放到 [0, 1] 区间（正如你所知，神经网络喜欢处理较小的输入值）。

这些步骤可能看起来有点吓人，但幸运的是，Keras 拥有自动完成这些步骤的工具。Keras 有一个图像处理辅助工具的模块，位于 `keras.preprocessing.image`。特别地，它包含 `ImageDataGenerator` 类，可以快速创建 Python 生成器，能够将硬盘上的图像文件自动转换为预处理好的张量批量。下面我们将用到这个类。

代码清单 5-7　使用 `ImageDataGenerator` 从目录中读取图像

```
from keras.preprocessing.image import ImageDataGenerator

train_datagen = ImageDataGenerator(rescale=1./255)
test_datagen = ImageDataGenerator(rescale=1./255)

train_generator = train_datagen.flow_from_directory(
        train_dir,
        target_size=(150, 150),
        batch_size=20,
        class_mode='binary')

validation_generator = test_datagen.flow_from_directory(
        validation_dir,
        target_size=(150, 150),
        batch_size=20,
        class_mode='binary')
```

将所有图像乘以 1/255 缩放

目标目录

将所有图像的大小调整为 150×150

因为使用了 `binary_crossentropy` 损失，所以需要用二进制标签

理解 Python 生成器

Python 生成器（Python generator）是一个类似于迭代器的对象，一个可以和 `for ... in` 运算符一起使用的对象。生成器是用 `yield` 运算符来构造的。

下面一个生成器的例子，可以生成整数。

```
def generator():
    i=0
    while True:
        i += 1
        yield i

for item in generator():
    print(item)
    if item > 4:
        break
```

输出结果如下。

```
1
2
3
4
5
```

我们来看一下其中一个生成器的输出：它生成了 150×150 的 RGB 图像［形状为 (20, 150, 150, 3)］与二进制标签［形状为 (20,)］组成的批量。每个批量中包含 20 个样本（批量大小）。注意，生成器会不停地生成这些批量，它会不断循环目标文件夹中的图像。因此，你需要在某个时刻终止（break）迭代循环。

```
>>> for data_batch, labels_batch in train_generator:
>>>     print('data batch shape:', data_batch.shape)
>>>     print('labels batch shape:', labels_batch.shape)
>>>     break
data batch shape: (20, 150, 150, 3)
labels batch shape: (20,)
```

利用生成器，我们让模型对数据进行拟合。我们将使用 fit_generator 方法来拟合，它在数据生成器上的效果和 fit 相同。它的第一个参数应该是一个 Python 生成器，可以不停地生成输入和目标组成的批量，比如 train_generator。因为数据是不断生成的，所以 Keras 模型要知道每一轮需要从生成器中抽取多少个样本。这是 steps_per_epoch 参数的作用：从生成器中抽取 steps_per_epoch 个批量后（即运行了 steps_per_epoch 次梯度下降），拟合过程将进入下一个轮次。本例中，每个批量包含 20 个样本，所以读取完所有 2000 个样本需要 100 个批量。

使用 fit_generator 时，你可以传入一个 validation_data 参数，其作用和在 fit 方法中类似。值得注意的是，这个参数可以是一个数据生成器，但也可以是 Numpy 数组组成的元组。如果向 validation_data 传入一个生成器，那么这个生成器应该能够不停地生成验证数据批量，因此你还需要指定 validation_steps 参数，说明需要从验证生成器中抽取多少个批次用于评估。

代码清单 5-8　利用批量生成器拟合模型

```
history = model.fit_generator(
    train_generator,
    steps_per_epoch=100,
    epochs=30,
    validation_data=validation_generator,
    validation_steps=50)
```

始终在训练完成后保存模型，这是一种良好实践。

代码清单 5-9   保存模型

```
model.save('cats_and_dogs_small_1.h5')
```

我们来分别绘制训练过程中模型在训练数据和验证数据上的损失和精度（见图 5-9 和图 5-10）。

代码清单 5-10   绘制训练过程中的损失曲线和精度曲线

```
import matplotlib.pyplot as plt

acc = history.history['acc']
val_acc = history.history['val_acc']
loss = history.history['loss']
val_loss = history.history['val_loss']

epochs = range(1, len(acc) + 1)

plt.plot(epochs, acc, 'bo', label='Training acc')
plt.plot(epochs, val_acc, 'b', label='Validation acc')
plt.title('Training and validation accuracy')
plt.legend()

plt.figure()

plt.plot(epochs, loss, 'bo', label='Training loss')
plt.plot(epochs, val_loss, 'b', label='Validation loss')
plt.title('Training and validation loss')
plt.legend()

plt.show()
```

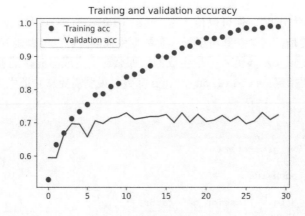

图 5-9   训练精度和验证精度

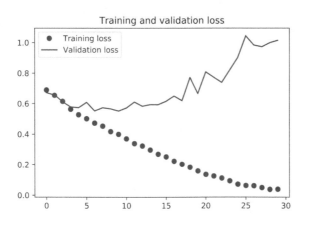

图 5-10   训练损失和验证损失

从这些图像中都能看出过拟合的特征。训练精度随着时间线性增加，直到接近 100%，而验证精度则停留在 70%~72%。验证损失仅在 5 轮后就达到最小值，然后保持不变，而训练损失则一直线性下降，直到接近于 0。

因为训练样本相对较少（2000 个），所以过拟合是你最关心的问题。前面已经介绍过几种降低过拟合的技巧，比如 dropout 和权重衰减（L2 正则化）。现在我们将使用一种针对于计算机视觉领域的新方法，在用深度学习模型处理图像时几乎都会用到这种方法，它就是**数据增强**（data augmentation）。

5.2.5   使用数据增强

过拟合的原因是学习样本太少，导致无法训练出能够泛化到新数据的模型。如果拥有无限的数据，那么模型能够观察到数据分布的所有内容，这样就永远不会过拟合。数据增强是从现有的训练样本中生成更多的训练数据，其方法是利用多种能够生成可信图像的随机变换来**增加**（augment）样本。其目标是，模型在训练时不会两次查看完全相同的图像。这让模型能够观察到数据的更多内容，从而具有更好的泛化能力。

在 Keras 中，这可以通过对 ImageDataGenerator 实例读取的图像执行多次随机变换来实现。我们先来看一个例子。

代码清单 5-11   利用 ImageDataGenerator 来设置数据增强

```
datagen = ImageDataGenerator(
      rotation_range=40,
      width_shift_range=0.2,
      height_shift_range=0.2,
      shear_range=0.2,
      zoom_range=0.2,
      horizontal_flip=True,
      fill_mode='nearest')
```

这里只选择了几个参数（想了解更多参数，请查阅 Keras 文档）。我们来快速介绍一下这些参数的含义。

- ❑ rotation_range 是角度值（在 0~180 范围内），表示图像随机旋转的角度范围。
- ❑ width_shift 和 height_shift 是图像在水平或垂直方向上平移的范围（相对于总宽度或总高度的比例）。
- ❑ shear_range 是随机错切变换的角度。
- ❑ zoom_range 是图像随机缩放的范围。
- ❑ horizontal_flip 是随机将一半图像水平翻转。如果没有水平不对称的假设（比如真实世界的图像），这种做法是有意义的。
- ❑ fill_mode 是用于填充新创建像素的方法，这些新像素可能来自于旋转或宽度/高度平移。

我们来看一下增强后的图像（见图 5-11）。

图 5-11 通过随机数据增强生成的猫图像

代码清单 5-12 显示几个随机增强后的训练图像

```
from keras.preprocessing import image    ←──────┐  图像预处理
                                                  工具的模块
fnames = [os.path.join(train_cats_dir, fname) for
    fname in os.listdir(train_cats_dir)]
```

```
img_path = fnames[3]      ◁── 选择一张图像进行增强

img = image.load_img(img_path, target_size=(150, 150))      ◁── 读取图像并调整大小

x = image.img_to_array(img)      ◁── 将其转换为形状 (150, 150, 3) 的 Numpy 数组

x = x.reshape((1,) + x.shape)      ◁── 将其形状改变为 (1, 150, 150, 3)

i = 0
for batch in datagen.flow(x, batch_size=1):
    plt.figure(i)
    imgplot = plt.imshow(image.array_to_img(batch[0]))
    i += 1
    if i % 4 == 0:
        break
```

生成随机变换后的图像批量。循环是无限的，因此你需要在某个时刻终止循环

```
plt.show()
```

如果你使用这种数据增强来训练一个新网络，那么网络将不会两次看到同样的输入。但网络看到的输入仍然是高度相关的，因为这些输入都来自于少量的原始图像。你无法生成新信息，而只能混合现有信息。因此，这种方法可能不足以完全消除过拟合。为了进一步降低过拟合，你还需要向模型中添加一个 Dropout 层，添加到密集连接分类器之前。

代码清单 5-13　定义一个包含 dropout 的新卷积神经网络

```
model = models.Sequential()
model.add(layers.Conv2D(32, (3, 3), activation='relu',
                        input_shape=(150, 150, 3)))
model.add(layers.MaxPooling2D((2, 2)))
model.add(layers.Conv2D(64, (3, 3), activation='relu'))
model.add(layers.MaxPooling2D((2, 2)))
model.add(layers.Conv2D(128, (3, 3), activation='relu'))
model.add(layers.MaxPooling2D((2, 2)))
model.add(layers.Conv2D(128, (3, 3), activation='relu'))
model.add(layers.MaxPooling2D((2, 2)))
model.add(layers.Flatten())
model.add(layers.Dropout(0.5))
model.add(layers.Dense(512, activation='relu'))
model.add(layers.Dense(1, activation='sigmoid'))

model.compile(loss='binary_crossentropy',
              optimizer=optimizers.RMSprop(lr=1e-4),
              metrics=['acc'])
```

我们来训练这个使用了数据增强和 dropout 的网络。

代码清单 5-14　利用数据增强生成器训练卷积神经网络

```
train_datagen = ImageDataGenerator(
    rescale=1./255,
    rotation_range=40,
    width_shift_range=0.2,
    height_shift_range=0.2,
```

```
        shear_range=0.2,
        zoom_range=0.2,
        horizontal_flip=True,)

test_datagen = ImageDataGenerator(rescale=1./255)    ←— 注意，不能增强验证数据

train_generator = train_datagen.flow_from_directory(
        train_dir,
        target_size=(150, 150),    ←— 将所有图像的大小调整为 150×150
        batch_size=32,
        class_mode='binary')  ←
                                   因为使用了 binary_crossentropy
                                   损失，所以需要用二进制标签
validation_generator = test_datagen.flow_from_directory(
        validation_dir,
        target_size=(150, 150),
        batch_size=32,
        class_mode='binary')

history = model.fit_generator(
        train_generator,
        steps_per_epoch=100,
        epochs=100,
        validation_data=validation_generator,
        validation_steps=50)
```

目标目录（指向 train_dir）

我们把模型保存下来，你会在 5.4 节用到它。

代码清单 5-15   保存模型

```
model.save('cats_and_dogs_small_2.h5')
```

我们再次绘制结果（见图 5-12 和图 5-13）。使用了数据增强和 dropout 之后，模型不再过拟合：
训练曲线紧紧跟随着验证曲线。现在的精度为 82%，比未正则化的模型提高了 15%（相对比例）。

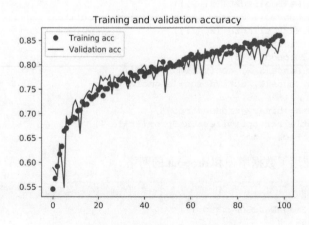

图 5-12　采用数据增强后的训练精度和验证精度

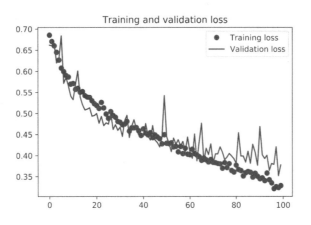

图 5-13   采用数据增强后的训练损失和验证损失

通过进一步使用正则化方法以及调节网络参数（比如每个卷积层的过滤器个数或网络中的层数），你可以得到更高的精度，可以达到86%或87%。但只靠从头开始训练自己的卷积神经网络，再想提高精度就十分困难，因为可用的数据太少。想要在这个问题上进一步提高精度，下一步需要使用预训练的模型，这是接下来两节的重点。

5.3   使用预训练的卷积神经网络

想要将深度学习应用于小型图像数据集，一种常用且非常高效的方法是使用预训练网络。**预训练网络**（pretrained network）是一个保存好的网络，之前已在大型数据集（通常是大规模图像分类任务）上训练好。如果这个原始数据集足够大且足够通用，那么预训练网络学到的特征的空间层次结构可以有效地作为视觉世界的通用模型，因此这些特征可用于各种不同的计算机视觉问题，即使这些新问题涉及的类别和原始任务完全不同。举个例子，你在 ImageNet 上训练了一个网络（其类别主要是动物和日常用品），然后将这个训练好的网络应用于某个不相干的任务，比如在图像中识别家具。这种学到的特征在不同问题之间的可移植性，是深度学习与许多早期浅层学习方法相比的重要优势，它使得深度学习对小数据问题非常有效。

本例中，假设有一个在 ImageNet 数据集（140 万张标记图像，1000 个不同的类别）上训练好的大型卷积神经网络。ImageNet 中包含许多动物类别，其中包括不同种类的猫和狗，因此可以认为它在猫狗分类问题上也能有良好的表现。

我们将使用 VGG16 架构，它由 Karen Simonyan 和 Andrew Zisserman 在 2014 年开发[1]。对于 ImageNet，它是一种简单而又广泛使用的卷积神经网络架构。虽然 VGG16 是一个比较旧的模型，性能远比不了当前最先进的模型，而且还比许多新模型更为复杂，但我之所以选择它，是因为它的架构与你已经熟悉的架构很相似，因此无须引入新概念就可以很好地理解。这可能是你第一次遇到这种奇怪的模型名称——VGG、ResNet、Inception、Inception-ResNet、Xception 等。你会习惯这些名称的，因为如果你一直用深度学习做计算机视觉的话，它们会频繁出现。

使用预训练网络有两种方法：**特征提取**（feature extraction）和**微调模型**（fine-tuning）。两种方法我们都会介绍。首先来看特征提取。

5.3.1　特征提取

特征提取是使用之前网络学到的表示来从新样本中提取出有趣的特征。然后将这些特征输入一个新的分类器，从头开始训练。

如前所述，用于图像分类的卷积神经网络包含两部分：首先是一系列池化层和卷积层，最后是一个密集连接分类器。第一部分叫作模型的**卷积基**（convolutional base）。对于卷积神经网络而言，特征提取就是取出之前训练好的网络的卷积基，在上面运行新数据，然后在输出上面训练一个新的分类器（见图 5-14）。

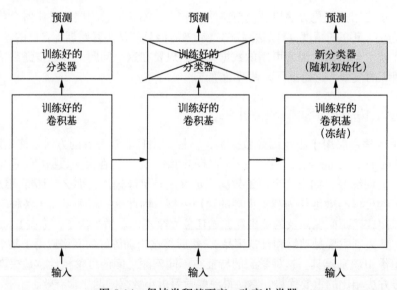

图 5-14　保持卷积基不变，改变分类器

为什么仅重复使用卷积基？我们能否也重复使用密集连接分类器？一般来说，应该避免这么做。原因在于卷积基学到的表示可能更加通用，因此更适合重复使用。卷积神经网络的特征图表示通用概念在图像中是否存在，无论面对什么样的计算机视觉问题，这种特征图都可能很有用。但是，分类器学到的表示必然是针对于模型训练的类别，其中仅包含某个类别出现在整张图像中的概率信息。此外，密集连接层的表示不再包含物体在输入图像中的**位置**信息。密集连接层舍弃了空间的概念，而物体位置信息仍然由卷积特征图所描述。如果物体位置对于问题很重要，那么密集连接层的特征在很大程度上是无用的。

注意，某个卷积层提取的表示的通用性（以及可复用性）取决于该层在模型中的深度。模型中更靠近底部的层提取的是局部的、高度通用的特征图（比如视觉边缘、颜色和纹理），而更靠近顶部的层提取的是更加抽象的概念（比如"猫耳朵"或"狗眼睛"）。[①] 因此，如果你的新数据集与原始模型训练的数据集有很大差异，那么最好只使用模型的前几层来做特征提取，而不是使用整个卷积基。

本例中，由于 ImageNet 的类别中包含多种狗和猫的类别，所以重复使用原始模型密集连接层中所包含的信息可能很有用。但我们选择不这么做，以便涵盖新问题的类别与原始模型的类别不一致的更一般情况。我们来实践一下，使用在 ImageNet 上训练的 VGG16 网络的卷积基从猫狗图像中提取有趣的特征，然后在这些特征上训练一个猫狗分类器。

VGG16 等模型内置于 Keras 中。你可以从 keras.applications 模块中导入。下面是 keras.applications 中的一部分图像分类模型（都是在 ImageNet 数据集上预训练得到的）：

- ❑ Xception
- ❑ Inception V3
- ❑ ResNet50
- ❑ VGG16
- ❑ VGG19
- ❑ MobileNet

我们将 VGG16 模型实例化。

代码清单 5-16　将 VGG16 卷积基实例化

```
from keras.applications import VGG16

conv_base = VGG16(weights='imagenet',
                  include_top=False,
                  input_shape=(150, 150, 3))
```

这里向构造函数中传入了三个参数。

- ❑ weights 指定模型初始化的权重检查点。
- ❑ include_top 指定模型最后是否包含密集连接分类器。默认情况下，这个密集连接分类器对应于 ImageNet 的 1000 个类别。因为我们打算使用自己的密集连接分类器（只有两个类别：cat 和 dog），所以不需要包含它。
- ❑ input_shape 是输入到网络中的图像张量的形状。这个参数完全是可选的，如果不传入这个参数，那么网络能够处理任意形状的输入。

VGG16 卷积基的详细架构如下所示。它和你已经熟悉的简单卷积神经网络很相似。

```
>>> conv_base.summary()
```

Layer (type)	Output Shape	Param #
input_1 (InputLayer)	(None, 150, 150, 3)	0

---

① 这里更靠近底部的层是指在定义模型时先添加到模型中的层，而更靠近顶部的层则是后添加到模型中的层，下同。——译者注

block1_conv1 (Conv2D)	(None, 150, 150, 64)	1792
block1_conv2 (Conv2D)	(None, 150, 150, 64)	36928
block1_pool (MaxPooling2D)	(None, 75, 75, 64)	0
block2_conv1 (Conv2D)	(None, 75, 75, 128)	73856
block2_conv2 (Conv2D)	(None, 75, 75, 128)	147584
block2_pool (MaxPooling2D)	(None, 37, 37, 128)	0
block3_conv1 (Conv2D)	(None, 37, 37, 256)	295168
block3_conv2 (Conv2D)	(None, 37, 37, 256)	590080
block3_conv3 (Conv2D)	(None, 37, 37, 256)	590080
block3_pool (MaxPooling2D)	(None, 18, 18, 256)	0
block4_conv1 (Conv2D)	(None, 18, 18, 512)	1180160
block4_conv2 (Conv2D)	(None, 18, 18, 512)	2359808
block4_conv3 (Conv2D)	(None, 18, 18, 512)	2359808
block4_pool (MaxPooling2D)	(None, 9, 9, 512)	0
block5_conv1 (Conv2D)	(None, 9, 9, 512)	2359808
block5_conv2 (Conv2D)	(None, 9, 9, 512)	2359808
block5_conv3 (Conv2D)	(None, 9, 9, 512)	2359808
block5_pool (MaxPooling2D)	(None, 4, 4, 512)	0

```
=================================================================
Total params: 14,714,688
Trainable params: 14,714,688
Non-trainable params: 0
```

最后的特征图形状为 (4, 4, 512)。我们将在这个特征上添加一个密集连接分类器。

接下来,下一步有两种方法可供选择。

❏ 在你的数据集上运行卷积基,将输出保存成硬盘中的 Numpy 数组,然后用这个数据作为输入,输入到独立的密集连接分类器中(与本书第一部分介绍的分类器类似)。这种方法速度快,计算代价低,因为对于每个输入图像只需运行一次卷积基,而卷积基是目前流程中计算代价最高的。但出于同样的原因,这种方法不允许你使用数据增强。

❏ 在顶部添加 Dense 层来扩展已有模型(即 conv_base),并在输入数据上端到端地运行整个模型。这样你可以使用数据增强,因为每个输入图像进入模型时都会经过卷积基。但出于同样的原因,这种方法的计算代价比第一种要高很多。

这两种方法我们都会介绍。首先来看第一种方法的代码：保存你的数据在 `conv_base` 中的输出，然后将这些输出作为输入用于新模型。

1. 不使用数据增强的快速特征提取

首先，运行 `ImageDataGenerator` 实例，将图像及其标签提取为 Numpy 数组。我们需要调用 `conv_base` 模型的 `predict` 方法来从这些图像中提取特征。

代码清单 5-17　使用预训练的卷积基提取特征

```
import os
import numpy as np
from keras.preprocessing.image import ImageDataGenerator

base_dir = '/Users/fchollet/Downloads/cats_and_dogs_small'
train_dir = os.path.join(base_dir, 'train')
validation_dir = os.path.join(base_dir, 'validation')
test_dir = os.path.join(base_dir, 'test')

datagen = ImageDataGenerator(rescale=1./255)
batch_size = 20

def extract_features(directory, sample_count):
    features = np.zeros(shape=(sample_count, 4, 4, 512))
    labels = np.zeros(shape=(sample_count))
    generator = datagen.flow_from_directory(
        directory,
        target_size=(150, 150),
        batch_size=batch_size,
        class_mode='binary')
    i = 0
    for inputs_batch, labels_batch in generator:
        features_batch = conv_base.predict(inputs_batch)
        features[i * batch_size : (i + 1) * batch_size] = features_batch
        labels[i * batch_size : (i + 1) * batch_size] = labels_batch
        i += 1
        if i * batch_size >= sample_count:
            break            ◁──────
    return features, labels

train_features, train_labels = extract_features(train_dir, 2000)
validation_features, validation_labels = extract_features(validation_dir, 1000)
test_features, test_labels = extract_features(test_dir, 1000)
```

> 注意，这些生成器在循环中不断生成数据，所以你必须在读取完所有图像后终止循环

目前，提取的特征形状为 `(samples, 4, 4, 512)`。我们要将其输入到密集连接分类器中，所以首先必须将其形状展平为 `(samples, 8192)`。

```
train_features = np.reshape(train_features, (2000, 4 * 4 * 512))
validation_features = np.reshape(validation_features, (1000, 4 * 4 * 512))
test_features = np.reshape(test_features, (1000, 4 * 4 * 512))
```

现在你可以定义你的密集连接分类器（注意要使用 dropout 正则化），并在刚刚保存的数据和标签上训练这个分类器。

代码清单 5-18　定义并训练密集连接分类器

```
from keras import models
from keras import layers
from keras import optimizers

model = models.Sequential()
model.add(layers.Dense(256, activation='relu', input_dim=4 * 4 * 512))
model.add(layers.Dropout(0.5))
model.add(layers.Dense(1, activation='sigmoid'))

model.compile(optimizer=optimizers.RMSprop(lr=2e-5),
              loss='binary_crossentropy',
              metrics=['acc'])

history = model.fit(train_features, train_labels,
                    epochs=30,
                    batch_size=20,
                    validation_data=(validation_features, validation_labels))
```

训练速度非常快，因为你只需处理两个 Dense 层。即使在 CPU 上运行，每轮的时间也不到一秒钟。

我们来看一下训练期间的损失曲线和精度曲线（见图 5-15 和图 5-16）。

代码清单 5-19　绘制结果

```
import matplotlib.pyplot as plt

acc = history.history['acc']
val_acc = history.history['val_acc']
loss = history.history['loss']
val_loss = history.history['val_loss']

epochs = range(1, len(acc) + 1)

plt.plot(epochs, acc, 'bo', label='Training acc')
plt.plot(epochs, val_acc, 'b', label='Validation acc')
plt.title('Training and validation accuracy')
plt.legend()

plt.figure()

plt.plot(epochs, loss, 'bo', label='Training loss')
plt.plot(epochs, val_loss, 'b', label='Validation loss')
plt.title('Training and validation loss')
plt.legend()

plt.show()
```

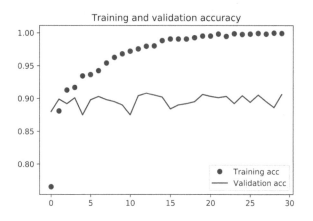

图 5-15 简单特征提取的训练精度和验证精度

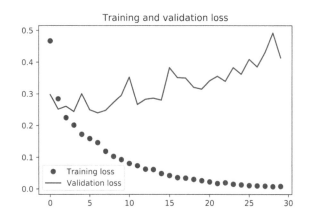

图 5-16 简单特征提取的训练损失和验证损失

我们的验证精度达到了约 90%，比上一节从头开始训练的小型模型效果要好得多。但从图中也可以看出，虽然 dropout 比率相当大，但模型几乎从一开始就过拟合。这是因为本方法没有使用数据增强，而数据增强对防止小型图像数据集的过拟合非常重要。

2. 使用数据增强的特征提取

下面我们来看一下特征提取的第二种方法，它的速度更慢，计算代价更高，但在训练期间可以使用数据增强。这种方法就是：扩展 conv_base 模型，然后在输入数据上端到端地运行模型。

> **注意** 本方法计算代价很高，只在有 GPU 的情况下才能尝试运行。它在 CPU 上是绝对难以运行的。如果你无法在 GPU 上运行代码，那么就采用第一种方法。

模型的行为和层类似，所以你可以向 Sequential 模型中添加一个模型（比如 conv_base），就像添加一个层一样。

代码清单 5-20 在卷积基上添加一个密集连接分类器

```
from keras import models
from keras import layers

model = models.Sequential()
model.add(conv_base)
model.add(layers.Flatten())
model.add(layers.Dense(256, activation='relu'))
model.add(layers.Dense(1, activation='sigmoid'))
```

现在模型的架构如下所示。

```
>>> model.summary()

Layer (type)                 Output Shape              Param #
=================================================================
vgg16 (Model)                (None, 4, 4, 512)         14714688
_____
flatten_1 (Flatten)          (None, 8192)              0
_____
dense_1 (Dense)              (None, 256)               2097408
_____
dense_2 (Dense)              (None, 1)                 257
=================================================================
Total params: 16,812,353
Trainable params: 16,812,353
Non-trainable params: 0
```

如你所见，VGG16 的卷积基有 14 714 688 个参数，非常多。在其上添加的分类器有 200 万个参数。

在编译和训练模型之前，一定要"冻结"卷积基。**冻结**（freeze）一个或多个层是指在训练过程中保持其权重不变。如果不这么做，那么卷积基之前学到的表示将会在训练过程中被修改。因为其上添加的 Dense 层是随机初始化的，所以非常大的权重更新将会在网络中传播，对之前学到的表示造成很大破坏。

在 Keras 中，冻结网络的方法是将其 trainable 属性设为 False。

```
>>> print('This is the number of trainable weights '
          'before freezing the conv base:', len(model.trainable_weights))
This is the number of trainable weights before freezing the conv base: 30
>>> conv_base.trainable = False
>>> print('This is the number of trainable weights '
          'after freezing the conv base:', len(model.trainable_weights))
This is the number of trainable weights after freezing the conv base: 4
```

如此设置之后，只有添加的两个 Dense 层的权重才会被训练。总共有 4 个权重张量，每层 2 个（主权重矩阵和偏置向量）。注意，为了让这些修改生效，你必须先编译模型。如果在编译之后修改了权重的 trainable 属性，那么应该重新编译模型，否则这些修改将被忽略。

现在你可以开始训练模型了，使用和前一个例子相同的数据增强设置。

代码清单 5-21 利用冻结的卷积基端到端地训练模型

```
from keras.preprocessing.image import ImageDataGenerator
from keras import optimizers

train_datagen = ImageDataGenerator(
      rescale=1./255,
      rotation_range=40,
      width_shift_range=0.2,
      height_shift_range=0.2,
      shear_range=0.2,
      zoom_range=0.2,
      horizontal_flip=True,
      fill_mode='nearest')

test_datagen = ImageDataGenerator(rescale=1./255)     ←── 注意，不能增强验证数据

train_generator = train_datagen.flow_from_directory(
      train_dir,
      target_size=(150, 150),      ←── 将所有图像的大小调整为 150×150
      batch_size=20,
      class_mode='binary')  ←──
                                      因为使用了 binary_crossentropy
                                      损失，所以需要用二进制标签
validation_generator = test_datagen.flow_from_directory(
      validation_dir,
      target_size=(150, 150),
      batch_size=20,
      class_mode='binary')

model.compile(loss='binary_crossentropy',
              optimizer=optimizers.RMSprop(lr=2e-5),
              metrics=['acc'])

history = model.fit_generator(
      train_generator,
      steps_per_epoch=100,
      epochs=30,
      validation_data=validation_generator,
      validation_steps=50)
```
目标目录

我们来再次绘制结果（见图 5-17 和图 5-18）。如你所见，验证精度约为 96%。这比从头开始训练的小型卷积神经网络要好得多。

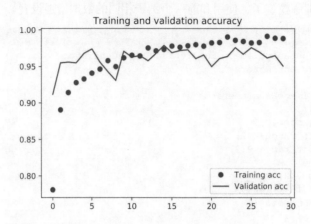

图 5-17　带数据增强的特征提取的训练精度和验证精度

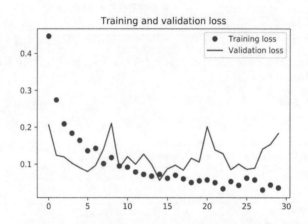

图 5-18　带数据增强的特征提取的训练损失和验证损失

5.3.2　微调模型

另一种广泛使用的模型复用方法是**模型微调**（fine-tuning），与特征提取互为补充。对于用于特征提取的冻结的模型基，微调是指将其顶部的几层"解冻"，并将这解冻的几层和新增加的部分（本例中是全连接分类器）联合训练（见图 5-19）。之所以叫作**微调**，是因为它只是略微调整了所复用模型中更加抽象的表示，以便让这些表示与手头的问题更加相关。

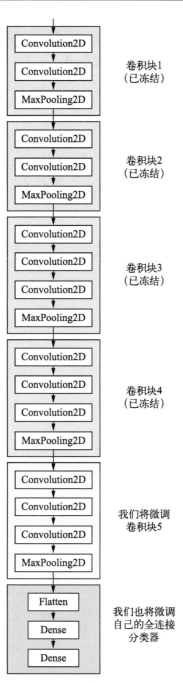

图 5-19 微调 VGG16 网络的最后一个卷积块

前面说过，冻结 VGG16 的卷积基是为了能够在上面训练一个随机初始化的分类器。同理，只有上面的分类器已经训练好了，才能微调卷积基的顶部几层。如果分类器没有训练好，那么训练期间通过网络传播的误差信号会特别大，微调的几层之前学到的表示都会被破坏。因此，微调网络的步骤如下。

(1) 在已经训练好的基网络（base network）上添加自定义网络。

(2) 冻结基网络。

(3) 训练所添加的部分。

(4) 解冻基网络的一些层。

(5) 联合训练解冻的这些层和添加的部分。

你在做特征提取时已经完成了前三个步骤。我们继续进行第四步：先解冻 conv_base，然后冻结其中的部分层。

提醒一下，卷积基的架构如下所示。

```
>>> conv_base.summary()
```

Layer (type)	Output Shape	Param #
input_1 (InputLayer)	(None, 150, 150, 3)	0
block1_conv1 (Conv2D)	(None, 150, 150, 64)	1792
block1_conv2 (Conv2D)	(None, 150, 150, 64)	36928
block1_pool (MaxPooling2D)	(None, 75, 75, 64)	0
block2_conv1 (Conv2D)	(None, 75, 75, 128)	73856
block2_conv2 (Conv2D)	(None, 75, 75, 128)	147584
block2_pool (MaxPooling2D)	(None, 37, 37, 128)	0
block3_conv1 (Conv2D)	(None, 37, 37, 256)	295168
block3_conv2 (Conv2D)	(None, 37, 37, 256)	590080
block3_conv3 (Conv2D)	(None, 37, 37, 256)	590080
block3_pool (MaxPooling2D)	(None, 18, 18, 256)	0
block4_conv1 (Conv2D)	(None, 18, 18, 512)	1180160
block4_conv2 (Conv2D)	(None, 18, 18, 512)	2359808
block4_conv3 (Conv2D)	(None, 18, 18, 512)	2359808
block4_pool (MaxPooling2D)	(None, 9, 9, 512)	0
block5_conv1 (Conv2D)	(None, 9, 9, 512)	2359808
block5_conv2 (Conv2D)	(None, 9, 9, 512)	2359808
block5_conv3 (Conv2D)	(None, 9, 9, 512)	2359808

```
block5_pool (MaxPooling2D)    (None, 4, 4, 512)          0
=================================================================
Total params: 14,714,688
Trainable params: 14,714,688
Non-trainable params: 0
```

我们将微调最后三个卷积层，也就是说，直到 block4_pool 的所有层都应该被冻结，而
block5_conv1、block5_conv2 和 block5_conv3 三层应该是可训练的。

为什么不微调更多层？为什么不微调整个卷积基？你当然可以这么做，但需要考虑以下几点。

□ 卷积基中更靠底部的层编码的是更加通用的可复用特征，而更靠顶部的层编码的是更专
业化的特征。微调这些更专业化的特征更加有用，因为它们需要在你的新问题上改变用
途。微调更靠底部的层，得到的回报会更少。

□ 训练的参数越多，过拟合的风险越大。卷积基有 1500 万个参数，所以在你的小型数据
集上训练这么多参数是有风险的。

因此，在这种情况下，一个好策略是仅微调卷积基最后的两三层。我们从上一个例子结束
的地方开始，继续实现此方法。

代码清单 5-22　冻结直到某一层的所有层

```
conv_base.trainable = True

set_trainable = False
for layer in conv_base.layers:
    if layer.name == 'block5_conv1':
        set_trainable = True
    if set_trainable:
        layer.trainable = True
    else:
        layer.trainable = False
```

现在你可以开始微调网络。我们将使用学习率非常小的 RMSProp 优化器来实现。之所以让
学习率很小，是因为对于微调的三层表示，我们希望其变化范围不要太大。太大的权重更新可
能会破坏这些表示。

代码清单 5-23　微调模型

```
model.compile(loss='binary_crossentropy',
              optimizer=optimizers.RMSprop(lr=1e-5),
              metrics=['acc'])

history = model.fit_generator(
      train_generator,
      steps_per_epoch=100,
      epochs=100,
      validation_data=validation_generator,
      validation_steps=50)
```

我们用和前面一样的绘图代码来绘制结果（见图 5-20 和图 5-21）。

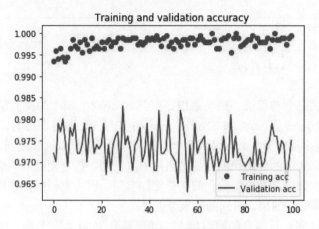

图 5-20   微调模型的训练精度和验证精度

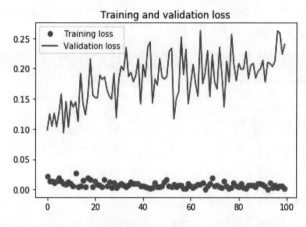

图 5-21   微调模型的训练损失和验证损失

这些曲线看起来包含噪声。为了让图像更具可读性，你可以将每个损失和精度都替换为指数移动平均值，从而让曲线变得平滑。下面用一个简单的实用函数来实现（见图 5-22 和图 5-23）。

代码清单 5-24   使曲线变得平滑

```
def smooth_curve(points, factor=0.8):
  smoothed_points = []
  for point in points:
    if smoothed_points:
      previous = smoothed_points[-1]
      smoothed_points.append(previous * factor + point * (1 - factor))
    else:
      smoothed_points.append(point)
  return smoothed_points

plt.plot(epochs,
         smooth_curve(acc), 'bo', label='Smoothed training acc')
```

```
plt.plot(epochs,
         smooth_curve(val_acc), 'b', label='Smoothed validation acc')
plt.title('Training and validation accuracy')
plt.legend()

plt.figure()

plt.plot(epochs,
         smooth_curve(loss), 'bo', label='Smoothed training loss')
plt.plot(epochs,
         smooth_curve(val_loss), 'b', label='Smoothed validation loss')
plt.title('Training and validation loss')
plt.legend()

plt.show()
```

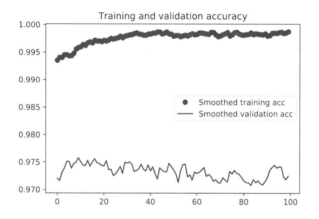

图 5-22　微调模型的训练精度和验证精度的平滑后曲线

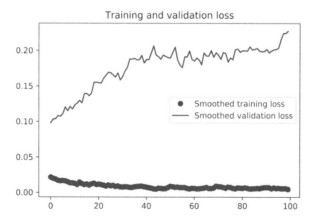

图 5-23　微调模型的训练损失和验证损失的平滑后曲线

验证精度曲线变得更清楚。可以看到，精度值提高了1%，从约96%提高到97%以上。

注意，从损失曲线上看不出与之前相比有任何真正的提高（实际上还在变差）。你可能感到奇怪，如果损失没有降低，那么精度怎么能保持稳定或提高呢？答案很简单：图中展示的是逐点（pointwise）损失值的平均值，但影响精度的是损失值的分布，而不是平均值，因为精度是模型预测的类别概率的二进制阈值。即使从平均损失中无法看出，但模型也仍然可能在改进。

现在，你可以在测试数据上最终评估这个模型。

```
test_generator = test_datagen.flow_from_directory(
        test_dir,
        target_size=(150, 150),
        batch_size=20,
        class_mode='binary')

test_loss, test_acc = model.evaluate_generator(test_generator, steps=50)
print('test acc:', test_acc)
```

我们得到了97%的测试精度。在关于这个数据集的原始Kaggle竞赛中，这个结果是最佳结果之一。但利用现代深度学习技术，你只用一小部分训练数据（约10%）就得到了这个结果。训练20 000个样本与训练2000个样本是有很大差别的！

5.3.3 小结

下面是你应该从以上两节的练习中学到的要点。

❏ 卷积神经网络是用于计算机视觉任务的最佳机器学习模型。即使在非常小的数据集上也可以从头开始训练一个卷积神经网络，而且得到的结果还不错。

❏ 在小型数据集上的主要问题是过拟合。在处理图像数据时，数据增强是一种降低过拟合的强大方法。

❏ 利用特征提取，可以很容易将现有的卷积神经网络复用于新的数据集。对于小型图像数据集，这是一种很有价值的方法。

❏ 作为特征提取的补充，你还可以使用微调，将现有模型之前学到的一些数据表示应用于新问题。这种方法可以进一步提高模型性能。

现在你已经拥有一套可靠的工具来处理图像分类问题，特别是对于小型数据集。

5.4 卷积神经网络的可视化

人们常说，深度学习模型是"黑盒"，即模型学到的表示很难用人类可以理解的方式来提取和呈现。虽然对于某些类型的深度学习模型来说，这种说法部分正确，但对卷积神经网络来说绝对不是这样。卷积神经网络学到的表示非常适合可视化，很大程度上是因为它们是**视觉概念的表示**。自2013年以来，人们开发了多种技术来对这些表示进行可视化和解释。我们不会在书中全部介绍，但会介绍三种最容易理解也最有用的方法。

❏ **可视化卷积神经网络的中间输出（中间激活）**：有助于理解卷积神经网络连续的层如何对输入进行变换，也有助于初步了解卷积神经网络每个过滤器的含义。

❑ **可视化卷积神经网络的过滤器**：有助于精确理解卷积神经网络中每个过滤器容易接受的视觉模式或视觉概念。

❑ **可视化图像中类激活的热力图**：有助于理解图像的哪个部分被识别为属于某个类别，从而可以定位图像中的物体。

对于第一种方法（即激活的可视化），我们将使用 5.2 节在猫狗分类问题上从头开始训练的小型卷积神经网络。对于另外两种可视化方法，我们将使用 5.3 节介绍的 VGG16 模型。

5.4.1　可视化中间激活

可视化中间激活，是指对于给定输入，展示网络中各个卷积层和池化层输出的特征图（层的输出通常被称为该层的**激活**，即激活函数的输出）。这让我们可以看到输入如何被分解为网络学到的不同过滤器。我们希望在三个维度对特征图进行可视化：宽度、高度和深度（通道）。每个通道都对应相对独立的特征，所以将这些特征图可视化的正确方法是将每个通道的内容分别绘制成二维图像。我们首先来加载 5.2 节保存的模型。

```
>>> from keras.models import load_model
>>> model = load_model('cats_and_dogs_small_2.h5')
>>> model.summary()  # 作为提醒
```

Layer (type)	Output Shape	Param #
conv2d_5 (Conv2D)	(None, 148, 148, 32)	896
max_pooling2d_5 (MaxPooling2D)	(None, 74, 74, 32)	0
conv2d_6 (Conv2D)	(None, 72, 72, 64)	18496
max_pooling2d_6 (MaxPooling2D)	(None, 36, 36, 64)	0
conv2d_7 (Conv2D)	(None, 34, 34, 128)	73856
max_pooling2d_7 (MaxPooling2D)	(None, 17, 17, 128)	0
conv2d_8 (Conv2D)	(None, 15, 15, 128)	147584
max_pooling2d_8 (MaxPooling2D)	(None, 7, 7, 128)	0
flatten_2 (Flatten)	(None, 6272)	0
dropout_1 (Dropout)	(None, 6272)	0
dense_3 (Dense)	(None, 512)	3211776
dense_4 (Dense)	(None, 1)	513

```
Total params: 3,453,121
Trainable params: 3,453,121
Non-trainable params: 0
```

接下来，我们需要一张输入图像，即一张猫的图像，它不属于网络的训练图像。

代码清单 5-25   预处理单张图像

```
img_path = '/Users/fchollet/Downloads/cats_and_dogs_small/test/cats/cat.1700.jpg'

from keras.preprocessing import image    ←── 将图像预处理为一个 4D 张量
import numpy as np

img = image.load_img(img_path, target_size=(150, 150))
img_tensor = image.img_to_array(img)
img_tensor = np.expand_dims(img_tensor, axis=0)
img_tensor /= 255.    ←─┐ 请记住，训练模型的输入数据
                          └ 都用这种方法预处理
# 其形状为 (1, 150, 150, 3)
print(img_tensor.shape)
```

我们来显示这张图像（见图 5-24）。

代码清单 5-26   显示测试图像

```
import matplotlib.pyplot as plt

plt.imshow(img_tensor[0])
plt.show()
```

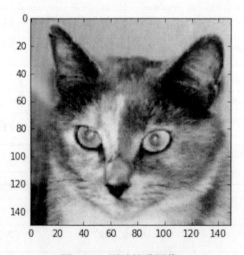

图 5-24   测试的猫图像

为了提取想要查看的特征图，我们需要创建一个 Keras 模型，以图像批量作为输入，并输出所有卷积层和池化层的激活。为此，我们需要使用 Keras 的 Model 类。模型实例化需要两个参数：一个输入张量（或输入张量的列表）和一个输出张量（或输出张量的列表）。得到的类是一个 Keras 模型，就像你熟悉的 Sequential 模型一样，将特定输入映射为特定输出。Model 类允许模型有多个输出，这一点与 Sequential 模型不同。想了解 Model 类的更多信息，请参见 7.1 节。

代码清单 5-27　用一个输入张量和一个输出张量列表将模型实例化

```
from keras import models

layer_outputs = [layer.output for layer in model.layers[:8]]    ←── 提取前 8 层的输出
activation_model = models.Model(inputs=model.input, outputs=layer_outputs)  ←┐
```

创建一个模型，给定模型输入，
可以返回这些输出

　　输入一张图像，这个模型将返回原始模型前 8 层的激活值。这是你在本书中第一次遇到的
多输出模型，之前的模型都是只有一个输入和一个输出。一般情况下，模型可以有任意个输入
和输出。这个模型有一个输入和 8 个输出，即每层激活对应一个输出。

代码清单 5-28　以预测模式运行模型

```
activations = activation_model.predict(img_tensor)    ←┐
```

返回 8 个 Numpy 数组组成的列表，
每个层激活对应一个 Numpy 数组

　　例如，对于输入的猫图像，第一个卷积层的激活如下所示。

```
>>> first_layer_activation = activations[0]
>>> print(first_layer_activation.shape)
(1, 148, 148, 32)
```

　　它是大小为 148×148 的特征图，有 32 个通道。我们来绘制原始模型第一层激活的第 4 个
通道（见图 5-25）。

代码清单 5-29　将第 4 个通道可视化

```
import matplotlib.pyplot as plt

plt.matshow(first_layer_activation[0, :, :, 4], cmap='viridis')
```

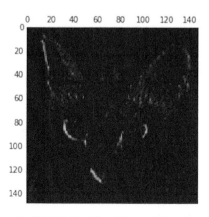

图 5-25　对于测试的猫图像，第一层激活的第 4 个通道

　　这个通道似乎是对角边缘检测器。我们再看一下第 7 个通道（见图 5-26）。但请注意，你的
通道可能与此不同，因为卷积层学到的过滤器并不是确定的。

```
plt.matshow(first_layer_activation[0, :, :, 7], cmap='viridis')
```

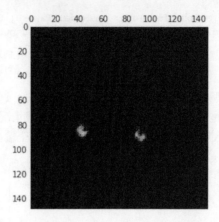

图 5-26　对于测试的猫图像，第一层激活的第 7 个通道

　　这个通道看起来像是"鲜绿色圆点"检测器，对寻找猫眼睛很有用。下面我们来绘制网络中所有激活的完整可视化（见图 5-27）。我们需要在 8 个特征图中的每一个中提取并绘制每一个通道，然后将结果叠加在一个大的图像张量中，按通道并排。

```
layer_names = []
for layer in model.layers[:8]:          层的名称，这样你可以将这些名称画到图中
    layer_names.append(layer.name)

images_per_row = 16

for layer_name, layer_activation in zip(layer_names, activations):   ◀── 显示特征图
    n_features = layer_activation.shape[-1]   ◀── 特征图中的特征个数

    size = layer_activation.shape[1]   ◀── 特征图的形状为 (1, size, size, n_features)

    n_cols = n_features // images_per_row   ◀── 在这个矩阵中将激活通道平铺
    display_grid = np.zeros((size * n_cols, images_per_row * size))

    for col in range(n_cols):    ◀
        for row in range(images_per_row):          将每个过滤器平铺到
            channel_image = layer_activation[0,    一个大的水平网格中
                                             :, :,
                                             col * images_per_row + row]
            channel_image -= channel_image.mean()
            channel_image /= channel_image.std()
            channel_image *= 64
            channel_image += 128
            channel_image = np.clip(channel_image, 0, 255).astype('uint8')
            display_grid[col * size : (col + 1) * size,    ◀── 显示网格
                         row * size : (row + 1) * size] = channel_image
```

对特征进行后
处理，使其看
起来更美观

```
scale = 1. / size
plt.figure(figsize=(scale * display_grid.shape[1],
                    scale * display_grid.shape[0]))
plt.title(layer_name)
plt.grid(False)
plt.imshow(display_grid, aspect='auto', cmap='viridis')
```

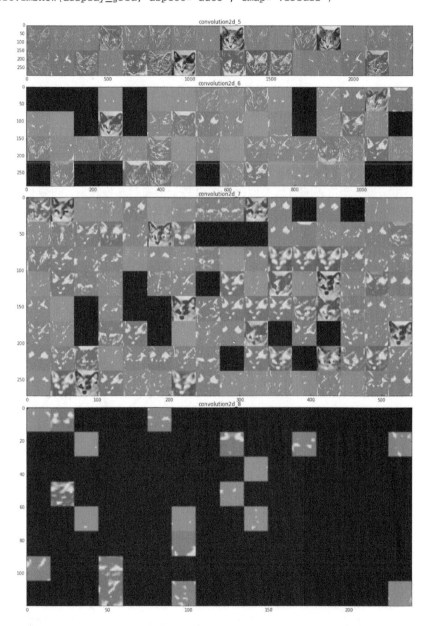

图 5-27   对于测试的猫图像，每个层激活的所有通道

这里需要注意以下几点。
- 第一层是各种边缘探测器的集合。在这一阶段，激活几乎保留了原始图像中的所有信息。
- 随着层数的加深，激活变得越来越抽象，并且越来越难以直观地理解。它们开始表示更高层次的概念，比如"猫耳朵"和"猫眼睛"。层数越深，其表示中关于图像视觉内容的信息就越少，而关于类别的信息就越多。
- 激活的稀疏度（sparsity）随着层数的加深而增大。在第一层里，所有过滤器都被输入图像激活，但在后面的层里，越来越多的过滤器是空白的。也就是说，输入图像中找不到这些过滤器所编码的模式。

我们刚刚揭示了深度神经网络学到的表示的一个重要普遍特征：随着层数的加深，层所提取的特征变得越来越抽象。更高的层激活包含关于特定输入的信息越来越少，而关于目标的信息越来越多（本例中即图像的类别：猫或狗）。深度神经网络可以有效地作为**信息蒸馏管道**（information distillation pipeline），输入原始数据（本例中是 RGB 图像），反复对其进行变换，将无关信息过滤掉（比如图像的具体外观），并放大和细化有用的信息（比如图像的类别）。

这与人类和动物感知世界的方式类似：人类观察一个场景几秒钟后，可以记住其中有哪些抽象物体（比如自行车、树），但记不住这些物体的具体外观。事实上，如果你试着凭记忆画一辆普通自行车，那么很可能完全画不出真实的样子，虽然你一生中见过上千辆自行车（见图 5-28）。你可以现在就试着画一下，这个说法绝对是真实的。你的大脑已经学会将视觉输入完全抽象化，即将其转换为更高层次的视觉概念，同时过滤掉不相关的视觉细节，这使得大脑很难记住周围事物的外观。

图 5-28　（左图）试着凭记忆画一辆自行车；（右图）自行车示意图

5.4.2　可视化卷积神经网络的过滤器

想要观察卷积神经网络学到的过滤器，另一种简单的方法是显示每个过滤器所响应的视觉模式。这可以通过**在输入空间中进行梯度上升**来实现：从空白输入图像开始，将**梯度下降**应用于卷积神经网络输入图像的值，其目的是让某个过滤器的响应**最大化**。得到的输入图像是选定过滤器具有最大响应的图像。

这个过程很简单：我们需要构建一个损失函数，其目的是让某个卷积层的某个过滤器的值最大化；然后，我们要使用随机梯度下降来调节输入图像的值，以便让这个激活值最大化。例如，对于在ImageNet上预训练的VGG16网络，其block3_conv1层第0个过滤器激活的损失如下所示。

代码清单 5-32　为过滤器的可视化定义损失张量

```
from keras.applications import VGG16
from keras import backend as K

model = VGG16(weights='imagenet',
              include_top=False)

layer_name = 'block3_conv1'
filter_index = 0

layer_output = model.get_layer(layer_name).output
loss = K.mean(layer_output[:, :, :, filter_index])
```

为了实现梯度下降，我们需要得到损失相对于模型输入的梯度。为此，我们需要使用Keras的backend模块内置的gradients函数。

代码清单 5-33　获取损失相对于输入的梯度

```
grads = K.gradients(loss, model.input)[0]    ◁———
```
> 调用 **gradients** 返回的是一个张量列表（本例中列表长度为1）。因此，只保留第一个元素，它是一个张量

为了让梯度下降过程顺利进行，一个非显而易见的技巧是将梯度张量除以其L2范数（张量中所有值的平方的平均值的平方根）来标准化。这就确保了输入图像的更新大小始终位于相同的范围。

代码清单 5-34　梯度标准化技巧

```
grads /= (K.sqrt(K.mean(K.square(grads))) + 1e-5)    ◁——— 做除法前加上 1e-5，以防不小心除以 0
```

现在你需要一种方法：给定输入图像，它能够计算损失张量和梯度张量的值。你可以定义一个Keras后端函数来实现此方法：iterate是一个函数，它将一个Numpy张量（表示为长度为1的张量列表）转换为两个Numpy张量组成的列表，这两个张量分别是损失值和梯度值。

代码清单 5-35　给定 Numpy 输入值，得到 Numpy 输出值

```
iterate = K.function([model.input], [loss, grads])

import numpy as np
loss_value, grads_value = iterate([np.zeros((1, 150, 150, 3))])
```

现在你可以定义一个Python循环来进行随机梯度下降。

代码清单 5-36　通过随机梯度下降让损失最大化

```
input_img_data = np.random.random((1, 150, 150, 3)) * 20 + 128.    ◁———
```
> 从一张带有噪声的灰度图像开始

```
step = 1.    ◄── 每次梯度更新的步长
for i in range(40):
    loss_value, grads_value = iterate([input_img_data])

    input_img_data += grads_value * step    ◄
```

计算损失值和梯度值

运行 40 次
梯度上升

沿着让损失最大化的
方向调节输入图像

得到的图像张量是形状为 (1, 150, 150, 3) 的浮点数张量，其取值可能不是 [0, 255] 区间内的整数。因此，你需要对这个张量进行后处理，将其转换为可显示的图像。下面这个简单的实用函数可以做到这一点。

代码清单 5-37　将张量转换为有效图像的实用函数

```
def deprocess_image(x):
    x -= x.mean()
    x /= (x.std() + 1e-5)          对张量做标准化，使其均值为 0，
    x *= 0.1                       标准差为 0.1

    x += 0.5
    x = np.clip(x, 0, 1)           将 x 裁切（clip）到 [0, 1] 区间

    x *= 255
    x = np.clip(x, 0, 255).astype('uint8')      将 x 转换为 RGB 数组
    return x
```

接下来，我们将上述代码片段放到一个 Python 函数中，输入一个层的名称和一个过滤器索引，它将返回一个有效的图像张量，表示能够将特定过滤器的激活最大化的模式。

代码清单 5-38　生成过滤器可视化的函数

构建一个损失函数，将该层第 n 个过滤器的激活最大化

```
def generate_pattern(layer_name, filter_index, size=150):
    layer_output = model.get_layer(layer_name).output
    loss = K.mean(layer_output[:, :, :, filter_index])

    grads = K.gradients(loss, model.input)[0]    ◄── 计算这个损失相对于输入图像的梯度

    grads /= (K.sqrt(K.mean(K.square(grads))) + 1e-5)    ◄── 标准化技巧：将梯度标准化

    iterate = K.function([model.input], [loss, grads])    ◄── 返回给定输入图像的损失和梯度

    input_img_data = np.random.random((1, size, size, 3)) * 20 + 128.    ◄

                                                          从带有噪声的灰度
                                                          图像开始

    step = 1.
    for i in range(40):
        loss_value, grads_value = iterate([input_img_data])
        input_img_data += grads_value * step

    img = input_img_data[0]
    return deprocess_image(img)
```

运行 40 次
梯度上升

我们来试用一下这个函数（见图 5-29）。

```
>>> plt.imshow(generate_pattern('block3_conv1', 0))
```

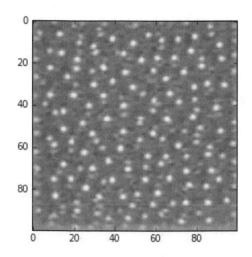

图 5-29 `block3_conv1` 层第 0 个通道具有最大响应的模式

看起来，`block3_conv1` 层第 0 个过滤器响应的是波尔卡点（polka-dot）图案。下面来看有趣的部分：我们可以将每一层的每个过滤器都可视化。为了简单起见，我们只查看每一层的前 64 个过滤器，并只查看每个卷积块的第一层（即 `block1_conv1`、`block2_conv1`、`block3_conv1`、`block4_ conv1`、`block5_conv1`）。我们将输出放在一个 8×8 的网格中，每个网格是一个 64 像素×64 像素的过滤器模式，两个过滤器模式之间留有一些黑边（见图 5-30 ～图 5-33）。

代码清单 5-39 生成某一层中所有过滤器响应模式组成的网格

```
layer_name = 'block1_conv1'
size = 64
margin = 5                                            空图像（全黑色），
                                                      用于保存结果
results = np.zeros((8 * size + 7 * margin, 8 * size + 7 * margin, 3))  ←

for i in range(8):     ←── 遍历 results 网格的行
    for j in range(8):     ←── 遍历 results 网格的列
        filter_img = generate_pattern(layer_name, i + (j * 8), size=size)
生成 layer_
name 层第 i +      horizontal_start = i * size + i * margin
(j * 8) 个过      horizontal_end = horizontal_start + size
滤器的模式        vertical_start = j * size + j * margin          将结果放到 results 网格
                 vertical_end = vertical_start + size            第 (i, j) 个方块中
                 results[horizontal_start: horizontal_end,
                        vertical_start: vertical_end, :] = filter_img

plt.figure(figsize=(20, 20))        显示 results 网格
plt.imshow(results)
```

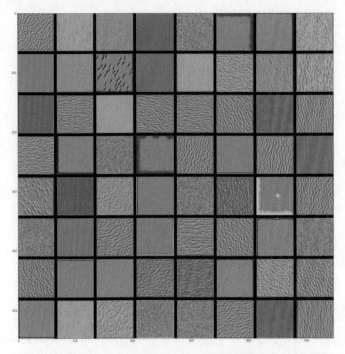

图 5-30   block1_conv1 层的过滤器模式

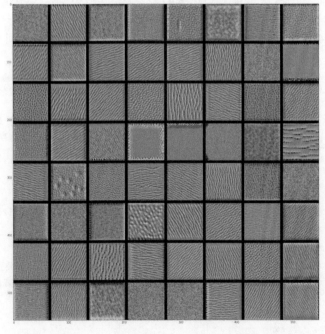

图 5-31   block2_conv1 层的过滤器模式

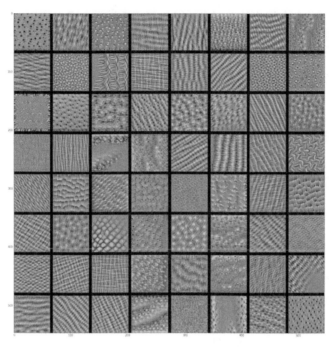

图 5-32　`block3_conv1` 层的过滤器模式

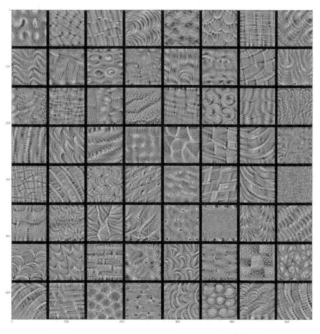

图 5-33　`block4_conv1` 层的过滤器模式

这些过滤器可视化包含卷积神经网络的层如何观察世界的很多信息：卷积神经网络中每一层都学习一组过滤器，以便将其输入表示为过滤器的组合。这类似于傅里叶变换将信号分解为一组余弦函数的过程。随着层数的加深，卷积神经网络中的过滤器变得越来越复杂，越来越精细。

- 模型第一层（block1_conv1）的过滤器对应简单的方向边缘和颜色（还有一些是彩色边缘）。
- block2_conv1 层的过滤器对应边缘和颜色组合而成的简单纹理。
- 更高层的过滤器类似于自然图像中的纹理：羽毛、眼睛、树叶等。

5.4.3 可视化类激活的热力图

我还要介绍另一种可视化方法，它有助于了解一张图像的哪一部分让卷积神经网络做出了最终的分类决策。这有助于对卷积神经网络的决策过程进行调试，特别是出现分类错误的情况下。这种方法还可以定位图像中的特定目标。

这种通用的技术叫作**类激活图**（CAM，class activation map）可视化，它是指对输入图像生成类激活的热力图。类激活热力图是与特定输出类别相关的二维分数网格，对任何输入图像的每个位置都要进行计算，它表示每个位置对该类别的重要程度。举例来说，对于输入到猫狗分类卷积神经网络的一张图像，CAM 可视化可以生成类别"猫"的热力图，表示图像的各个部分与"猫"的相似程度，CAM 可视化也会生成类别"狗"的热力图，表示图像的各个部分与"狗"的相似程度。

我们将使用的具体实现方式是 "Grad-CAM: visual explanations from deep networks via gradient-based localization"[1] 这篇论文中描述的方法。这种方法非常简单：给定一张输入图像，对于一个卷积层的输出特征图，用类别相对于通道的梯度对这个特征图中的每个通道进行加权。直观上来看，理解这个技巧的一种方法是，你是用"每个通道对类别的重要程度"对"输入图像对不同通道的激活强度"的空间图进行加权，从而得到了"输入图像对类别的激活强度"的空间图。

我们再次使用预训练的 VGG16 网络来演示此方法。

代码清单 5-40   加载带有预训练权重的 VGG16 网络

```
from keras.applications.vgg16 import VGG16

model = VGG16(weights='imagenet')
```

> 注意，网络中包括了密集连接分类器。在前面所有的例子中，我们都舍弃了这个分类器

图 5-34 显示了两只非洲象的图像（遵守知识共享许可协议），可能是一只母象和它的小象，它们在大草原上漫步。我们将这张图像转换为 VGG16 模型能够读取的格式：模型在大小为 224 × 224 的图像上进行训练，这些训练图像都根据 keras.applications.vgg16.preprocess_input 函数中内置的规则进行预处理。因此，我们需要加载图像，将其大小调整为 224 × 224，然后将其转换为 float32 格式的 Numpy 张量，并应用这些预处理规则。

---

[1] 该文由 Ramprasaath R. Selvaraju 等人于 2017 年发表。

图 5-34　非洲象的测试图像

代码清单 5-41　为 VGG16 模型预处理一张输入图像

```
from keras.preprocessing import image
from keras.applications.vgg16 import preprocess_input, decode_predictions
import numpy as np

img_path = '/Users/fchollet/Downloads/creative_commons_elephant.jpg'   ← 目标图像的
                                                                         本地路径

img = image.load_img(img_path, target_size=(224, 224))   ← 大小为 224×224 的 Python
                                                            图像库（PIL, Python imaging
x = image.img_to_array(img)   ← 形状为 (224, 224, 3) 的     library）图像
                                float32 格式的 Numpy 数组
x = np.expand_dims(x, axis=0)   ←
                                  添加一个维度，将数组转换为
x = preprocess_input(x)   ←       (1, 224, 224, 3) 形状的批量

                            对批量进行预处理（按通道进行颜色标准化）
```

现在你可以在图像上运行预训练的 VGG16 网络，并将其预测向量解码为人类可读的格式。

```
>>> preds = model.predict(x)
>>> print('Predicted:', decode_predictions(preds, top=3)[0])
Predicted:', [(u'n02504458', u'African_elephant', 0.92546833),
(u'n01871265', u'tusker', 0.070257246),
(u'n02504013', u'Indian_elephant', 0.0042589349)]
```

对这张图像预测的前三个类别分别为：

❏ 非洲象（African elephant，92.5% 的概率）

❏ 长牙动物（tusker，7% 的概率）

❏ 印度象（Indian elephant，0.4% 的概率）

网络识别出图像中包含数量不确定的非洲象。预测向量中被最大激活的元素是对应"非洲象"类别的元素，索引编号为 386。

```
>>> np.argmax(preds[0])
386
```

为了展示图像中哪些部分最像非洲象，我们来使用 Grad-CAM 算法。

代码清单 5-42   应用 Grad-CAM 算法

```
african_elephant_output = model.output[:, 386]        ←── 预测向量中的"非洲象"元素

last_conv_layer = model.get_layer('block5_conv3')     ←
```
`block5_conv3` 层的输出特征图，它是 VGG16 的最后一个卷积层

"非洲象"类别相对于 `block5_conv3`
输出特征图的梯度
```
grads = K.gradients(african_elephant_output, last_conv_layer.output)[0]

pooled_grads = K.mean(grads, axis=(0, 1, 2))          ←
```
形状为 `(512,)` 的向量，每个元素
是特定特征图通道的梯度平均大小
```
iterate = K.function([model.input],
                     [pooled_grads, last_conv_layer.output[0]])
```
对于两个大象的样本图像，
这两个量都是 Numpy 数组
```
pooled_grads_value, conv_layer_output_value = iterate([x])    ←

for i in range(512):
    conv_layer_output_value[:, :, i] *= pooled_grads_value[i]
```
将特征图数组的每个
通道乘以"这个通道
对'大象'类别的重
要程度"
```
heatmap = np.mean(conv_layer_output_value, axis=-1)    ←
```
访问刚刚定义的量：对于给定的样本图像，
`pooled_grads` 和 `block5_conv3` 层的输
出特征图

得到的特征图的逐通
道平均值即为类激活
的热力图

为了便于可视化，我们还需要将热力图标准化到 0~1 范围内。得到的结果如图 5-35 所示。

代码清单 5-43   热力图后处理

```
heatmap = np.maximum(heatmap, 0)
heatmap /= np.max(heatmap)
plt.matshow(heatmap)
```

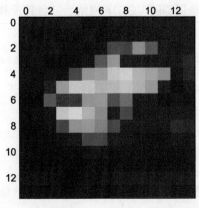

图 5-35   测试图像的"非洲象"类激活热力图

最后，我们可以用 OpenCV 来生成一张图像，将原始图像叠加在刚刚得到的热力图上（见图 5-36）。

代码清单 5-44 将热力图与原始图像叠加

```
import cv2

img = cv2.imread(img_path)        ←— 用 cv2 加载原始图像

heatmap = cv2.resize(heatmap, (img.shape[1], img.shape[0]))   ←— 将热力图的大小调整为与原始图像相同

heatmap = np.uint8(255 * heatmap)   ←— 将热力图转换为 RGB 格式

heatmap = cv2.applyColorMap(heatmap, cv2.COLORMAP_JET)   ←— 将热力图应用于原始图像

superimposed_img = heatmap * 0.4 + img   ←— 这里的 0.4 是热力图强度因子

cv2.imwrite('/Users/fchollet/Downloads/elephant_cam.jpg', superimposed_img)   ←— 将图像保存到硬盘
```

图 5-36 将类激活热力图叠加到原始图像上

这种可视化方法回答了两个重要问题：
- 网络为什么会认为这张图像中包含一头非洲象？
- 非洲象在图像中的什么位置？

尤其值得注意的是，小象耳朵的激活强度很大，这可能是网络找到的非洲象和印度象的不同之处。

本章小结

- ☐ 卷积神经网络是解决视觉分类问题的最佳工具。
- ☐ 卷积神经网络通过学习模块化模式和概念的层次结构来表示视觉世界。
- ☐ 卷积神经网络学到的表示很容易可视化，卷积神经网络不是黑盒。
- ☐ 现在你能够从头开始训练自己的卷积神经网络来解决图像分类问题。
- ☐ 你知道了如何使用视觉数据增强来防止过拟合。
- ☐ 你知道了如何使用预训练的卷积神经网络进行特征提取与模型微调。
- ☐ 你可以将卷积神经网络学到的过滤器可视化，也可以将类激活热力图可视化。

第 6 章

深度学习用于文本和序列

本章包括以下内容：

- ❑ 将文本数据预处理为有用的数据表示
- ❑ 使用循环神经网络
- ❑ 使用一维卷积神经网络处理序列

本章将介绍使用深度学习模型处理文本（可以将其理解为单词序列或字符序列）、时间序列和一般的序列数据。用于处理序列的两种基本的深度学习算法分别是**循环神经网络**（recurrent neural network）和**一维卷积神经网络**（1D convnet），后者是上一章介绍的二维卷积神经网络的一维版本。本章将讨论这两种方法。

这些算法的应用包括：

- ❑ 文档分类和时间序列分类，比如识别文章的主题或书的作者；
- ❑ 时间序列对比，比如估测两个文档或两支股票行情的相关程度；
- ❑ 序列到序列的学习，比如将英语翻译成法语；
- ❑ 情感分析，比如将推文或电影评论的情感划分为正面或负面；
- ❑ 时间序列预测，比如根据某地最近的天气数据来预测未来天气。

本章的示例重点讨论两个小任务：一个是 IMDB 数据集的情感分析，这个任务前面介绍过；另一个是温度预测。但这两个任务中所使用的技术可以应用于上面列出来的所有应用。

6.1 处理文本数据

文本是最常用的序列数据之一，可以理解为字符序列或单词序列，但最常见的是单词级处理。后面几节介绍的深度学习序列处理模型都可以根据文本生成基本形式的自然语言理解，并可用于文档分类、情感分析、作者识别甚至问答（QA，在有限的语境下）等应用。当然，请记住，本章的这些深度学习模型都没有像人类一样真正地理解文本，而只是映射出书面语言的统计结构，但这足以解决许多简单的文本任务。深度学习用于自然语言处理是将模式识别应用于单词、句子和段落，这与计算机视觉是将模式识别应用于像素大致相同。

与其他所有神经网络一样，深度学习模型不会接收原始文本作为输入，它只能处理数值张量。**文本向量化**（vectorize）是指将文本转换为数值张量的过程。它有多种实现方法。

□ 将文本分割为单词，并将每个单词转换为一个向量。

□ 将文本分割为字符，并将每个字符转换为一个向量。

□ 提取单词或字符的 n-gram，并将每个 n-gram 转换为一个向量。n-gram 是多个连续单词
   或字符的集合（n-gram 之间可重叠）。

将文本分解而成的单元（单词、字符或 n-gram）叫作**标记**（token），将文本分解成标记的
过程叫作**分词**（tokenization）。所有文本向量化过程都是应用某种分词方案，然后将数值向量
与生成的标记相关联。这些向量组合成序列张量，被输入到深度神经网络中（见图 6-1）。将向
量与标记相关联的方法有很多种。本节将介绍两种主要方法：对标记做 **one-hot** 编码（one-hot
encoding）与**标记嵌入**［token embedding，通常只用于单词，叫作**词嵌入**（word embedding）］。
本节剩余内容将解释这些方法，并介绍如何使用这些方法，将原始文本转换为可以输入到 Keras
网络中的 Numpy 张量。

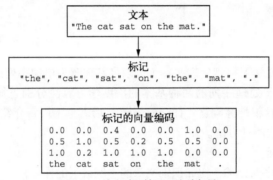

图 6-1   从文本到标记再到向量

理解 n-gram 和词袋

n-gram 是从一个句子中提取的 *N* 个（或更少）连续单词的集合。这一概念中的"单词"
也可以替换为"字符"。

下面来看一个简单的例子。考虑句子 "The cat sat on the mat."（"猫坐在垫子上"）。它
可以被分解为以下二元语法（2-grams）的集合。

```
{"The", "The cat", "cat", "cat sat", "sat",
 "sat on", "on", "on the", "the", "the mat", "mat"}
```

这个句子也可以被分解为以下三元语法（3-grams）的集合。

```
{"The", "The cat", "cat", "cat sat", "The cat sat",
 "sat", "sat on", "on", "cat sat on", "on the", "the",
 "sat on the", "the mat", "mat", "on the mat"}
```

这样的集合分别叫作**二元语法袋**（bag-of-2-grams）及**三元语法袋**（bag-of-3-grams）。这
里袋（bag）这一术语指的是，我们处理的是标记组成的集合，而不是一个列表或序列，即
标记没有特定的顺序。这一系列分词方法叫作**词袋**（bag-of-words）。

词袋是一种不保存顺序的分词方法（生成的标记组成一个集合，而不是一个序列，舍弃了句子的总体结构），因此它往往被用于浅层的语言处理模型，而不是深度学习模型。提取 n-gram 是一种特征工程，深度学习不需要这种死板而又不稳定的方法，并将其替换为分层特征学习。本章后面将介绍的一维卷积神经网络和循环神经网络，都能够通过观察连续的单词序列或字符序列来学习单词组和字符组的数据表示，而无须明确知道这些组的存在。因此，本书不会进一步讨论 n-gram。但一定要记住，在使用轻量级的浅层文本处理模型时（比如 logistic 回归和随机森林），n-gram 是一种功能强大、不可或缺的特征工程工具。

6.1.1 单词和字符的 one-hot 编码

one-hot 编码是将标记转换为向量的最常用、最基本的方法。在第 3 章的 IMDB 和路透社两个例子中，你已经用过这种方法（都是处理单词）。它将每个单词与一个唯一的整数索引相关联，然后将这个整数索引 i 转换为长度为 N 的二进制向量（N 是词表大小），这个向量只有第 i 个元素是 1，其余元素都为 0。

当然，也可以进行字符级的 one-hot 编码。为了让你完全理解什么是 one-hot 编码以及如何实现 one-hot 编码，代码清单 6-1 和代码清单 6-2 给出了两个简单示例，一个是单词级的 one-hot 编码，另一个是字符级的 one-hot 编码。

代码清单 6-1 单词级的 one-hot 编码（简单示例）

初始数据：每个样本是列表的一个元素（本例中的样本是一个句子，但也可以是一整篇文档）

利用 split 方法对样本进行分词。在实际应用中，还需要从样本中去掉标点和特殊字符

```
import numpy as np

samples = ['The cat sat on the mat.', 'The dog ate my homework.']

token_index = {}          构建数据中所有标记的索引
for sample in samples:
    for word in sample.split():
        if word not in token_index:
            token_index[word] = len(token_index) + 1

max_length = 10

results = np.zeros(shape=(len(samples),
                          max_length,
                          max(token_index.values()) + 1))
for i, sample in enumerate(samples):
    for j, word in list(enumerate(sample.split()))[:max_length]:
        index = token_index.get(word)
        results[i, j, index] = 1.
```

为每个唯一单词指定一个唯一索引。注意，没有为索引编号 0 指定单词

对样本进行分词。只考虑每个样本前 max_length 个单词

将结果保存在 results 中

```
import string

samples = ['The cat sat on the mat.', 'The dog ate my homework.']
characters = string.printable          ◁
token_index = dict(zip(characters, range(1, len(characters) + 1)))

max_length = 50
results = np.zeros((len(samples), max_length, max(token_index.values()) + 1))
for i, sample in enumerate(samples):
    for j, character in enumerate(sample[:max_length]):       所有可打印的 ASCII 字符
        index = token_index.get(character)
        results[i, j, index] = 1.
```

注意，Keras 的内置函数可以对原始文本数据进行单词级或字符级的 one-hot 编码。你应该使用这些函数，因为它们实现了许多重要的特性，比如从字符串中去除特殊字符、只考虑数据集中前 N 个最常见的单词（这是一种常用的限制，以避免处理非常大的输入向量空间）。

代码清单 6-3 用 Keras 实现单词级的 one-hot 编码

```
                                              创建一个分词器（tokenizer），设置
from keras.preprocessing.text import Tokenizer   为只考虑前 1000 个最常见的单词

samples = ['The cat sat on the mat.', 'The dog ate my homework.']

tokenizer = Tokenizer(num_words=1000)    ◁
tokenizer.fit_on_texts(samples)    ◁── 构建单词索引

sequences = tokenizer.texts_to_sequences(samples)   ◁── 将字符串转换为整数索引组成的列表

one_hot_results = tokenizer.texts_to_matrix(samples, mode='binary')  ◁

word_index = tokenizer.word_index    ◁── 找回单词索引    也可以直接得到 one-hot 二进制表示。
print('Found %s unique tokens.' % len(word_index))    这个分词器也支持除 one-hot 编码外
                                                      的其他向量化模式
```

one-hot 编码的一种变体是所谓的 one-hot 散列技巧（one-hot hashing trick），如果词表中唯一标记的数量太大而无法直接处理，就可以使用这种技巧。这种方法没有为每个单词显式分配一个索引并将这些索引保存在一个字典中，而是将单词散列编码为固定长度的向量，通常用一个非常简单的散列函数来实现。这种方法的主要优点在于，它避免了维护一个显式的单词索引，从而节省内存并允许数据的在线编码（在读取完所有数据之前，你就可以立刻生成标记向量）。这种方法有一个缺点，就是可能会出现散列冲突（hash collision），即两个不同的单词可能具有相同的散列值，随后任何机器学习模型观察这些散列值，都无法区分它们所对应的单词。如果散列空间的维度远大于需要散列的唯一标记的个数，散列冲突的可能性会减小。

代码清单 6-4 使用散列技巧的单词级的 one-hot 编码（简单示例）

```
samples = ['The cat sat on the mat.', 'The dog ate my homework.']
```

```
dimensionality = 1000                        将单词保存为长度为 1000 的向量。如果单词数量接近 1000 个（或更多），
max_length = 10                              那么会遇到很多散列冲突，这会降低这种编码方法的准确性

results = np.zeros((len(samples), max_length, dimensionality))
for i, sample in enumerate(samples):
    for j, word in list(enumerate(sample.split()))[:max_length]:
        index = abs(hash(word)) % dimensionality     将单词散列为 0~1000 范围内的
        results[i, j, index] = 1.                     一个随机整数索引
```

6.1.2 使用词嵌入

将单词与向量相关联还有另一种常用的强大方法，就是使用密集的**词向量**（word vector），
也叫**词嵌入**（word embedding）。one-hot 编码得到的向量是二进制的、稀疏的（绝大部分元素都
是 0）、维度很高的（维度大小等于词表中的单词个数），而词嵌入是低维的浮点数向量（即密
集向量，与稀疏向量相对），参见图 6-2。与 one-hot 编码得到的词向量不同，词嵌入是从数据中
学习得到的。常见的词向量维度是 256、512 或 1024（处理非常大的词表时）。与此相对，one-
hot 编码的词向量维度通常为 20 000 或更高（对应包含 20 000 个标记的词表）。因此，词向量可
以将更多的信息塞入更低的维度中。

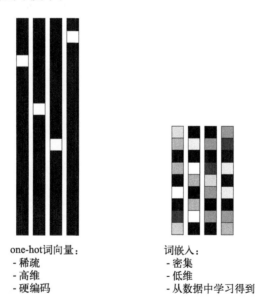

one-hot 词向量：　　　　　　　词嵌入：
 - 稀疏　　　　　　　　　　　 - 密集
 - 高维　　　　　　　　　　　 - 低维
 - 硬编码　　　　　　　　　　 - 从数据中学习得到

图 6-2　one-hot 编码或 one-hot 散列得到的词表示是稀疏的、高维的、硬编码的，
　　　　而词嵌入是密集的、相对低维的，而且是从数据中学习得到的

获取词嵌入有两种方法。

❑ 在完成主任务（比如文档分类或情感预测）的同时学习词嵌入。在这种情况下，一开始
是随机的词向量，然后对这些词向量进行学习，其学习方式与学习神经网络的权重相同。

❑ 在不同于待解决问题的机器学习任务上预计算好词嵌入，然后将其加载到模型中。这些
词嵌入叫作预训练词嵌入（pretrained word embedding）。

我们来分别看一下这两种方法。

1. 利用 Embedding 层学习词嵌入

要将一个词与一个密集向量相关联，最简单的方法就是随机选择向量。这种方法的问题在于，
得到的嵌入空间没有任何结构。例如，accurate 和 exact 两个词的嵌入可能完全不同，尽管它们
在大多数句子里都是可以互换的[①]。深度神经网络很难对这种杂乱的、非结构化的嵌入空间进行
学习。

说得更抽象一点，词向量之间的几何关系应该表示这些词之间的语义关系。词嵌入的作用
应该是将人类的语言映射到几何空间中。例如，在一个合理的嵌入空间中，同义词应该被嵌入
到相似的词向量中，一般来说，任意两个词向量之间的几何距离（比如 L2 距离）应该和这两个
词的语义距离有关（表示不同事物的词被嵌入到相隔很远的点，而相关的词则更加靠近）。除了
距离，你可能还希望嵌入空间中的特定**方向**也是有意义的。为了更清楚地说明这一点，我们来
看一个具体示例。

在图 6-3 中，四个词被嵌入在二维平面上，这四个词分别是 cat（猫）、dog（狗）、wolf（狼）
和 tiger（虎）。对于我们这里选择的向量表示，这些词之间的某些语义关系可以被编码为几何
变换。例如，从 cat 到 tiger 的向量与从 dog 到 wolf 的向量相等，这个向量可以被解释为"从宠
物到野生动物"向量。同样，从 dog 到 cat 的向量与从 wolf 到 tiger 的向量也相等，它可以被解
释为"从犬科到猫科"向量。

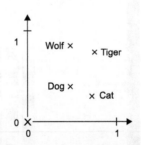

图 6-3　词嵌入空间的简单示例

在真实的词嵌入空间中，常见的有意义的几何变换的例子包括"性别"向量和"复数"向量。
例如，将 king（国王）向量加上 female（女性）向量，得到的是 queen（女王）向量。将 king（国王）
向量加上 plural（复数）向量，得到的是 kings 向量。词嵌入空间通常具有几千个这种可解释的、
并且可能很有用的向量。

有没有一个理想的词嵌入空间，可以完美地映射人类语言，并可用于所有自然语言处理任
务？可能有，但我们尚未发现。此外，也不存在**人类语言**（human language）这种东西。世界上

---

① 两个词的中文含义都是"精确的"。——译者注

有许多种不同的语言,而且它们不是同构的,因为语言是特定文化和特定环境的反射。但从更实际的角度来说,一个好的词嵌入空间在很大程度上取决于你的任务。英语电影评论情感分析模型的完美词嵌入空间,可能不同于英语法律文档分类模型的完美词嵌入空间,因为某些语义关系的重要性因任务而异。

因此,合理的做法是对每个新任务都**学习**一个新的嵌入空间。幸运的是,反向传播让这种学习变得很简单,而 Keras 使其变得更简单。我们要做的就是学习一个层的权重,这个层就是 Embedding 层。

代码清单 6-5　将一个 Embedding 层实例化

```
from keras.layers import Embedding

embedding_layer = Embedding(1000, 64)
```

← **Embedding** 层至少需要两个参数:标记的个数(这里是 1000,即最大单词索引 +1)和嵌入的维度(这里是 64)

最好将 Embedding 层理解为一个字典,将整数索引(表示特定单词)映射为密集向量。它接收整数作为输入,并在内部字典中查找这些整数,然后返回相关联的向量。Embedding 层实际上是一种字典查找(见图 6-4)。

单词索引 ——→ Embedding层 ——→ 对应的词向量

图 6-4　Embedding 层

Embedding 层的输入是一个二维整数张量,其形状为 (samples, sequence_length),每个元素是一个整数序列。它能够嵌入长度可变的序列,例如,对于前一个例子中的 Embedding 层,你可以输入形状为 (32, 10)(32 个长度为 10 的序列组成的批量)或 (64, 15)(64 个长度为 15 的序列组成的批量)的批量。不过一批数据中的所有序列必须具有相同的长度(因为需要将它们打包成一个张量),所以较短的序列应该用 0 填充,较长的序列应该被截断。

这个 Embedding 层返回一个形状为 (samples, sequence_length, embedding_dimensionality) 的三维浮点数张量。然后可以用 RNN 层或一维卷积层来处理这个三维张量(二者都会在后面介绍)。

将一个 Embedding 层实例化时,它的权重(即标记向量的内部字典)最开始是随机的,与其他层一样。在训练过程中,利用反向传播来逐渐调节这些词向量,改变空间结构以便下游模型可以利用。一旦训练完成,嵌入空间将会展示大量结构,这种结构专门针对训练模型所要解决的问题。

我们将这个想法应用于你熟悉的 IMDB 电影评论情感预测任务。首先,我们需要快速准备数据。将电影评论限制为前 10 000 个最常见的单词(第一次处理这个数据集时就是这么做的),然后将评论长度限制为只有 20 个单词。对于这 10 000 个单词,网络将对每个词都学习一个 8 维嵌入,将输入的整数序列(二维整数张量)转换为嵌入序列(三维浮点数张量),然后将这个张量展平为二维,最后在上面训练一个 Dense 层用于分类。

6

代码清单 6-6　加载 IMDB 数据，准备用于 Embedding 层

```
from keras.datasets import imdb
from keras import preprocessing
max_features = 10000    ◄── 作为特征的单词个数
maxlen = 20    ◄
```

在这么多单词后截断文本（这些单词都属于前 `max_features` 个最常见的单词）

```
(x_train, y_train), (x_test, y_test) = imdb.load_data(
    num_words=max_features)    ◄── 将数据加载为整数列表

x_train = preprocessing.sequence.pad_sequences(x_train, maxlen=maxlen)    ◄
x_test = preprocessing.sequence.pad_sequences(x_test, maxlen=maxlen)
```

将整数列表转换成形状为 `(samples, maxlen)` 的二维整数张量

代码清单 6-7　在 IMDB 数据上使用 Embedding 层和分类器

```
from keras.models import Sequential
from keras.layers import Flatten, Dense, Embedding

model = Sequential()
model.add(Embedding(10000, 8, input_length=maxlen))    ◄

model.add(Flatten())    ◄── 将三维的嵌入张量展平成形状为 (samples, maxlen * 8) 的二维张量

model.add(Dense(1, activation='sigmoid'))    ◄── 在上面添加分类器
model.compile(optimizer='rmsprop', loss='binary_crossentropy', metrics=['acc'])
model.summary()

history = model.fit(x_train, y_train,
                    epochs=10,
                    batch_size=32,
                    validation_split=0.2)
```

指定 `Embedding` 层的最大输入长度，以便后面将嵌入输入展平。`Embedding` 层激活的形状是 `(samples, maxlen, 8)`

得到的验证精度约为 76%，考虑到仅查看每条评论的前 20 个单词，这个结果还是相当不错的。但请注意，仅仅将嵌入序列展开并在上面训练一个 Dense 层，会导致模型对输入序列中的每个单词单独处理，而没有考虑单词之间的关系和句子结构（举个例子，这个模型可能会将 this movie is a bomb 和 this movie is the bomb 两条都归为负面评论 [①]）。更好的做法是在嵌入序列上添加循环层或一维卷积层，将每个序列作为整体来学习特征。这也是接下来几节的重点。

2. 使用预训练的词嵌入

有时可用的训练数据很少，以至于只用手头数据无法学习适合特定任务的词嵌入。那么应该怎么办？

你可以从预计算的嵌入空间中加载嵌入向量（你知道这个嵌入空间是高度结构化的，并且具有有用的属性，即抓住了语言结构的一般特点），而不是在解决问题的同时学习词嵌入。在自然语言处理中使用预训练的词嵌入，其背后的原理与在图像分类中使用预训练的卷积神经网络

---

① 第一句的意思是"这部电影很烂"，而第二句的意思是"这部电影很棒"。——译者注

是一样的：没有足够的数据来自己学习真正强大的特征，但你需要的特征应该是非常通用的，比如常见的视觉特征或语义特征。在这种情况下，重复使用在其他问题上学到的特征，这种做法是有道理的。

这种词嵌入通常是利用词频统计计算得出的（观察哪些词共同出现在句子或文档中），用到的技术很多，有些涉及神经网络，有些则不涉及。Bengio 等人在 21 世纪初首先研究了一种思路，就是用无监督的方法计算一个密集的低维词嵌入空间[①]，但直到最有名且最成功的词嵌入方案之一 word2vec 算法发布之后，这一思路才开始在研究领域和工业应用中取得成功。word2vec 算法由 Google 的 Tomas Mikolov 于 2013 年开发，其维度抓住了特定的语义属性，比如性别。

有许多预计算的词嵌入数据库，你都可以下载并在 Keras 的 Embedding 层中使用。word2vec 就是其中之一。另一个常用的是 GloVe（global vectors for word representation，词表示全局向量），由斯坦福大学的研究人员于 2014 年开发。这种嵌入方法基于对词共现统计矩阵进行因式分解。其开发者已经公开了数百万个英文标记的预计算嵌入，它们都是从维基百科数据和 Common Crawl 数据得到的。

我们来看一下如何在 Keras 模型中使用 GloVe 嵌入。同样的方法也适用于 word2vec 嵌入或其他词嵌入数据库。这个例子还可以改进前面刚刚介绍过的文本分词技术，即从原始文本开始，一步步进行处理。

6.1.3 整合在一起：从原始文本到词嵌入

本节的模型与之前刚刚见过的那个类似：将句子嵌入到向量序列中，然后将其展平，最后在上面训练一个 Dense 层。但此处将使用预训练的词嵌入。此外，我们将从头开始，先下载 IMDB 原始文本数据，而不是使用 Keras 内置的已经预先分词的 IMDB 数据。

1. 下载 IMDB 数据的原始文本

首先，打开 http://mng.bz/0tIo，下载原始 IMDB 数据集并解压。

接下来，我们将训练评论转换成字符串列表，每个字符串对应一条评论。你也可以将评论标签（正面 / 负面）转换成 labels 列表。

代码清单 6-8　处理 IMDB 原始数据的标签

```
import os

imdb_dir = '/Users/fchollet/Downloads/aclImdb'
train_dir = os.path.join(imdb_dir, 'train')

labels = []
texts = []

for label_type in ['neg', 'pos']:
    dir_name = os.path.join(train_dir, label_type)
    for fname in os.listdir(dir_name):
```

---

① BENGIO Y, SCHWENK H, SENÉCAL J S, et al. Neural probabilistic language models [M]. Berlin, Heidelberg: Springer, 2003.

```
        if fname[-4:] == '.txt':
            f = open(os.path.join(dir_name, fname))
            texts.append(f.read())
            f.close()
            if label_type == 'neg':
                labels.append(0)
            else:
                labels.append(1)
```

2. 对数据进行分词

利用本节前面介绍过的概念，我们对文本进行分词，并将其划分为训练集和验证集。因为预训练的词嵌入对训练数据很少的问题特别有用（否则，针对于具体任务的嵌入可能效果更好），所以我们又添加了以下限制：将训练数据限定为前 200 个样本。因此，你需要在读取 200 个样本之后学习对电影评论进行分类。

代码清单 6-9　对 IMDB 原始数据的文本进行分词

```
from keras.preprocessing.text import Tokenizer
from keras.preprocessing.sequence import pad_sequences
import numpy as np

maxlen = 100              ←── 在 100 个单词后截断评论
training_samples = 200    ←── 在 200 个样本上训练
validation_samples = 10000    ←── 在 10 000 个样本上验证
max_words = 10000     ←── 只考虑数据集中前 10 000 个最常见的单词

tokenizer = Tokenizer(num_words=max_words)
tokenizer.fit_on_texts(texts)
sequences = tokenizer.texts_to_sequences(texts)

word_index = tokenizer.word_index
print('Found %s unique tokens.' % len(word_index))

data = pad_sequences(sequences, maxlen=maxlen)

labels = np.asarray(labels)
print('Shape of data tensor:', data.shape)
print('Shape of label tensor:', labels.shape)

indices = np.arange(data.shape[0])    ←── 将数据划分为训练集和验证集，但首先
np.random.shuffle(indices)                要打乱数据，因为一开始数据中的样本
data = data[indices]                      是排好序的（所有负面评论都在前面，
labels = labels[indices]                  然后是所有正面评论）

x_train = data[:training_samples]
y_train = labels[:training_samples]
x_val = data[training_samples: training_samples + validation_samples]
y_val = labels[training_samples: training_samples + validation_samples]
```

3. 下载 GloVe 词嵌入

打开 https://nlp.stanford.edu/projects/glove，下载 2014 年英文维基百科的预计算嵌入。这是一个 822 MB 的压缩文件，文件名是 glove.6B.zip，里面包含 400 000 个单词（或非单词的标记）的 100 维嵌入向量。解压文件。

4. 对嵌入进行预处理

我们对解压后的文件（一个 .txt 文件）进行解析，构建一个将单词（字符串）映射为其向量表示（数值向量）的索引。

代码清单 6-10　解析 GloVe 词嵌入文件

```
glove_dir = '/Users/fchollet/Downloads/glove.6B'

embeddings_index = {}
f = open(os.path.join(glove_dir, 'glove.6B.100d.txt'))
for line in f:
    values = line.split()
    word = values[0]
    coefs = np.asarray(values[1:], dtype='float32')
    embeddings_index[word] = coefs
f.close()

print('Found %s word vectors.' % len(embeddings_index))
```

接下来，需要构建一个可以加载到 Embedding 层中的嵌入矩阵。它必须是一个形状为 (max_words, embedding_dim) 的矩阵，对于单词索引（在分词时构建）中索引为 i 的单词，这个矩阵的元素 i 就是这个单词对应的 embedding_dim 维向量。注意，索引 0 不应该代表任何单词或标记，它只是一个占位符。

代码清单 6-11　准备 GloVe 词嵌入矩阵

```
embedding_dim = 100

embedding_matrix = np.zeros((max_words, embedding_dim))
for word, i in word_index.items():
    if i < max_words:
        embedding_vector = embeddings_index.get(word)
        if embedding_vector is not None:
            embedding_matrix[i] = embedding_vector   ◁——
```

嵌入索引（**embeddings_index**）中找不到的词，其嵌入向量全为 0

5. 定义模型

我们将使用与前面相同的模型架构。

代码清单 6-12　模型定义

```
from keras.models import Sequential
from keras.layers import Embedding, Flatten, Dense

model = Sequential()
```

```
model.add(Embedding(max_words, embedding_dim, input_length=maxlen))
model.add(Flatten())
model.add(Dense(32, activation='relu'))
model.add(Dense(1, activation='sigmoid'))
model.summary()
```

6. 在模型中加载 GloVe 嵌入

Embedding 层只有一个权重矩阵，是一个二维的浮点数矩阵，其中每个元素 i 是与索引 i 相关联的词向量。够简单。将准备好的 GloVe 矩阵加载到 Embedding 层中，即模型的第一层。

代码清单 6-13　将预训练的词嵌入加载到 Embedding 层中

```
model.layers[0].set_weights([embedding_matrix])
model.layers[0].trainable = False
```

此外，需要冻结 Embedding 层（即将其 trainable 属性设为 False），其原理和预训练的卷积神经网络特征相同，你已经很熟悉了。如果一个模型的一部分是经过预训练的（如 Embedding 层），而另一部分是随机初始化的（如分类器），那么在训练期间不应该更新预训练的部分，以避免丢失它们所保存的信息。随机初始化的层会引起较大的梯度更新，会破坏已经学到的特征。

7. 训练模型与评估模型

编译并训练模型。

代码清单 6-14　训练与评估

```
model.compile(optimizer='rmsprop',
              loss='binary_crossentropy',
              metrics=['acc'])
history = model.fit(x_train, y_train,
                    epochs=10,
                    batch_size=32,
                    validation_data=(x_val, y_val))
model.save_weights('pre_trained_glove_model.h5')
```

接下来，绘制模型性能随时间的变化（见图 6-5 和图 6-6）。

代码清单 6-15　绘制结果

```
import matplotlib.pyplot as plt

acc = history.history['acc']
val_acc = history.history['val_acc']
loss = history.history['loss']
val_loss = history.history['val_loss']

epochs = range(1, len(acc) + 1)

plt.plot(epochs, acc, 'bo', label='Training acc')
plt.plot(epochs, val_acc, 'b', label='Validation acc')
plt.title('Training and validation accuracy')
plt.legend()
```

```
plt.figure()

plt.plot(epochs, loss, 'bo', label='Training loss')
plt.plot(epochs, val_loss, 'b', label='Validation loss')
plt.title('Training and validation loss')
plt.legend()

plt.show()
```

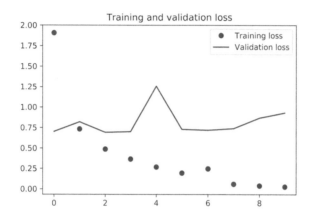

图 6-5　使用预训练词嵌入时的训练损失和验证损失

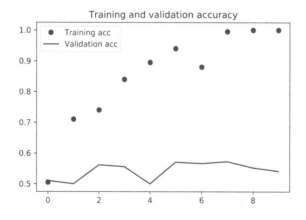

图 6-6　使用预训练词嵌入时的训练精度和验证精度

　　模型很快就开始过拟合，考虑到训练样本很少，这一点也不奇怪。出于同样的原因，验证精度的波动很大，但似乎达到了接近 60%。

注意，你的结果可能会有所不同。训练样本数太少，所以模型性能严重依赖于你选择的 200 个样本，而样本是随机选择的。如果你得到的结果很差，可以尝试重新选择 200 个不同的随机样本，你可以将其作为练习（在现实生活中无法选择自己的训练数据）。

你也可以在不加载预训练词嵌入、也不冻结嵌入层的情况下训练相同的模型。在这种情况下，你将会学到针对任务的输入标记的嵌入。如果有大量的可用数据，这种方法通常比预训练词嵌入更加强大，但本例只有 200 个训练样本。我们来试一下这种方法（见图 6-7 和图 6-8）。

代码清单 6-16   在不使用预训练词嵌入的情况下，训练相同的模型

```
from keras.models import Sequential
from keras.layers import Embedding, Flatten, Dense

model = Sequential()
model.add(Embedding(max_words, embedding_dim, input_length=maxlen))
model.add(Flatten())
model.add(Dense(32, activation='relu'))
model.add(Dense(1, activation='sigmoid'))
model.summary()

model.compile(optimizer='rmsprop',
              loss='binary_crossentropy',
              metrics=['acc'])
history = model.fit(x_train, y_train,
                    epochs=10,
                    batch_size=32,
                    validation_data=(x_val, y_val))
```

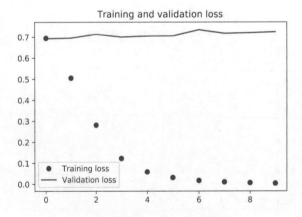

图 6-7   不使用预训练词嵌入时的训练损失和验证损失

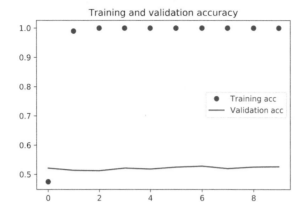

图 6-8 不使用预训练词嵌入时的训练精度和验证精度

验证精度停留在 50% 多一点。因此，在本例中，预训练词嵌入的性能要优于与任务一起学习的嵌入。如果增加样本数量，情况将很快发生变化，你可以把它作为一个练习。

最后，我们在测试数据上评估模型。首先，你需要对测试数据进行分词。

代码清单 6-17 对测试集数据进行分词

```
test_dir = os.path.join(imdb_dir, 'test')

labels = []
texts = []

for label_type in ['neg', 'pos']:
    dir_name = os.path.join(test_dir, label_type)
    for fname in sorted(os.listdir(dir_name)):
        if fname[-4:] == '.txt':
            f = open(os.path.join(dir_name, fname))
            texts.append(f.read())
            f.close()
            if label_type == 'neg':
                labels.append(0)
            else:
                labels.append(1)

sequences = tokenizer.texts_to_sequences(texts)
x_test = pad_sequences(sequences, maxlen=maxlen)
y_test = np.asarray(labels)
```

接下来，加载并评估第一个模型。

代码清单 6-18 在测试集上评估模型

```
model.load_weights('pre_trained_glove_model.h5')
model.evaluate(x_test, y_test)
```

测试精度只有 56%！处理小数据集可见是非常困难的事情。

6.1.4 小结

现在你已经学会了下列内容。

❑ 将原始文本转换为神经网络能够处理的格式。

❑ 使用 Keras 模型的 Embedding 层来学习针对特定任务的标记嵌入。

❑ 使用预训练词嵌入在小型自然语言处理问题上获得额外的性能提升。

6.2 理解循环神经网络

目前你见过的所有神经网络（比如密集连接网络和卷积神经网络）都有一个主要特点，那就是它们都没有记忆。它们单独处理每个输入，在输入与输入之间没有保存任何状态。对于这样的网络，要想处理数据点的序列或时间序列，你需要向网络同时展示整个序列，即将序列转换成单个数据点。例如，你在 IMDB 示例中就是这么做的：将全部电影评论转换为一个大向量，然后一次性处理。这种网络叫作**前馈网络**（feedforward network）。

与此相反，当你在阅读这个句子时，你是一个词一个词地阅读（或者说，眼睛一次扫视一次扫视地阅读），同时会记住之前的内容。这让你能够动态理解这个句子所传达的含义。生物智能以渐进的方式处理信息，同时保存一个关于所处理内容的内部模型，这个模型是根据过去的信息构建的，并随着新信息的进入而不断更新。

循环神经网络（RNN，recurrent neural network）采用同样的原理，不过是一个极其简化的版本：它处理序列的方式是，遍历所有序列元素，并保存一个**状态**（state），其中包含与已查看内容相关的信息。实际上，RNN 是一类具有内部环的神经网络（见图 6-9）。在处理两个不同的独立序列（比如两条不同的 IMDB 评论）之间，RNN 状态会被重置，因此，你仍可以将一个序列看作单个数据点，即网络的单个输入。真正改变的是，数据点不再是在单个步骤中进行处理，相反，网络内部会对序列元素进行遍历。

图 6-9 循环网络：带有环的网络

为了将**环**（loop）和**状态**的概念解释清楚，我们用 Numpy 来实现一个简单 RNN 的前向传递。这个 RNN 的输入是一个张量序列，我们将其编码成大小为 (timesteps, input_features) 的二维张量。它对时间步（timestep）进行遍历，在每个时间步，它考虑 t 时刻的当前状态与 t 时刻的输入 [形状为 (input_features,)]，对二者计算得到 t 时刻的输出。然后，我们将下一个时间步的状态设置为上一个时间步的输出。对于第一个时间步，上一个时间步的输出没有定义，所以它没有当前状态。因此，你需要将状态初始化为一个全零向量，这叫作网络的**初始状态**（initial state）。

RNN 的伪代码如下所示。

```
state_t = 0          ◄── t 时刻的状态
for input_t in input_sequence:    ◄── 对序列元素进行遍历
    output_t = f(input_t, state_t)
    state_t = output_t    ◄── 前一次的输出变成下一次迭代的状态
```

你甚至可以给出具体的函数 f：从输入和状态到输出的变换，其参数包括两个矩阵（W 和 U）和一个偏置向量。它类似于前馈网络中密集连接层所做的变换。

```
state_t = 0
for input_t in input_sequence:
    output_t = activation(dot(W, input_t) + dot(U, state_t) + b)
    state_t = output_t
```

为了将这些概念的含义解释得更加清楚，我们为简单 RNN 的前向传播编写一个简单的 Numpy 实现。

```
import numpy as np

timesteps = 100          ◄── 输入序列的时间步数
input_features = 32      ◄── 输入特征空间的维度
output_features = 64     ◄── 输出特征空间的维度

inputs = np.random.random((timesteps, input_features))    ◄── 输入数据：随机噪声，仅作为示例

state_t = np.zeros((output_features,))    ◄── 初始状态：全零向量

W = np.random.random((output_features, input_features))
U = np.random.random((output_features, output_features))    ◄── 创建随机的权重矩阵
b = np.random.random((output_features,))

successive_outputs = []
for input_t in inputs:    ◄── input_t 是形状为 (input_features,) 的向量
    output_t = np.tanh(np.dot(W, input_t) + np.dot(U, state_t) + b)    ◄── 由输入和当前状态（前一个输出）计算得到当前输出

    successive_outputs.append(output_t)    ◄── 将这个输出保存到一个列表中

    state_t = output_t

    final_output_sequence = np.stack(successive_outputs, axis=0)    ◄── 最终输出是一个形状为 (timesteps, output_features) 的二维张量
```

更新网络的状态，用于
下一个时间步

6

足够简单。总之,RNN 是一个 `for` 循环,它重复使用循环前一次迭代的计算结果,仅此而已。
当然,你可以构建许多不同的 RNN,它们都满足上述定义。这个例子只是最简单的 RNN 表述之一。
RNN 的特征在于其时间步函数,比如前面例子中的这个函数(见图 6-10)。

```
output_t = np.tanh(np.dot(W, input_t) + np.dot(U, state_t) + b)
```

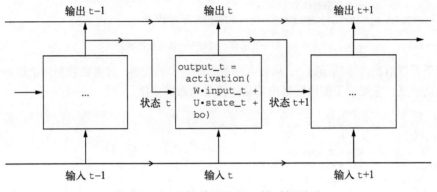

图 6-10　一个简单的 RNN,沿时间展开

注意　本例中,最终输出是一个形状为 `(timesteps, output_features)` 的二维张量,其中
　　　每个时间步是循环在 `t` 时刻的输出。输出张量中的每个时间步 `t` 包含输入序列中时间步
　　　0~t 的信息,即关于全部过去的信息。因此,在多数情况下,你并不需要这个所有输出
　　　组成的序列,你只需要最后一个输出(循环结束时的 `output_t`),因为它已经包含了整
　　　个序列的信息。

6.2.1　Keras 中的循环层

上面 Numpy 的简单实现,对应一个实际的 Keras 层,即 SimpleRNN 层。

```
from keras.layers import SimpleRNN
```

二者有一点小小的区别:SimpleRNN 层能够像其他 Keras 层一样处理序列批量,而不是
像 Numpy 示例那样只能处理单个序列。因此,它接收形状为 `(batch_size, timesteps, input_features)` 的输入,而不是 `(timesteps, input_features)`。

与 Keras 中的所有循环层一样,SimpleRNN 可以在两种不同的模式下运行:一种是返回每
个时间步连续输出的完整序列,即形状为 `(batch_size, timesteps, output_features)`
的三维张量;另一种是只返回每个输入序列的最终输出,即形状为 `(batch_size, output_features)` 的二维张量。这两种模式由 `return_sequences` 这个构造函数参数来控制。我们
来看一个使用 SimpleRNN 的例子,它只返回最后一个时间步的输出。

```
>>> from keras.models import Sequential
>>> from keras.layers import Embedding, SimpleRNN
>>> model = Sequential()
```

```
>>> model.add(Embedding(10000, 32))
>>> model.add(SimpleRNN(32))
>>> model.summary()
```

```
Layer (type)                   Output Shape                Param #
================================================================
embedding_22 (Embedding)       (None, None, 32)            320000
_____
simple_rnn_10 (SimpleRNN)      (None, 32)                  2080
================================================================
Total params: 322,080
Trainable params: 322,080
Non-trainable params: 0
```

下面这个例子返回完整的状态序列。

```
>>> model = Sequential()
>>> model.add(Embedding(10000, 32))
>>> model.add(SimpleRNN(32, return_sequences=True))
>>> model.summary()
```

```
Layer (type)                   Output Shape                Param #
================================================================
embedding_23 (Embedding)       (None, None, 32)            320000
_____
simple_rnn_11 (SimpleRNN)      (None, None, 32)            2080
================================================================
Total params: 322,080
Trainable params: 322,080
Non-trainable params: 0
```

为了提高网络的表示能力，将多个循环层逐个堆叠有时也是很有用的。在这种情况下，你需要让所有中间层都返回完整的输出序列。

```
>>> model = Sequential()
>>> model.add(Embedding(10000, 32))
>>> model.add(SimpleRNN(32, return_sequences=True))
>>> model.add(SimpleRNN(32, return_sequences=True))
>>> model.add(SimpleRNN(32, return_sequences=True))
>>> model.add(SimpleRNN(32))                          ◄——————————   最后一层仅返回最终输出
>>> model.summary()
```

```
Layer (type)                   Output Shape                Param #
================================================================
embedding_24 (Embedding)       (None, None, 32)            320000
_____
simple_rnn_12 (SimpleRNN)      (None, None, 32)            2080
_____
simple_rnn_13 (SimpleRNN)      (None, None, 32)            2080
_____
simple_rnn_14 (SimpleRNN)      (None, None, 32)            2080
_____
simple_rnn_15 (SimpleRNN)      (None, 32)                  2080
================================================================
```

```
Total params: 328,320
Trainable params: 328,320
Non-trainable params: 0
```

接下来,我们将这个模型应用于 IMDB 电影评论分类问题。首先,对数据进行预处理。

代码清单 6-22 准备 IMDB 数据

```
from keras.datasets import imdb
from keras.preprocessing import sequence

max_features = 10000        ◁── 作为特征的单词个数
maxlen = 500      ◁─
batch_size = 32           在这么多单词之后截断文本(这些单词都
                          属于前 max_features 个最常见的单词)
print('Loading data...')
(input_train, y_train), (input_test, y_test) = imdb.load_data(
    num_words=max_features)
print(len(input_train), 'train sequences')
print(len(input_test), 'test sequences')

print('Pad sequences (samples x time)')
input_train = sequence.pad_sequences(input_train, maxlen=maxlen)
input_test = sequence.pad_sequences(input_test, maxlen=maxlen)
print('input_train shape:', input_train.shape)
print('input_test shape:', input_test.shape)
```

我们用一个 Embedding 层和一个 SimpleRNN 层来训练一个简单的循环网络。

代码清单 6-23 用 Embedding 层和 SimpleRNN 层来训练模型

```
from keras.layers import Dense

model = Sequential()
model.add(Embedding(max_features, 32))
model.add(SimpleRNN(32))
model.add(Dense(1, activation='sigmoid'))

model.compile(optimizer='rmsprop', loss='binary_crossentropy', metrics=['acc'])
history = model.fit(input_train, y_train,
                    epochs=10,
                    batch_size=128,
                    validation_split=0.2)
```

接下来显示训练和验证的损失和精度(见图 6-11 和图 6-12)。

代码清单 6-24 绘制结果

```
import matplotlib.pyplot as plt

acc = history.history['acc']
val_acc = history.history['val_acc']
loss = history.history['loss']
val_loss = history.history['val_loss']

epochs = range(1, len(acc) + 1)
```

```
plt.plot(epochs, acc, 'bo', label='Training acc')
plt.plot(epochs, val_acc, 'b', label='Validation acc')
plt.title('Training and validation accuracy')
plt.legend()

plt.figure()

plt.plot(epochs, loss, 'bo', label='Training loss')
plt.plot(epochs, val_loss, 'b', label='Validation loss')
plt.title('Training and validation loss')
plt.legend()

plt.show()
```

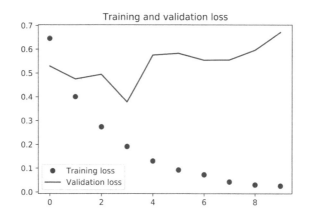

图 6-11 将 SimpleRNN 应用于 IMDB 的训练损失和验证损失

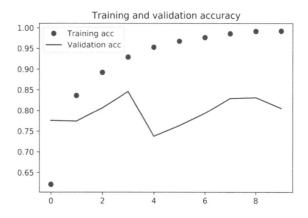

图 6-12 将 SimpleRNN 应用于 IMDB 的训练精度和验证精度

提醒一下，在第 3 章，处理这个数据集的第一个简单方法得到的测试精度是 88%。不幸的是，与这个基准相比，这个小型循环网络的表现并不好（验证精度只有 85%）。问题的部分原因在于，输入只考虑了前 500 个单词，而不是整个序列，因此，RNN 获得的信息比前面的基准模型更少。另一部分原因在于，SimpleRNN 不擅长处理长序列，比如文本。

其他类型的循环层的表现要好得多。我们来看几个更高级的循环层。

6.2.2　理解 LSTM 层和 GRU 层

SimpleRNN 并不是 Keras 中唯一可用的循环层，还有另外两个：LSTM 和 GRU。在实践中总会用到其中之一，因为 SimpleRNN 通常过于简化，没有实用价值。SimpleRNN 的最大问题是，在时刻 t，理论上来说，它应该能够记住许多时间步之前见过的信息，但实际上它是不可能学到这种长期依赖的。其原因在于**梯度消失问题**（vanishing gradient problem），这一效应类似于在层数较多的非循环网络（即前馈网络）中观察到的效应：随着层数的增加，网络最终变得无法训练。Hochreiter、Schmidhuber 和 Bengio 在 20 世纪 90 年代初研究了这一效应的理论原因[1]。LSTM 层和 GRU 层都是为了解决这个问题而设计的。

先来看 LSTM 层。其背后的长短期记忆（LSTM，long short-term memory）算法由 Hochreiter 和 Schmidhuber 在 1997 年开发[2]，是二人研究梯度消失问题的重要成果。

LSTM 层是 SimpleRNN 层的一种变体，它增加了一种携带信息跨越多个时间步的方法。假设有一条传送带，其运行方向平行于你所处理的序列。序列中的信息可以在任意位置跳上传送带，然后被传送到更晚的时间步，并在需要时原封不动地跳回来。这实际上就是 LSTM 的原理：它保存信息以便后面使用，从而防止较早期的信号在处理过程中逐渐消失。

为了详细了解 LSTM，我们先从 SimpleRNN 单元开始讲起（见图 6-13）。因为有许多个权重矩阵，所以对单元中的 W 和 U 两个矩阵添加下标字母 o（Wo 和 Uo），表示**输出**。

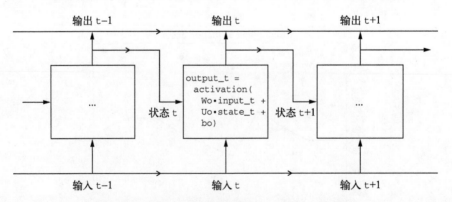

图 6-13　讨论 LSTM 层的出发点：SimpleRNN 层

① BENGIO Y, SIMARD P, FRASCONI P. Learning long-term dependencies with gradient descent is difficult [C]//IEEE Transactions on Neural Networks, 1994, 5(2): 157-166.

② HOCHREITER S, SCHMIDHUBER J. Long short-term memory [J]. Neural Computation, 1997, 9(8): 1735-1780.

我们向这张图像中添加额外的数据流，其中携带着跨越时间步的信息。它在不同的时间步的值叫作 Ct，其中 C 表示**携带**（carry）。这些信息将会对单元产生以下影响：它将与输入连接和循环连接进行运算（通过一个密集变换，即与权重矩阵作点积，然后加上一个偏置，再应用一个激活函数），从而影响传递到下一个时间步的状态（通过一个激活函数和一个乘法运算）。从概念上来看，携带数据流是一种调节下一个输出和下一个状态的方法（见图 6-14）。到目前为止都很简单。

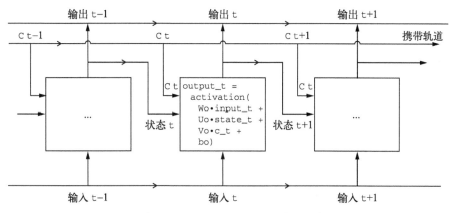

图 6-14　从 SimpleRNN 到 LSTM：添加一个携带轨道

下面来看这一方法的精妙之处，即携带数据流下一个值的计算方法。它涉及三个不同的变换，这三个变换的形式都和 SimpleRNN 单元相同。

```
y = activation(dot(state_t, U) + dot(input_t, W) + b)
```

但这三个变换都具有各自的权重矩阵，我们分别用字母 i、f 和 k 作为下标。目前的模型架构如下所示（这可能看起来有些随意，但请多一点耐心）。

代码清单 6-25　LSTM 架构的详细伪代码（1/2）

```
output_t = activation(dot(state_t, Uo) + dot(input_t, Wo) + dot(C_t, Vo) + bo)

i_t = activation(dot(state_t, Ui) + dot(input_t, Wi) + bi)
f_t = activation(dot(state_t, Uf) + dot(input_t, Wf) + bf)
k_t = activation(dot(state_t, Uk) + dot(input_t, Wk) + bk)
```

对 i_t、f_t 和 k_t 进行组合，可以得到新的携带状态（下一个 c_t）。

代码清单 6-26　LSTM 架构的详细伪代码（2/2）

```
c_t+1 = i_t * k_t + c_t * f_t
```

图 6-15 给出了添加上述架构之后的图示。LSTM 层的内容我就介绍完了。不算复杂吧？

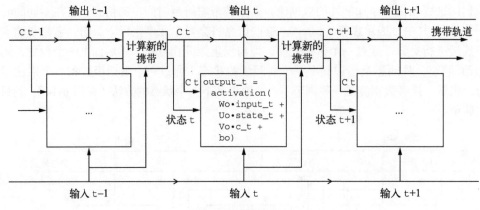

图 6-15　剖析 LSTM

如果要更哲学一点，你还可以解释每个运算的目的。比如你可以说，将 c_t 和 f_t 相乘，是为了故意遗忘携带数据流中的不相关信息。同时，i_t 和 k_t 都提供关于当前的信息，可以用新信息来更新携带轨道。但归根结底，这些解释并没有多大意义，因为这些运算的**实际效果**是由参数化权重决定的，而权重是以端到端的方式进行学习，每次训练都要从头开始，不可能为某个运算赋予特定的目的。RNN 单元的类型（如前所述）决定了你的假设空间，即在训练期间搜索良好模型配置的空间，但它不能决定 RNN 单元的作用，那是由单元权重来决定的。同一个单元具有不同的权重，可以实现完全不同的作用。因此，组成 RNN 单元的运算组合，最好被解释为对搜索的一组**约束**，而不是一种工程意义上的**设计**。

对于研究人员来说，这种约束的选择（即如何实现 RNN 单元）似乎最好是留给最优化算法来完成（比如遗传算法或强化学习过程），而不是让人类工程师来完成。在未来，那将是我们构建网络的方式。总之，你不需要理解关于 LSTM 单元具体架构的任何内容。作为人类，理解它不应该是你要做的。你只需要记住 LSTM 单元的作用：允许过去的信息稍后重新进入，从而解决梯度消失问题。

6.2.3　Keras 中一个 LSTM 的具体例子

现在我们来看一个更实际的问题：使用 LSTM 层来创建一个模型，然后在 IMDB 数据上训练模型（见图 6-16 和图 6-17）。这个网络与前面介绍的 SimpleRNN 网络类似。你只需指定 LSTM 层的输出维度，其他所有参数（有很多）都使用 Keras 默认值。Keras 具有很好的默认值，无须手动调参，模型通常也能正常运行。

代码清单 6-27　使用 Keras 中的 LSTM 层

```
from keras.layers import LSTM

model = Sequential()
model.add(Embedding(max_features, 32))
model.add(LSTM(32))
```

```
model.add(Dense(1, activation='sigmoid'))

model.compile(optimizer='rmsprop',
              loss='binary_crossentropy',
              metrics=['acc'])
history = model.fit(input_train, y_train,
                    epochs=10,
                    batch_size=128,
                    validation_split=0.2)
```

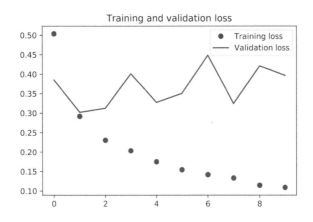

图 6-16　将 LSTM 应用于 IMDB 的训练损失和验证损失

图 6-17　将 LSTM 应用于 IMDB 的训练精度和验证精度

这一次，验证精度达到了 89%。还不错，肯定比 SimpleRNN 网络好多了，这主要是因为 LSTM 受梯度消失问题的影响要小得多。这个结果也比第 3 章的全连接网络略好，虽然使用的数据量比第 3 章要少。此处在 500 个时间步之后将序列截断，而在第 3 章是读取整个序列。

但对于一种计算量如此之大的方法而言，这个结果也说不上是突破性的。为什么 LSTM 不能表现得更好？一个原因是你没有花力气来调节超参数，比如嵌入维度或 LSTM 输出维度。另一个原因可能是缺少正则化。但说实话，主要原因在于，适用于评论分析全局的长期性结构（这正是 LSTM 所擅长的），对情感分析问题帮助不大。对于这样的基本问题，观察每条评论中出现了哪些词及其出现频率就可以很好地解决。这也正是第一个全连接方法的做法。但还有更加困难的自然语言处理问题，特别是问答和机器翻译，这时 LSTM 的优势就明显了。

6.2.4　小结

现在你已经学会了以下内容。
- 循环神经网络（RNN）的概念及其工作原理。
- 长短期记忆（LSTM）是什么，为什么它在长序列上的效果要好于普通 RNN。
- 如何使用 Keras 的 RNN 层来处理序列数据。

接下来，我们将介绍 RNN 几个更高级的功能，这可以帮你有效利用深度学习序列模型。

6.3　循环神经网络的高级用法

本节将介绍提高循环神经网络的性能和泛化能力的三种高级技巧。学完本节，你将会掌握用 Keras 实现循环网络的大部分内容。我们将在温度预测问题中介绍这三个概念。在这个问题中，数据点时间序列来自建筑物屋顶安装的传感器，包括温度、气压、湿度等，你将要利用这些数据来预测最后一个数据点 24 小时之后的温度。这是一个相当有挑战性的问题，其中包含许多处理时间序列时经常遇到的困难。

我们将会介绍以下三种技巧。
- **循环 dropout**（recurrent dropout）。这是一种特殊的内置方法，在循环层中使用 dropout 来降低过拟合。
- **堆叠循环层**（stacking recurrent layers）。这会提高网络的表示能力（代价是更高的计算负荷）。
- **双向循环层**（bidirectional recurrent layer）。将相同的信息以不同的方式呈现给循环网络，可以提高精度并缓解遗忘问题。

6.3.1　温度预测问题

到目前为止，我们遇到的唯一一种序列数据就是文本数据，比如 IMDB 数据集和路透社数据集。但除了语言处理，其他许多问题中也都用到了序列数据。在本节的所有例子中，我们将使用一个天气时间序列数据集，它由德国耶拿的马克思·普朗克生物地球化学研究所的气象站记录。

在这个数据集中，每 10 分钟记录 14 个不同的量（比如气温、气压、湿度、风向等），其中包含多年的记录。原始数据可追溯到 2003 年，但本例仅使用 2009—2016 年的数据。这个数据集非常适合用来学习处理数值型时间序列。我们将会用这个数据集来构建模型，输入最近的一些数据（几天的数据点），可以预测 24 小时之后的气温。

下载并解压数据，如下所示。

```
cd ~/Downloads
mkdir jena_climate
cd jena_climate
wget https://s3.amazonaws.com/keras-datasets/jena_climate_2009_2016.csv.zip
unzip jena_climate_2009_2016.csv.zip
```

来观察一下数据。

代码清单 6-28 观察耶拿天气数据集的数据

```
import os

data_dir = '/users/fchollet/Downloads/jena_climate'
fname = os.path.join(data_dir, 'jena_climate_2009_2016.csv')

f = open(fname)
data = f.read()
f.close()

lines = data.split('\n')
header = lines[0].split(',')
lines = lines[1:]

print(header)
print(len(lines))
```

从输出可以看出，共有 420 551 行数据（每行是一个时间步，记录了一个日期和 14 个与天气有关的值），还输出了下列表头。

```
["Date Time",
 "p (mbar)",
 "T (degC)",
 "Tpot (K)",
 "Tdew (degC)",
 "rh (%)",
 "VPmax (mbar)",
 "VPact (mbar)",
 "VPdef (mbar)",
 "sh (g/kg)",
 "H2OC (mmol/mol)",
 "rho (g/m**3)",
 "wv (m/s)",
 "max. wv (m/s)",
 "wd (deg)"]
```

接下来，将 420 551 行数据转换成一个 Numpy 数组。

代码清单 6-29　解析数据

```python
import numpy as np

float_data = np.zeros((len(lines), len(header) - 1))
for i, line in enumerate(lines):
    values = [float(x) for x in line.split(',')[1:]]
    float_data[i, :] = values
```

比如，温度随时间的变化如图 6-18 所示（单位：摄氏度）。在这张图中，你可以清楚地看到温度每年的周期性变化。

代码清单 6-30　绘制温度时间序列

```python
from matplotlib import pyplot as plt

temp = float_data[:, 1]  # 温度（单位：摄氏度）
plt.plot(range(len(temp)), temp)
```

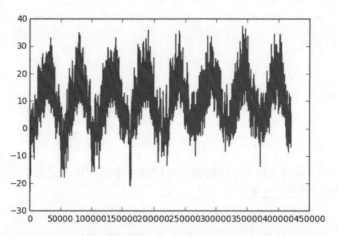

图 6-18　在数据集整个时间范围内的温度（单位：摄氏度）

图 6-19 给出了前 10 天温度数据的图像。因为每 10 分钟记录一个数据，所以每天有 144 个数据点。

代码清单 6-31　绘制前 10 天的温度时间序列

```python
plt.plot(range(1440), temp[:1440])
```

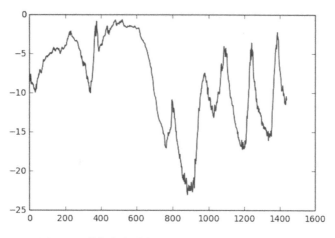

图 6-19 数据集中前 10 天的温度（单位：摄氏度）

在这张图中，你可以看到每天的周期性变化，尤其是最后 4 天特别明显。另外请注意，这 10 天一定是来自于很冷的冬季月份。

如果你想根据过去几个月的数据来预测下个月的平均温度，那么问题很简单，因为数据具有可靠的年度周期性。但从几天的数据来看，温度看起来更混乱一些。以天作为观察尺度，这个时间序列是可以预测的吗？我们来寻找这个问题的答案。

6.3.2 准备数据

这个问题的确切表述如下：一个时间步是 10 分钟，每 steps 个时间步采样一次数据，给定过去 lookback 个时间步之内的数据，能否预测 delay 个时间步之后的温度？用到的参数值如下。

- ❏ lookback = 720：给定过去 5 天内的观测数据。
- ❏ steps = 6：观测数据的采样频率是每小时一个数据点。
- ❏ delay = 144：目标是未来 24 小时之后的数据。

开始之前，你需要完成以下两件事。

- ❏ 将数据预处理为神经网络可以处理的格式。这很简单。数据已经是数值型的，所以不需要做向量化。但数据中的每个时间序列位于不同的范围（比如温度通道位于 −20 到 +30 之间，但气压大约在 1000 毫巴上下）。你需要对每个时间序列分别做标准化，让它们在相似的范围内都取较小的值。
- ❏ 编写一个 Python 生成器，以当前的浮点数数组作为输入，并从最近的数据中生成数据批量，同时生成未来的目标温度。因为数据集中的样本是高度冗余的（对于第 N 个样本和第 N+1 个样本，大部分时间步都是相同的），所以显式地保存每个样本是一种浪费。相反，我们将使用原始数据即时生成样本。

预处理数据的方法是，将每个时间序列减去其平均值，然后除以其标准差。我们将使用前 200 000 个时间步作为训练数据，所以只对这部分数据计算平均值和标准差。

代码清单 6-32   数据标准化

```
mean = float_data[:200000].mean(axis=0)
float_data -= mean
std = float_data[:200000].std(axis=0)
float_data /= std
```

代码清单 6-33 给出了将要用到的生成器。它生成了一个元组 (samples, targets)，其中 samples 是输入数据的一个批量，targets 是对应的目标温度数组。生成器的参数如下。

❑ data：浮点数数据组成的原始数组，在代码清单 6-32 中将其标准化。

❑ lookback：输入数据应该包括过去多少个时间步。

❑ delay：目标应该在未来多少个时间步之后。

❑ min_index 和 max_index：data 数组中的索引，用于界定需要抽取哪些时间步。这有助于保存一部分数据用于验证、另一部分用于测试。

❑ shuffle：是打乱样本，还是按顺序抽取样本。

❑ batch_size：每个批量的样本数。

❑ step：数据采样的周期（单位：时间步）。我们将其设为 6，为的是每小时抽取一个数据点。

代码清单 6-33   生成时间序列样本及其目标的生成器

```
def generator(data, lookback, delay, min_index, max_index,
              shuffle=False, batch_size=128, step=6):
    if max_index is None:
        max_index = len(data) - delay - 1
    i = min_index + lookback
    while 1:
        if shuffle:
            rows = np.random.randint(
                min_index + lookback, max_index, size=batch_size)
        else:
            if i + batch_size >= max_index:
                i = min_index + lookback
            rows = np.arange(i, min(i + batch_size, max_index))
            i += len(rows)

        samples = np.zeros((len(rows),
                            lookback // step,
                            data.shape[-1]))
        targets = np.zeros((len(rows),))
        for j, row in enumerate(rows):
            indices = range(rows[j] - lookback, rows[j], step)
            samples[j] = data[indices]
            targets[j] = data[rows[j] + delay][1]
        yield samples, targets
```

下面，我们使用这个抽象的 generator 函数来实例化三个生成器：一个用于训练，一个用于验证，还有一个用于测试。每个生成器分别读取原始数据的不同时间段：训练生成器读取前200 000个时间步，验证生成器读取随后的100 000个时间步，测试生成器读取剩下的时间步。

代码清单 6-34　准备训练生成器、验证生成器和测试生成器

```
lookback = 1440
step = 6
delay = 144
batch_size = 128

train_gen = generator(float_data,
                      lookback=lookback,
                      delay=delay,
                      min_index=0,
                      max_index=200000,
                      shuffle=True,
                      step=step,
                      batch_size=batch_size)
val_gen = generator(float_data,
                    lookback=lookback,
                    delay=delay,
                    min_index=200001,
                    max_index=300000,
                    step=step,
                    batch_size=batch_size)
test_gen = generator(float_data,
                     lookback=lookback,
                     delay=delay,
                     min_index=300001,
                     max_index=None,
                     step=step,
                     batch_size=batch_size)

val_steps = (300000 - 200001 - lookback) //batch_size   ◁── 为了查看整个验证集，需要从 val_gen 中抽取多少次

test_steps = (len(float_data) - 300001 - lookback) //batch_size  ◁── 为了查看整个测试集，需要从 test_gen 中抽取多少次
```

6.3.3　一种基于常识的、非机器学习的基准方法

开始使用黑盒深度学习模型解决温度预测问题之前，我们先尝试一种基于常识的简单方法。它可以作为合理性检查，还可以建立一个基准，更高级的机器学习模型需要打败这个基准才能表现出其有效性。面对一个尚没有已知解决方案的新问题时，这种基于常识的基准方法很有用。一个经典的例子就是不平衡的分类任务，其中某些类别比其他类别更常见。如果数据集中包含90%的类别 A 实例和10%的类别 B 实例，那么分类任务的一种基于常识的方法就是对新样本始终预测类别“A”。这种分类器的总体精度为90%，因此任何基于学习的方法在精度高于90%时才能证明其有效性。有时候，这样基本的基准方法可能很难打败。

本例中，我们可以放心地假设，温度时间序列是连续的（明天的温度很可能接近今天的温度），并且具有每天的周期性变化。因此，一种基于常识的方法就是始终预测 24 小时后的温度等于现在的温度。我们使用平均绝对误差（MAE）指标来评估这种方法。

```
np.mean(np.abs(preds - targets))
```

下面是评估的循环代码。

```
def evaluate_naive_method():
    batch_maes = []
    for step in range(val_steps):
        samples, targets = next(val_gen)
        preds = samples[:, -1, 1]
        mae = np.mean(np.abs(preds - targets))
        batch_maes.append(mae)
    print(np.mean(batch_maes))

evaluate_naive_method()
```

得到的 MAE 为 0.29。因为温度数据被标准化成均值为 0、标准差为 1，所以无法直接对这个值进行解释。它转化成温度的平均绝对误差为 $0.29 \times$ temperature_std 摄氏度，即 2.57℃。

```
celsius_mae = 0.29 * std[1]
```

这个平均绝对误差还是相当大的。接下来的任务是利用深度学习知识来改进结果。

6.3.4　一种基本的机器学习方法

在尝试机器学习方法之前，建立一个基于常识的基准方法是很有用的；同样，在开始研究复杂且计算代价很高的模型（比如 RNN）之前，尝试使用简单且计算代价低的机器学习模型也是很有用的，比如小型的密集连接网络。这可以保证进一步增加问题的复杂度是合理的，并且会带来真正的好处。

代码清单 6-37 给出了一个密集连接模型，首先将数据展平，然后通过两个 Dense 层并运行。注意，最后一个 Dense 层没有使用激活函数，这对于回归问题是很常见的。我们使用 MAE 作为损失。评估数据和评估指标都与常识方法完全相同，所以可以直接比较两种方法的结果。

```
from keras.models import Sequential
from keras import layers
from keras.optimizers import RMSprop

model = Sequential()
model.add(layers.Flatten(input_shape=(lookback // step, float_data.shape[-1])))
model.add(layers.Dense(32, activation='relu'))
model.add(layers.Dense(1))
```

```
model.compile(optimizer=RMSprop(), loss='mae')
history = model.fit_generator(train_gen,
                              steps_per_epoch=500,
                              epochs=20,
                              validation_data=val_gen,
                              validation_steps=val_steps)
```

我们来显示验证和训练的损失曲线（见图 6-20）。

代码清单 6-38 绘制结果

```
import matplotlib.pyplot as plt

loss = history.history['loss']
val_loss = history.history['val_loss']

epochs = range(1, len(loss) + 1)

plt.figure()

plt.plot(epochs, loss, 'bo', label='Training loss')
plt.plot(epochs, val_loss, 'b', label='Validation loss')
plt.title('Training and validation loss')
plt.legend()

plt.show()
```

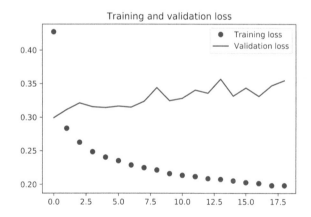

图 6-20 简单的密集连接网络在耶拿温度预测任务上的训练损失和验证损失

部分验证损失接近不包含学习的基准方法，但这个结果并不可靠。这也展示了首先建立这个基准方法的优点，事实证明，超越这个基准并不容易。我们的常识中包含了大量有价值的信息，而机器学习模型并不知道这些信息。

你可能会问，如果从数据到目标之间存在一个简单且表现良好的模型（即基于常识的基准方法），那为什么我们训练的模型没有找到这个模型并进一步改进呢？原因在于，这个简单的解决方案并不是训练过程所要寻找的目标。我们在模型空间（即假设空间）中搜索解决方案，这个模型空间是具有我们所定义的架构的所有两层网络组成的空间。这些网络已经相当复杂了。如果你在一个复杂模型的空间中寻找解决方案，那么可能无法学到简单且性能良好的基准方法，虽然技术上来说它属于假设空间的一部分。通常来说，这对机器学习是一个非常重要的限制：如果学习算法没有被硬编码要求去寻找特定类型的简单模型，那么有时候参数学习是无法找到简单问题的简单解决方案的。

6.3.5　第一个循环网络基准

第一个全连接方法的效果并不好，但这并不意味着机器学习不适用于这个问题。前一个方法首先将时间序列展平，这从输入数据中删除了时间的概念。我们来看一下数据本来的样子：它是一个序列，其中因果关系和顺序都很重要。我们将尝试一种循环序列处理模型，它应该特别适合这种序列数据，因为它利用了数据点的时间顺序，这与第一个方法不同。

我们将使用 Chung 等人在 2014 年开发的 GRU 层①，而不是上一节介绍的 LSTM 层。门控循环单元（GRU，gated recurrent unit）层的工作原理与 LSTM 相同。但它做了一些简化，因此运行的计算代价更低（虽然表示能力可能不如 LSTM）。机器学习中到处可以见到这种计算代价与表示能力之间的折中。

代码清单 6-39　训练并评估一个基于 GRU 的模型

```
from keras.models import Sequential
from keras import layers
from keras.optimizers import RMSprop

model = Sequential()
model.add(layers.GRU(32, input_shape=(None, float_data.shape[-1])))
model.add(layers.Dense(1))

model.compile(optimizer=RMSprop(), loss='mae')
history = model.fit_generator(train_gen,
                              steps_per_epoch=500,
                              epochs=20,
                              validation_data=val_gen,
                              validation_steps=val_steps)
```

图 6-21 显示了模型结果。效果好多了！远优于基于常识的基准方法。这证明了机器学习的价值，也证明了循环网络与序列展平的密集网络相比在这种任务上的优势。

---

① CHUNG J, GULCEHRE C, CHO K, et al. Empirical evaluation of gated recurrent neural networks on sequence modeling. [C]//Conference on Neural Information Processing Systems, 2014.

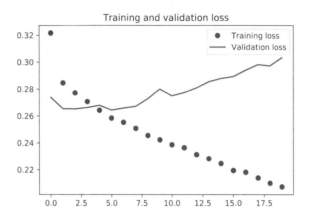

图 6-21　使用 GRU 在耶拿温度预测任务上的训练损失和验证损失

新的验证 MAE 约为 0.265（在开始显著过拟合之前），反标准化转换成温度的平均绝对误差为 2.35℃。与最初的误差 2.57℃相比，这个结果确实有所提高，但可能仍有改进的空间。

6.3.6　使用循环 dropout 来降低过拟合

从训练和验证曲线中可以明显看出，模型出现过拟合：几轮过后，训练损失和验证损失就开始显著偏离。我们已经学过降低过拟合的一种经典技术——dropout，即将某一层的输入单元随机设为 0，其目的是打破该层训练数据中的偶然相关性。但在循环网络中如何正确地使用 dropout，这并不是一个简单的问题。人们早就知道，在循环层前面应用 dropout，这种正则化会妨碍学习过程，而不是有所帮助。2015 年，在关于贝叶斯深度学习的博士论文中[①]，Yarin Gal 确定了在循环网络中使用 dropout 的正确方法：对每个时间步应该使用相同的 dropout 掩码（dropout mask，相同模式的舍弃单元），而不是让 dropout 掩码随着时间步的增加而随机变化。此外，为了对 GRU、LSTM 等循环层得到的表示做正则化，应该将不随时间变化的 dropout 掩码应用于层的内部循环激活（叫作**循环 dropout 掩码**）。对每个时间步使用相同的 dropout 掩码，可以让网络沿着时间正确地传播其学习误差，而随时间随机变化的 dropout 掩码则会破坏这个误差信号，并且不利于学习过程。

Yarin Gal 使用 Keras 开展这项研究，并帮助将这种机制直接内置到 Keras 循环层中。Keras 的每个循环层都有两个与 dropout 相关的参数：一个是 `dropout`，它是一个浮点数，指定该层输入单元的 dropout 比率；另一个是 `recurrent_dropout`，指定循环单元的 dropout 比率。我们向 GRU 层中添加 dropout 和循环 dropout，看一下这么做对过拟合的影响。因为使用 dropout 正则化的网络总是需要更长的时间才能完全收敛，所以网络训练轮次增加为原来的 2 倍。

代码清单 6-40   训练并评估一个使用 dropout 正则化的基于 GRU 的模型

```
from keras.models import Sequential
from keras import layers
from keras.optimizers import RMSprop

model = Sequential()
model.add(layers.GRU(32,
                     dropout=0.2,
                     recurrent_dropout=0.2,
                     input_shape=(None, float_data.shape[-1])))
model.add(layers.Dense(1))

model.compile(optimizer=RMSprop(), loss='mae')
history = model.fit_generator(train_gen,
                              steps_per_epoch=500,
                              epochs=40,
                              validation_data=val_gen,
                              validation_steps=val_steps)
```

结果如图 6-22 所示。成功！前 30 个轮次不再过拟合。不过，虽然评估分数更加稳定，但最佳分数并没有比之前低很多。

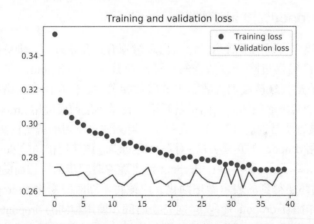

图 6-22   使用 dropout 正则化的 GRU 在耶拿温度预测任务上的训练损失和验证损失

6.3.7   循环层堆叠

模型不再过拟合，但似乎遇到了性能瓶颈，所以我们应该考虑增加网络容量。回想一下机器学习的通用工作流程：增加网络容量通常是一个好主意，直到过拟合变成主要的障碍（假设你已经采取基本步骤来降低过拟合，比如使用 dropout）。只要过拟合不是太严重，那么很可能是容量不足的问题。

增加网络容量的通常做法是增加每层单元数或增加层数。循环层堆叠（recurrent layer stacking）是构建更加强大的循环网络的经典方法，例如，目前谷歌翻译算法就是 7 个大型

LSTM 层的堆叠——这个架构很大。

在 Keras 中逐个堆叠循环层，所有中间层都应该返回完整的输出序列（一个 3D 张量），而不是只返回最后一个时间步的输出。这可以通过指定 return_sequences=True 来实现。

代码清单 6-41　训练并评估一个使用 dropout 正则化的堆叠 GRU 模型

```
from keras.models import Sequential
from keras import layers
from keras.optimizers import RMSprop

model = Sequential()
model.add(layers.GRU(32,
                     dropout=0.1,
                     recurrent_dropout=0.5,
                     return_sequences=True,
                     input_shape=(None, float_data.shape[-1])))
model.add(layers.GRU(64, activation='relu',
                     dropout=0.1,
                     recurrent_dropout=0.5))
model.add(layers.Dense(1))

model.compile(optimizer=RMSprop(), loss='mae')
history = model.fit_generator(train_gen,
                              steps_per_epoch=500,
                              epochs=40,
                              validation_data=val_gen,
                              validation_steps=val_steps)
```

结果如图 6-23 所示。可以看到，添加一层的确对结果有所改进，但并不显著。我们可以得出两个结论。

❑ 因为过拟合仍然不是很严重，所以可以放心地增大每层的大小，以进一步改进验证损失。但这么做的计算成本很高。

❑ 添加一层后模型并没有显著改进，所以你可能发现，提高网络能力的回报在逐渐减小。

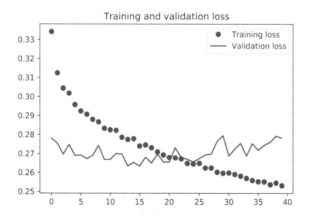

图 6-23　堆叠 GRU 网络在耶拿温度预测任务上的训练损失和验证损失

6.3.8　使用双向 RNN

本节介绍的最后一种方法叫作**双向 RNN**（bidirectional RNN）。双向 RNN 是一种常见的 RNN 变体，它在某些任务上的性能比普通 RNN 更好。它常用于自然语言处理，可谓深度学习对自然语言处理的瑞士军刀。

RNN 特别依赖于顺序或时间，RNN 按顺序处理输入序列的时间步，而打乱时间步或反转时间步会完全改变 RNN 从序列中提取的表示。正是由于这个原因，如果顺序对问题很重要（比如温度预测问题），RNN 的表现会很好。双向 RNN 利用了 RNN 的顺序敏感性：它包含两个普通 RNN，比如你已经学过的 GRU 层和 LSTM 层，每个 RN 分别沿一个方向对输入序列进行处理（时间正序和时间逆序），然后将它们的表示合并在一起。通过沿这两个方向处理序列，双向 RNN 能够捕捉到可能被单向 RNN 忽略的模式。

值得注意的是，本节的 RNN 层都是按时间正序处理序列（更早的时间步在前），这可能是一个随意的决定。至少，至今我们还没有尝试质疑这个决定。如果 RNN 按时间逆序处理输入序列（更晚的时间步在前），能否表现得足够好呢？我们在实践中尝试一下这种方法，看一下会发生什么。你只需要编写一个数据生成器的变体，将输入序列沿着时间维度反转（即将最后一行代码替换为 `yield samples[:, ::-1, :], targets`）。本节第一个实验用到了一个单 GRU 层的网络，我们训练一个与之相同的网络，得到的结果如图 6-24 所示。

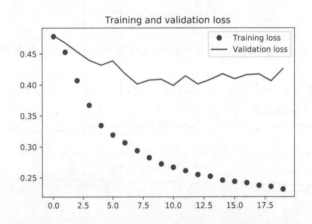

图 6-24　对于耶拿温度预测任务，GRU 在逆序序列上训练得到的训练损失和验证损失

逆序 GRU 的效果甚至比基于常识的基准方法还要差很多，这说明在本例中，按时间正序处理对成功解决问题很重要。这非常合理：GRU 层通常更善于记住最近的数据，而不是久远的数据，与更早的数据点相比，更靠后的天气数据点对问题自然具有更高的预测能力（这也是基于常识的基准方法非常强大的原因）。因此，按时间正序的模型必然会优于时间逆序的模型。重要的是，对许多其他问题（包括自然语言）而言，情况并不是这样：直觉上来看，一个单词对理解句子的重要性通常并不取决于它在句子中的位置。我们尝试对 6.2 节 IMDB 示例中的 LSTM 应用相同的技巧。

代码清单 6-42　使用逆序序列训练并评估一个 LSTM

```
from keras.datasets import imdb
from keras.preprocessing import sequence
from keras import layers
from keras.models import Sequential

max_features = 10000      ←── 作为特征的单词个数
maxlen = 500   ←──

(x_train, y_train), (x_test, y_test) = imdb.load_data(
    num_words=max_features)   ←── 加载数据

x_train = [x[::-1] for x in x_train]
x_test = [x[::-1] for x in x_test]

x_train = sequence.pad_sequences(x_train, maxlen=maxlen)
x_test = sequence.pad_sequences(x_test, maxlen=maxlen)

model = Sequential()
model.add(layers.Embedding(max_features, 128))
model.add(layers.LSTM(32))
model.add(layers.Dense(1, activation='sigmoid'))

model.compile(optimizer='rmsprop',
              loss='binary_crossentropy',
              metrics=['acc'])

history = model.fit(x_train, y_train,
                    epochs=10,
                    batch_size=128,
                    validation_split=0.2)
```

在这么多单词之后截断文本（这些单词都属于前 **max_features** 个最常见的单词）

将序列反转

填充序列

　　模型性能与正序 LSTM 几乎相同。值得注意的是，在这样一个文本数据集上，逆序处理的效果与正序处理一样好，这证实了一个假设：虽然单词顺序对理解语言很重要，但使用哪种顺序并不重要。重要的是，在逆序序列上训练的 RNN 学到的表示不同于在原始序列上学到的表示，正如在现实世界中，如果时间倒流（你的人生是第一天死去、最后一天出生），那么你的心智模型也会完全不同。在机器学习中，如果一种数据表示**不同但有用**，那么总是值得加以利用，这种表示与其他表示的差异越大越好，它们提供了查看数据的全新角度，抓住了数据中被其他方法忽略的内容，因此可以提高模型在某个任务上的性能。这是**集成**（ensembling）方法背后的直觉，我们将在第 7 章介绍集成的概念。

　　双向 RNN 正是利用这个想法来提高正序 RNN 的性能。它从两个方向查看数据（见图 6-25），从而得到更加丰富的表示，并捕捉到仅使用正序 RNN 时可能忽略的一些模式。

6

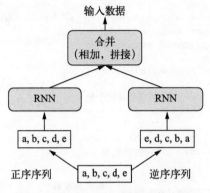

图 6-25 双向 RNN 层的工作原理

在 Keras 中将一个双向 RNN 实例化，我们需要使用 Bidirectional 层，它的第一个参数是一个循环层实例。Bidirectional 对这个循环层创建了第二个单独实例，然后使用一个实例按正序处理输入序列，另一个实例按逆序处理输入序列。我们在 IMDB 情感分析任务上来试一下这种方法。

代码清单 6-43　训练并评估一个双向 LSTM

```
model = Sequential()
model.add(layers.Embedding(max_features, 32))
model.add(layers.Bidirectional(layers.LSTM(32)))
model.add(layers.Dense(1, activation='sigmoid'))

model.compile(optimizer='rmsprop', loss='binary_crossentropy', metrics=['acc'])
history = model.fit(x_train, y_train,
                    epochs=10,
                    batch_size=128,
                    validation_split=0.2)
```

这个模型的表现比上一节的普通 LSTM 略好，验证精度超过 89%。这个模型似乎也很快就开始过拟合，这并不令人惊讶，因为双向层的参数个数是正序 LSTM 的 2 倍。添加一些正则化，双向方法在这个任务上可能会有很好的表现。

接下来，我们尝试将相同的方法应用于温度预测任务。

代码清单 6-44　训练一个双向 GRU

```
from keras.models import Sequential
from keras import layers
from keras.optimizers import RMSprop

model = Sequential()
model.add(layers.Bidirectional(
    layers.GRU(32), input_shape=(None, float_data.shape[-1])))
model.add(layers.Dense(1))

model.compile(optimizer=RMSprop(), loss='mae')
```

```
history = model.fit_generator(train_gen,
                              steps_per_epoch=500,
                              epochs=40,
                              validation_data=val_gen,
                              validation_steps=val_steps)
```

这个模型的表现与普通 GRU 层差不多一样好。其原因很容易理解：所有的预测能力肯定都来自于正序的那一半网络，因为我们已经知道，逆序的那一半在这个任务上的表现非常糟糕（本例同样是因为，最近的数据比久远的数据更加重要）。

6.3.9 更多尝试

为了提高温度预测问题的性能，你还可以尝试下面这些方法。

❑ 在堆叠循环层中调节每层的单元个数。当前取值在很大程度上是任意选择的，因此可能不是最优的。

❑ 调节 RMSprop 优化器的学习率。

❑ 尝试使用 LSTM 层代替 GRU 层。

❑ 在循环层上面尝试使用更大的密集连接回归器，即更大的 Dense 层或 Dense 层的堆叠。

❑ 不要忘记最后在测试集上运行性能最佳的模型（即验证 MAE 最小的模型）。否则，你开发的网络架构将会对验证集过拟合。

正如前面所说，深度学习是一门艺术而不是科学。我们可以提供指导，对于给定问题哪些方法可能有用、哪些方法可能没用，但归根结底，每个问题都是独一无二的，你必须根据经验对不同的策略进行评估。目前没有任何理论能够提前准确地告诉你，应该怎么做才能最优地解决问题。你必须不断迭代。

6.3.10 小结

下面是你应该从本节中学到的要点。

❑ 我们在第 4 章学过，遇到新问题时，最好首先为你选择的指标建立一个基于常识的基准。如果没有需要打败的基准，那么就无法分辨是否取得了真正的进步。

❑ 在尝试计算代价较高的模型之前，先尝试一些简单的模型，以此证明增加计算代价是有意义的。有时简单模型就是你的最佳选择。

❑ 如果时间顺序对数据很重要，那么循环网络是一种很适合的方法，与那些先将时间数据展平的模型相比，其性能要更好。

❑ 想要在循环网络中使用 dropout，你应该使用一个不随时间变化的 dropout 掩码与循环 dropout 掩码。这二者都内置于 Keras 的循环层中，所以你只需要使用循环层的 dropout 和 recurrent_dropout 参数即可。

❑ 与单个 RNN 层相比，堆叠 RNN 的表示能力更加强大。但它的计算代价也更高，因此不一定总是需要。虽然它在机器翻译等复杂问题上很有效，但在较小、较简单的问题上可能不一定有用。

❏ 双向 RNN 从两个方向查看一个序列，它对自然语言处理问题非常有用。但如果在序列数据中最近的数据比序列开头包含更多的信息，那么这种方法的效果就不明显。

注意　有两个重要的概念我们这里没有详细介绍：循环注意（recurrent attention）和序列掩码（sequence masking）。这两个概念通常对自然语言处理特别有用，但并不适用于温度预测问题。你可以在学完本书后对其做进一步研究。

> **市场与机器学习**
>
> 　　有些读者肯定想要采用我们这里介绍的方法，并尝试将其应用于预测股票市场上证券的未来价格（或货币汇率等）。市场的统计特征与天气模式等自然现象有**很大差别**。如果你只能访问公开可用的数据，那么想要用机器学习来打败市场是一项非常困难的任务，你很可能会白白浪费时间和资源，却什么也得不到。
>
> 　　永远要记住，面对市场时，过去的表现并**不能**很好地预测未来的收益，正如靠观察后视镜是没办法开车的。与此相对的是，如果在数据集中过去能够很好地预测未来，那么机器学习非常适合用于这种数据集。

6.4　用卷积神经网络处理序列

第 5 章我们学习了卷积神经网络（convnet），并知道它在计算机视觉问题上表现出色，原因在于它能够进行**卷积**运算，从局部输入图块中提取特征，并能够将表示模块化，同时可以高效地利用数据。这些性质让卷积神经网络在计算机视觉领域表现优异，同样也让它对序列处理特别有效。时间可以被看作一个空间维度，就像二维图像的高度或宽度。

对于某些序列处理问题，这种一维卷积神经网络的效果可以媲美 RNN，而且计算代价通常要小很多。最近，一维卷积神经网络［通常与空洞卷积核（dilated kernel）一起使用］已经在音频生成和机器翻译领域取得了巨大成功。除了这些具体的成就，人们还早已知道，对于文本分类和时间序列预测等简单任务，小型的一维卷积神经网络可以替代 RNN，而且速度更快。

6.4.1　理解序列数据的一维卷积

前面介绍的卷积层都是二维卷积，从图像张量中提取二维图块并对每个图块应用相同的变换。按照同样的方法，你也可以使用一维卷积，从序列中提取局部一维序列段（即子序列），见图 6-26。

这种一维卷积层可以识别序列中的局部模式。因为对每个序列段执行相同的输入变换，所以在句子中某个位置学到的模式稍后可以在其他位置被识别，这使得一维卷积神经网络具有平移不变性（对于时间平移而言）。举个例子，使用大小为 5 的卷积窗口处理字符序列的一维卷积神经网络，应该能够学习长度不大于 5 的单词或单词片段，并且应该能够在输入句子中的任何位置识别这些单词或单词段。因此，字符级的一维卷积神经网络能够学会单词构词法。

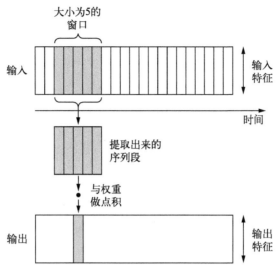

图 6-26　一维卷积神经网络的工作原理：每个输出时间步都是利用输入序列
在时间维度上的一小段得到的

6.4.2　序列数据的一维池化

你已经学过二维池化运算，比如二维平均池化和二维最大池化，在卷积神经网络中用于对图像张量进行空间下采样。一维也可以做相同的池化运算：从输入中提取一维序列段（即子序列），然后输出其最大值（最大池化）或平均值（平均池化）。与二维卷积神经网络一样，该运算也是用于降低一维输入的长度（**子采样**）。

6.4.3　实现一维卷积神经网络

Keras 中的一维卷积神经网络是 Conv1D 层，其接口类似于 Conv2D。它接收的输入是形状为 (samples, time, features) 的三维张量，并返回类似形状的三维张量。卷积窗口是时间轴上的一维窗口（时间轴是输入张量的第二个轴）。

我们来构建一个简单的两层一维卷积神经网络，并将其应用于我们熟悉的 IMDB 情感分类任务。提醒一下，获取数据并预处理的代码如下所示。

代码清单 6-45　准备 IMDB 数据

```
from keras.datasets import imdb
from keras.preprocessing import sequence

max_features = 10000
max_len = 500
```

```
print('Loading data...')
(x_train, y_train), (x_test, y_test) = imdb.load_data(num_words=max_features)
print(len(x_train), 'train sequences')
print(len(x_test), 'test sequences')

print('Pad sequences (samples x time)')
x_train = sequence.pad_sequences(x_train, maxlen=max_len)
x_test = sequence.pad_sequences(x_test, maxlen=max_len)
print('x_train shape:', x_train.shape)
print('x_test shape:', x_test.shape)
```

一维卷积神经网络的架构与第 5 章的二维卷积神经网络相同，它是 Conv1D 层和 MaxPooling1D 层的堆叠，最后是一个全局池化层或 Flatten 层，将三维输出转换为二维输出，让你可以向模型中添加一个或多个 Dense 层，用于分类或回归。

不过二者有一点不同：一维卷积神经网络可以使用更大的卷积窗口。对于二维卷积层，3×3 的卷积窗口包含 $3 \times 3 = 9$ 个特征向量；但对于一位卷积层，大小为 3 的卷积窗口只包含 3 个卷积向量。因此，你可以轻松使用大小等于 7 或 9 的一维卷积窗口。

用于 IMDB 数据集的一维卷积神经网络示例如下所示。

代码清单 6-46　在 IMDB 数据上训练并评估一个简单的一维卷积神经网络

```
from keras.models import Sequential
from keras import layers
from keras.optimizers import RMSprop

model = Sequential()
model.add(layers.Embedding(max_features, 128, input_length=max_len))
model.add(layers.Conv1D(32, 7, activation='relu'))
model.add(layers.MaxPooling1D(5))
model.add(layers.Conv1D(32, 7, activation='relu'))
model.add(layers.GlobalMaxPooling1D())
model.add(layers.Dense(1))

model.summary()

model.compile(optimizer=RMSprop(lr=1e-4),
              loss='binary_crossentropy',
              metrics=['acc'])
history = model.fit(x_train, y_train,
                    epochs=10,
                    batch_size=128,
                    validation_split=0.2)
```

图 6-27 和图 6-28 给出了模型的训练结果和验证结果。验证精度略低于 LSTM，但在 CPU 和 GPU 上的运行速度都要更快（速度提高多少取决于具体配置，会有很大差异）。现在，你可以使用正确的轮数（4 轮）重新训练这个模型，然后在测试集上运行。这个结果可以让我们确信，在单词级的情感分类任务上，一维卷积神经网络可以替代循环网络，并且速度更快、计算代价更低。

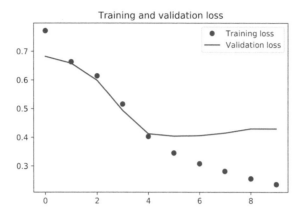

图 6-27　简单的一维卷积神经网络在 IMDB 数据上的训练损失和验证损失

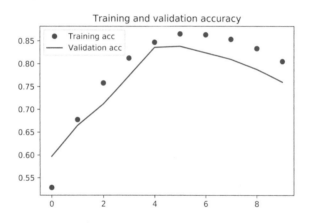

图 6-28　简单的一维卷积神经网络在 IMDB 数据上的训练精度和验证精度

6.4.4　结合 CNN 和 RNN 来处理长序列

一维卷积神经网络分别处理每个输入序列段，所以它对时间步的顺序不敏感（这里所说顺序的范围要大于局部尺度，即大于卷积窗口的大小），这一点与 RNN 不同。当然，为了识别更长期的模式，你可以将许多卷积层和池化层堆叠在一起，这样上面的层能够观察到原始输入中更长的序列段，但这仍然不是一种引入顺序敏感性的好方法。想要证明这种方法的不足，一种方法是在温度预测问题上使用一维卷积神经网络，在这个问题中顺序敏感性对良好的预测结果非常关键。以下示例复用了前面定义的这些变量：float_data、train_gen、val_gen 和 val_steps。

代码清单 6-47   在耶拿数据上训练并评估一个简单的一维卷积神经网络

```
from keras.models import Sequential
from keras import layers
from keras.optimizers import RMSprop

model = Sequential()
model.add(layers.Conv1D(32, 5, activation='relu',
                        input_shape=(None, float_data.shape[-1])))
model.add(layers.MaxPooling1D(3))
model.add(layers.Conv1D(32, 5, activation='relu'))
model.add(layers.MaxPooling1D(3))
model.add(layers.Conv1D(32, 5, activation='relu'))
model.add(layers.GlobalMaxPooling1D())
model.add(layers.Dense(1))

model.compile(optimizer=RMSprop(), loss='mae')
history = model.fit_generator(train_gen,
                              steps_per_epoch=500,
                              epochs=20,
                              validation_data=val_gen,
                              validation_steps=val_steps)
```

图 6-29 给出了训练和验证的 MAE。

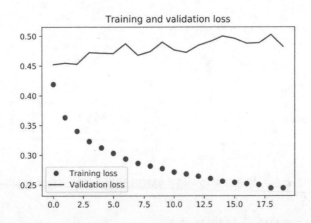

图 6-29   简单的一维卷积神经网络在耶拿温度预测任务上的训练损失和验证损失

　　验证 MAE 停留在 0.4~0.5，使用小型卷积神经网络甚至无法击败基于常识的基准方法。同样，这是因为卷积神经网络在输入时间序列的所有位置寻找模式，它并不知道所看到某个模式的时间位置（距开始多长时间，距结束多长时间等）。对于这个具体的预测问题，对最新数据点的解释与对较早数据点的解释应该并不相同，所以卷积神经网络无法得到有意义的结果。卷积神经网络的这种限制对于 IMDB 数据来说并不是问题，因为对于与正面情绪或负面情绪相关联的关键词模式，无论出现在输入句子中的什么位置，它所包含的信息量是一样的。

要想结合卷积神经网络的速度和轻量与 RNN 的顺序敏感性,一种方法是在 RNN 前面使用一维卷积神经网络作为预处理步骤(见图 6-30)。对于那些非常长,以至于 RNN 无法处理的序列(比如包含上千个时间步的序列),这种方法尤其有用。卷积神经网络可以将长的输入序列转换为高级特征组成的更短序列(下采样)。然后,提取的特征组成的这些序列成为网络中 RNN 的输入。

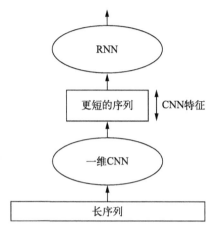

图 6-30 结合一维 CNN 和 RNN 来处理长序列

这种方法在研究论文和实际应用中并不多见,可能是因为很多人并不知道。这种方法非常有效,应该被更多人使用。我们尝试将其应用于温度预测数据集。因为这种方法允许操作更长的序列,所以我们可以查看更早的数据(通过增大数据生成器的 lookback 参数)或查看分辨率更高的时间序列(通过减小生成器的 step 参数)。这里我们任意地将 step 减半,得到时间序列的长度变为之前的两倍,温度数据的采样频率变为每 30 分钟一个数据点。本示例复用了之前定义的 generator 函数。

代码清单 6-48 为耶拿数据集准备更高分辨率的数据生成器

```
step = 3            ◁─
lookback = 720         │ 保持不变
delay = 144         ◁─

train_gen = generator(float_data,
                      lookback=lookback,
                      delay=delay,
                      min_index=0,
                      max_index=200000,
                      shuffle=True,
                      step=step)
val_gen = generator(float_data,
                    lookback=lookback,
                    delay=delay,
                    min_index=200001,
                    max_index=300000,
                    step=step)
```

之前设置为 6(每小时一个数据点),现在设置为 3(每 30 分钟一个数据点)

```
test_gen = generator(float_data,
                      lookback=lookback,
                      delay=delay,
                      min_index=300001,
                      max_index=None,
                      step=step)
val_steps = (300000 - 200001 - lookback) // 128
test_steps = (len(float_data) - 300001 - lookback) // 128
```

下面是模型，开始是两个 Conv1D 层，然后是一个 GRU 层。模型结果如图 6-31 所示。

```
from keras.models import Sequential
from keras import layers
from keras.optimizers import RMSprop

model = Sequential()
model.add(layers.Conv1D(32, 5, activation='relu',
                        input_shape=(None, float_data.shape[-1])))
model.add(layers.MaxPooling1D(3))
model.add(layers.Conv1D(32, 5, activation='relu'))
model.add(layers.GRU(32, dropout=0.1, recurrent_dropout=0.5))
model.add(layers.Dense(1))

model.summary()

model.compile(optimizer=RMSprop(), loss='mae')
history = model.fit_generator(train_gen,
                              steps_per_epoch=500,
                              epochs=20,
                              validation_data=val_gen,
                              validation_steps=val_steps)
```

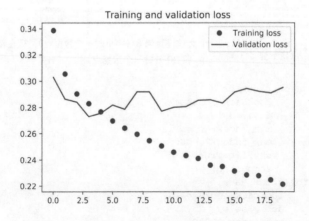

图 6-31　一维卷积神经网络 +GRU 在耶拿温度预测任务上的训练损失和验证损失

从验证损失来看，这种架构的效果不如只用正则化 GRU，但速度要快很多。它查看了两倍的数据量，在本例中可能不是非常有用，但对于其他数据集可能非常重要。

6.4.5　小结

下面是你应该从本节中学到的要点。

- 二维卷积神经网络在二维空间中处理视觉模式时表现很好，与此相同，一维卷积神经网络在处理时间模式时表现也很好。对于某些问题，特别是自然语言处理任务，它可以替代 RNN，并且速度更快。
- 通常情况下，一维卷积神经网络的架构与计算机视觉领域的二维卷积神经网络很相似，它将 Conv1D 层和 MaxPooling1D 层堆叠在一起，最后是一个全局池化运算或展平操作。
- 因为 RNN 在处理非常长的序列时计算代价很大，但一维卷积神经网络的计算代价很小，所以在 RNN 之前使用一维卷积神经网络作为预处理步骤是一个好主意，这样可以使序列变短，并提取出有用的表示交给 RNN 来处理。

本章总结

- 你在本章学到了以下技术，它们广泛应用于序列数据（从文本到时间序列）组成的数据集。
  - 如何对文本分词。
  - 什么是词嵌入，如何使用词嵌入。
  - 什么是循环网络，如何使用循环网络。
  - 如何堆叠 RNN 层和使用双向 RNN，以构建更加强大的序列处理模型。
  - 如何使用一维卷积神经网络来处理序列。
  - 如何结合一维卷积神经网络和 RNN 来处理长序列。
- 你可以用 RNN 进行时间序列回归（"预测未来"）、时间序列分类、时间序列异常检测和序列标记（比如找出句子中的人名或日期）。
- 同样，你可以将一维卷积神经网络用于机器翻译（序列到序列的卷积模型，比如 SliceNet）、文档分类和拼写校正。
- 如果序列数据的**整体顺序很重要**，那么最好使用循环网络来处理。时间序列通常都是这样，最近的数据可能比久远的数据包含更多的信息量。
- 如果整体顺序**没有意义**，那么一维卷积神经网络可以实现同样好的效果，而且计算代价更小。文本数据通常都是这样，在句首发现关键词和在句尾发现关键词一样都很有意义。

6

第7章

高级的深度学习最佳实践

本章包括以下内容：
❑ Keras 函数式 API
❑ 使用 Keras 回调函数
❑ 使用 TensorBoard 可视化工具
❑ 开发最先进模型的重要最佳实践

本章将介绍几种强大的工具，可以让你朝着针对困难问题来开发最先进模型这一目标更近一步。利用 Keras 函数式 API，你可以构建类图（graph-like）模型、在不同的输入之间共享某一层，并且还可以像使用 Python 函数一样使用 Keras 模型。Keras 回调函数和 TensorBoard 基于浏览器的可视化工具，让你可以在训练过程中监控模型。我们还会讨论其他几种最佳实践，包括批标准化、残差连接、超参数优化和模型集成。

7.1 不用 Sequential 模型的解决方案：Keras 函数式 API

到目前为止，本书介绍的所有神经网络都是用 Sequential 模型实现的。Sequential 模型假设，网络只有一个输入和一个输出，而且网络是层的线性堆叠（见图 7-1）。

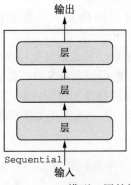

图 7-1 Sequential 模型：层的线性堆叠

这是一个经过普遍验证的假设。这种网络配置非常常见，以至于本书前面只用 Sequential 模型类就能够涵盖许多主题和实际应用。但有些情况下这种假设过于死板。有些网络需要多个独立的输入，有些网络则需要多个输出，而有些网络在层与层之间具有内部分支，这使得网络看起来像是层构成的**图**（graph），而不是层的线性堆叠。

例如，有些任务需要**多模态**（multimodal）输入。这些任务合并来自不同输入源的数据，并使用不同类型的神经层处理不同类型的数据。假设有一个深度学习模型，试图利用下列输入来预测一件二手衣服最可能的市场价格：用户提供的元数据（比如商品品牌、已使用年限等）、用户提供的文本描述与商品照片。如果你只有元数据，那么可以使用 one-hot 编码，然后用密集连接网络来预测价格。如果你只有文本描述，那么可以使用循环神经网络或一维卷积神经网络。如果你只有图像，那么可以使用二维卷积神经网络。但怎么才能同时使用这三种数据呢？一种朴素的方法是训练三个独立的模型，然后对三者的预测做加权平均。但这种方法可能不是最优的，因为模型提取的信息可能存在冗余。更好的方法是使用一个可以同时查看所有可用的输入模态的模型，从而**联合**学习一个更加精确的数据模型——这个模型具有三个输入分支（见图 7-2）。

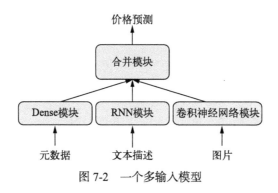

图 7-2　一个多输入模型

同样，有些任务需要预测输入数据的多个目标属性。给定一部小说的文本，你可能希望将它按类别自动分类（比如爱情小说或惊悚小说），同时还希望预测其大致的写作日期。当然，你可以训练两个独立的模型：一个用于划分类别，一个用于预测日期。但由于这些属性并不是统计无关的，你可以构建一个更好的模型，用这个模型来学习同时预测类别和日期。这种联合模型将有两个输出，或者说两个**头**（head，见图 7-3）。因为类别和日期之间具有相关性，所以知道小说的写作日期有助于模型在小说类别的空间中学到丰富而又准确的表示，反之亦然。

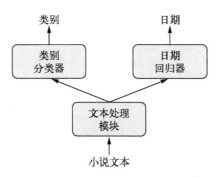

图 7-3　一个多输出（或多头）模型

此外，许多最新开发的神经架构要求非线性的网络拓扑结构，即网络结构为有向无环图。比如，Inception **系列**网络（由 Google 的 Szegedy 等人开发）[1] 依赖于 Inception **模块**，其输入被多个并行的卷积分支所处理，然后将这些分支的输出合并为单个张量（见图 7-4）。最近还有一种趋势是向模型中添加**残差连接**（residual connection），它最早出现于 **ResNet 系列网络**（由微软的何恺明等人开发）[2] 残差连接是将前面的输出张量与后面的输出张量相加，从而将前面的表示重新注入下游数据流中（见图 7-5），这有助于防止信息处理流程中的信息损失。这种类图网络还有许多其他示例。

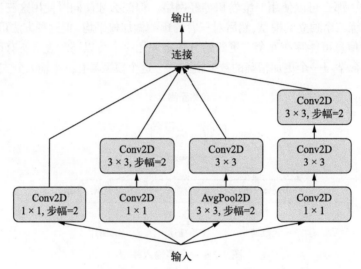

图 7-4   Inception 模块：层组成的子图，具有多个并行卷积分支

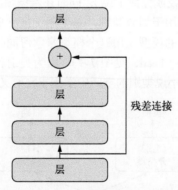

图 7-5   残差连接：通过特征图相加将前面的信息重新注入下游数据

① SZEGEDY C, LIU W, JIA Y. Going deeper with convolutions [C]//Conference on Computer Vision and Pattern Recognition, 2015.

② HE K, ZHANG X, REN S, et al. Deep residual learning for image recognition [C]//Conference on Computer Vision and Pattern Recognition, 2016.

这三个重要的使用案例（多输入模型、多输出模型和类图模型），只用 Keras 中的 Sequential 模型类是无法实现的。但是还有另一种更加通用、更加灵活的使用 Keras 的方式，就是**函数式 API**（functional API）。本节将会详细介绍函数式 API 是什么、能做什么以及如何使用它。

7.1.1　函数式 API 简介

使用函数式 API，你可以直接操作张量，也可以把层当作**函数**来使用，接收张量并返回张量（因此得名函数式 API）。

```
from keras import Input, layers

input_tensor = Input(shape=(32,))    ←── 一个张量

dense = layers.Dense(32, activation='relu')    ←── 一个层是一个函数

output_tensor = dense(input_tensor)
```
可以在一个张量上调用一个层，它会返回一个张量

我们首先来看一个最简单的示例，并列展示一个简单的 Sequential 模型以及对应的函数式 API 实现。

```
from keras.models import Sequential, Model
from keras import layers
from keras import Input

seq_model = Sequential()    ←── 前面学过的 Sequential 模型
seq_model.add(layers.Dense(32, activation='relu', input_shape=(64,)))
seq_model.add(layers.Dense(32, activation='relu'))
seq_model.add(layers.Dense(10, activation='softmax'))

input_tensor = Input(shape=(64,))
x = layers.Dense(32, activation='relu')(input_tensor)
x = layers.Dense(32, activation='relu')(x)
output_tensor = layers.Dense(10, activation='softmax')(x)

model = Model(input_tensor, output_tensor)

model.summary()    ←── 查看模型
```
对应的函数式 API 实现

Model 类将输入张量和输出张量转换为一个模型

调用 model.summary() 的输出如下所示。

Layer (type)	Output Shape	Param #
input_1 (InputLayer)	(None, 64)	0
dense_1 (Dense)	(None, 32)	2080
dense_2 (Dense)	(None, 32)	1056

```
dense_3 (Dense)                    (None, 10)                    330
=================================================================
Total params: 3,466
Trainable params: 3,466
Non-trainable params: 0
```

这里只有一点可能看起来有点神奇，就是将 Model 对象实例化只用了一个输入张量和一个输出张量。Keras 会在后台检索从 input_tensor 到 output_tensor 所包含的每一层，并将这些层组合成一个类图的数据结构，即一个 Model。当然，这种方法有效的原因在于，output_tensor 是通过对 input_tensor 进行多次变换得到的。如果你试图利用不相关的输入和输出来构建一个模型，那么会得到 RuntimeError。

```
>>> unrelated_input = Input(shape=(32,))
>>> bad_model = model = Model(unrelated_input, output_tensor)
RuntimeError: Graph disconnected: cannot
obtain value for tensor Tensor("input_1:0", shape=(?, 64), dtype=float32) at layer
"input_1".
```

这个报错告诉我们，Keras 无法从给定的输出张量到达 input_1。

对这种 Model 实例进行编译、训练或评估时，其 API 与 Sequential 模型相同。

```
model.compile(optimizer='rmsprop', loss='categorical_crossentropy')     ←── 编译模型

import numpy as np     ←──
x_train = np.random.random((1000, 64))          生成用于训练的虚构
y_train = np.random.random((1000, 10))          Numpy 数据

model.fit(x_train, y_train, epochs=10, batch_size=128)     ←── 训练 10 轮模型

score = model.evaluate(x_train, y_train)     ←── 评估模型
```

7.1.2　多输入模型

函数式 API 可用于构建具有多个输入的模型。通常情况下，这种模型会在某一时刻用一个可以组合多个张量的层将不同的输入分支合并，张量组合方式可能是相加、连接等。这通常利用 Keras 的合并运算来实现，比如 keras.layers.add、keras.layers.concatenate 等。我们来看一个非常简单的多输入模型示例——一个问答模型。

典型的问答模型有两个输入：一个自然语言描述的问题和一个文本片段（比如新闻文章），后者提供用于回答问题的信息。然后模型要生成一个回答，在最简单的情况下，这个回答只包含一个词，可以通过对某个预定义的词表做 softmax 得到（见图 7-6）。

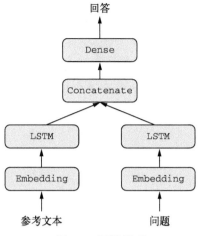

图 7-6　问答模型

　　下面这个示例展示了如何用函数式 API 构建这样的模型。我们设置了两个独立分支，首先将文本输入和问题输入分别编码为表示向量，然后连接这些向量，最后，在连接好的表示上添加一个 softmax 分类器。

代码清单 7-1　用函数式 API 实现双输入问答模型

```
from keras.models import Model
from keras import layers
from keras import Input

text_vocabulary_size = 10000            文本输入是一个长度可变的
question_vocabulary_size = 10000        整数序列。注意，你可以选
answer_vocabulary_size = 500            择对输入进行命名

text_input = Input(shape=(None,), dtype='int32', name='text')   ←

embedded_text = layers.Embedding(
    text_vocabulary_size, 64)(text_input)    ←—— 将输入嵌入长度为 64 的向量

encoded_text = layers.LSTM(32)(embedded_text)    ←—— 利用 LSTM 将向量编码为单个向量

question_input = Input(shape=(None,),
                       dtype='int32',
                       name='question')    ←—— 对问题进行相同的处理（使用不同的层实例）

embedded_question = layers.Embedding(
    question_vocabulary_size, 32)(question_input)
encoded_question = layers.LSTM(16)(embedded_question)

concatenated = layers.concatenate([encoded_text, encoded_question],
                    axis=-1)    ←—— 将编码后的问题和文本连接起来

answer = layers.Dense(answer_vocabulary_size,            在上面添加一个
                 activation='softmax')(concatenated)    ←—— softmax 分类器
```

7

```
model = Model([text_input, question_input], answer)
model.compile(optimizer='rmsprop',
              loss='categorical_crossentropy',
              metrics=['acc'])
```

在模型实例化时，指定
两个输入和输出

接下来要如何训练这个双输入模型呢？有两个可用的 API：我们可以向模型输入一个由
Numpy 数组组成的列表，或者也可以输入一个将输入名称映射为 Numpy 数组的字典。当然，
只有输入具有名称时才能使用后一种方法。

代码清单 7-2   将数据输入到多输入模型中

```
import numpy as np

num_samples = 1000
max_length = 100

text = np.random.randint(1, text_vocabulary_size,
                         size=(num_samples, max_length))

question = np.random.randint(1, question_vocabulary_size,
                             size=(num_samples, max_length))
answers = np.random.randint(answer_vocabulary_size, size=(num_samples))
answers = keras.utils.to_categorical(answers, answer_vocabulary_size)

model.fit([text, question], answers, epochs=10, batch_size=128)

model.fit({'text': text, 'question': question}, answers,
          epochs=10, batch_size=128)
```

生成虚构的 Numpy
数据

回答是 one-hot 编
码的，不是整数

使用输入组成的
列表来拟合

使用输入组成的字典来拟合
（只有对输入进行命名之后才
能用这种方法）

7.1.3   多输出模型

利用相同的方法，我们还可以使用函数式 API 来构建具有多个输出（或多头）的模型。一
个简单的例子就是一个网络试图同时预测数据的不同性质，比如一个网络，输入某个匿名人士
的一系列社交媒体发帖，然后尝试预测那个人的属性，比如年龄、性别和收入水平（见图 7-7）。

代码清单 7-3   用函数式 API 实现一个三输出模型

```
from keras import layers
from keras import Input
from keras.models import Model

vocabulary_size = 50000
num_income_groups = 10

posts_input = Input(shape=(None,), dtype='int32', name='posts')
embedded_posts = layers.Embedding(vocabulary_size, 256)(posts_input)
x = layers.Conv1D(128, 5, activation='relu')(embedded_posts)
x = layers.MaxPooling1D(5)(x)
```

```
x = layers.Conv1D(256, 5, activation='relu')(x)
x = layers.Conv1D(256, 5, activation='relu')(x)
x = layers.MaxPooling1D(5)(x)
x = layers.Conv1D(256, 5, activation='relu')(x)
x = layers.Conv1D(256, 5, activation='relu')(x)
x = layers.GlobalMaxPooling1D()(x)
x = layers.Dense(128, activation='relu')(x)

age_prediction = layers.Dense(1, name='age')(x)        ←── 注意，输出层都具有名称
income_prediction = layers.Dense(num_income_groups,
                                 activation='softmax',
                                 name='income')(x)
gender_prediction = layers.Dense(1, activation='sigmoid', name='gender')(x)

model = Model(posts_input,
              [age_prediction, income_prediction, gender_prediction])
```

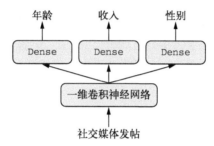

图 7-7　具有三个头的社交媒体模型

重要的是，训练这种模型需要能够对网络的各个头指定不同的损失函数，例如，年龄预测是标量回归任务，而性别预测是二分类任务，二者需要不同的训练过程。但是，梯度下降要求将一个**标量**最小化，所以为了能够训练模型，我们必须将这些损失合并为单个标量。合并不同损失最简单的方法就是对所有损失求和。在 Keras 中，你可以在编译时使用损失组成的列表或字典来为不同输出指定不同损失，然后将得到的损失值相加得到一个全局损失，并在训练过程中将这个损失最小化。

代码清单 7-4　多输出模型的编译选项：多重损失

```
model.compile(optimizer='rmsprop',
              loss=['mse', 'categorical_crossentropy', 'binary_crossentropy'])

model.compile(optimizer='rmsprop',
              loss={'age': 'mse',                                    ⎤ 与上述写法等效（只有输出层
                    'income': 'categorical_crossentropy',           ⎥ 具有名称时才能采用这种写法）
                    'gender': 'binary_crossentropy'})               ⎦
```

注意，严重不平衡的损失贡献会导致模型表示针对单个损失值最大的任务优先进行优化，而不考虑其他任务的优化。为了解决这个问题，我们可以为每个损失值对最终损失的贡献分配不同大小的重要性。如果不同的损失值具有不同的取值范围，那么这一方法尤其有用。比如，用于年龄回归任务的均方误差（MSE）损失值通常在 3~5 左右，而用于性别分类任务的交叉熵

损失值可能低至 0.1。在这种情况下，为了平衡不同损失的贡献，我们可以让交叉熵损失的权重取 10，而 MSE 损失的权重取 0.5。

代码清单 7-5　多输出模型的编译选项：损失加权

```
model.compile(optimizer='rmsprop',
              loss=['mse', 'categorical_crossentropy', 'binary_crossentropy'],
              loss_weights=[0.25, 1., 10.])

model.compile(optimizer='rmsprop',
              loss={'age': 'mse',
                    'income': 'categorical_crossentropy',
                    'gender': 'binary_crossentropy'},
              loss_weights={'age': 0.25,
                            'income': 1.,
                            'gender': 10.})
```

与上述写法等效（只有输出层具有名称时才能采用这种写法）

与多输入模型相同，多输出模型的训练输入数据可以是 Numpy 数组组成的列表或字典。

代码清单 7-6　将数据输入到多输出模型中

```
model.fit(posts, [age_targets, income_targets, gender_targets],
          epochs=10, batch_size=64)

model.fit(posts, {'age': age_targets,
                  'income': income_targets,
                  'gender': gender_targets},
          epochs=10, batch_size=64)
```

与上述写法等效（只有输出层具有名称时才能采用这种写法）

假设 age_targets、income_targets 和 gender_targets 都是 Numpy 数组

7.1.4　层组成的有向无环图

利用函数式 API，我们不仅可以构建多输入和多输出的模型，而且还可以实现具有复杂的内部拓扑结构的网络。Keras 中的神经网络可以是层组成的任意**有向无环图**（directed acyclic graph）。**无环**（acyclic）这个限定词很重要，即这些图不能有循环。张量 x 不能成为生成 x 的某一层的输入。唯一允许的处理循环（即循环连接）是循环层的内部循环。

一些常见的神经网络组件都以图的形式实现。两个著名的组件是 Inception 模块和残差连接。为了更好地理解如何使用函数式 API 来构建层组成的图，我们来看一下如何用 Keras 实现这二者。

1. Inception 模块

Inception 是一种流行的卷积神经网络的架构类型，它由 Google 的 Christian Szegedy 及其同事在 2013—2014 年开发，其灵感来源于早期的 **network-in-network** 架构。[1] 它是模块的堆叠，这些模块本身看起来像是小型的独立网络，被分为多个并行分支。Inception 模块最基本的形式包含 3~4 个分支，首先是一个 1×1 的卷积，然后是一个 3×3 的卷积，最后将所得到的特征连接在一起。这种设置有助于网络分别学习空间特征和逐通道的特征，这比联合学习这两种特征更加有效。Inception 模块也可能具有更复杂的形式，通常会包含池化运算、不同尺寸的空间卷积

---
[1] LIN M, CHEN Q, YAN S. Network in network [C]//International Conference on Learning Representations, 2014.

（比如在某些分支上使用 5×5 的卷积代替 3×3 的卷积）和不包含空间卷积的分支（只有一个 1×1 卷积）。图 7-8 给出了这种模块的一个示例，它来自于 Inception V3。

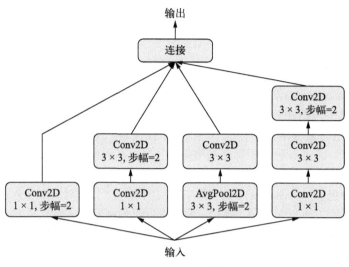

图 7-8　Inception 模块

1×1 卷积的作用

我们已经知道，卷积能够在输入张量的每一个方块周围提取空间图块，并对所有图块应用相同的变换。极端情况是提取的图块只包含一个方块。这时卷积运算等价于让每个方块向量经过一个 Dense 层：它计算得到的特征能够将输入张量通道中的信息混合在一起，但不会将跨空间的信息混合在一起（因为它一次只查看一个方块）。这种 1×1 卷积［也叫作**逐点卷积**（pointwise convolution）］是 Inception 模块的特色，它有助于区分开通道特征学习和空间特征学习。如果你假设每个通道在跨越空间时是高度自相关的，但不同的通道之间可能并不高度相关，那么这种做法是很合理的。

使用函数式 API 可以实现图 7-8 中的模块，其代码如下所示。这个例子假设我们有一个四维输入张量 x。

每个分支都有相同的步幅值（2），这对于保持所有分支输出具有
相同的尺寸是很有必要的，这样你才能将它们连接在一起

在这个分支中，空间
卷积层用到了步幅

```
from keras import layers

branch_a = layers.Conv2D(128, 1,
                         activation='relu', strides=2)(x)
branch_b = layers.Conv2D(128, 1, activation='relu')(x)
branch_b = layers.Conv2D(128, 3, activation='relu', strides=2)(branch_b)
```

```
branch_c = layers.AveragePooling2D(3, strides=2)(x)
branch_c = layers.Conv2D(128, 3, activation='relu')(branch_c)
```
在这个分支中，平均
池化层用到了步幅

```
branch_d = layers.Conv2D(128, 1, activation='relu')(x)
branch_d = layers.Conv2D(128, 3, activation='relu')(branch_d)
branch_d = layers.Conv2D(128, 3, activation='relu', strides=2)(branch_d)
```

```
output = layers.concatenate(
    [branch_a, branch_b, branch_c, branch_d], axis=-1)
```
将分支输出连接在一起，
得到模块输出

注意，完整的 Inception V3 架构内置于 Keras 中，位置在 `keras.applications.inception_v3.InceptionV3`，其中包括在 ImageNet 数据集上预训练得到的权重。与其密切相关的另一个模型是 Xception，[①] 它也是 Keras 的 `applications` 模块的一部分。Xception 代表极端 Inception（extreme inception），它是一种卷积神经网络架构，其灵感可能来自于 Inception。Xception 将分别进行通道特征学习与空间特征学习的想法推向逻辑上的极端，并将 Inception 模块替换为深度可分离卷积，其中包括一个逐深度卷积（即一个空间卷积，分别对每个输入通道进行处理）和后面的一个逐点卷积（即一个 1×1 卷积）。这个深度可分离卷积实际上是 Inception 模块的一种极端形式，其空间特征和通道特征被完全分离。Xception 的参数个数与 Inception V3 大致相同，但因为它对模型参数的使用更加高效，所以在 ImageNet 以及其他大规模数据集上的运行性能更好，精度也更高。

2. 残差连接

残差连接（residual connection）是一种常见的类图网络组件，在 2015 年之后的许多网络架构（包括 Xception）中都可以见到。2015 年末，来自微软的何恺明等人在 ILSVRC ImageNet 挑战赛中获胜[②]，其中引入了这一方法。残差连接解决了困扰所有大规模深度学习模型的两个共性问题：梯度消失和表示瓶颈。通常来说，向任何多于 10 层的模型中添加残差连接，都可能会有所帮助。

残差连接是让前面某层的输出作为后面某层的输入，从而在序列网络中有效地创造了一条捷径。前面层的输出没有与后面层的激活连接在一起，而是与后面层的激活相加（这里假设两个激活的形状相同）。如果它们的形状不同，我们可以用一个线性变换将前面层的激活改变成目标形状（例如，这个线性变换可以是不带激活的 `Dense` 层；对于卷积特征图，可以是不带激活 1×1 卷积）。

如果特征图的尺寸相同，在 Keras 中实现残差连接的方法如下，用的是恒等残差连接（identity residual connection）。这个例子假设我们有一个四维输入张量 x。

```
from keras import layers

x = ...
y = layers.Conv2D(128, 3, activation='relu', padding='same')(x)
```
对 x 进行变换

---

① CHOLLET F. Xception: deep learning with depthwise separable convolutions [C]//Conference on Computer Vision and Pattern Recognition, 2017.

② HE K, ZHANG X, REN S, et al. Deep residual learning for image recognition [C]//Conference on Computer Vision and Pattern Recognition, 2016.

```
y = layers.Conv2D(128, 3, activation='relu', padding='same')(y)
y = layers.Conv2D(128, 3, activation='relu', padding='same')(y)

y = layers.add([y, x])    ◀─── 将原始 x 与输出特征相加
```

如果特征图的尺寸不同，实现残差连接的方法如下，用的是线性残差连接（linear residual connection）。同样，假设我们有一个四维输入张量 x。

```
from keras import layers

x = ...
y = layers.Conv2D(128, 3, activation='relu', padding='same')(x)
y = layers.Conv2D(128, 3, activation='relu', padding='same')(y)
y = layers.MaxPooling2D(2, strides=2)(y)

residual = layers.Conv2D(128, 1, strides=2, padding='same')(x)   ◀─── 使用 1×1 卷积，将原始 x 张量线性下采样为与 y 具有相同的形状

y = layers.add([y, residual])    ◀─── 将残差张量与输出特征相加
```

深度学习中的表示瓶颈

在 Sequential 模型中，每个连续的表示层都构建于前一层之上，这意味着它只能访问前一层激活中包含的信息。如果某一层太小（比如特征维度太低），那么模型将会受限于该层激活中能够塞入多少信息。

你可以通过类比信号处理来理解这个概念：假设你有一条包含一系列操作的音频处理流水线，每个操作的输入都是前一个操作的输出，如果某个操作将信号裁剪到低频范围（比如 0~15 kHz），那么下游操作将永远无法恢复那些被丢弃的频段。任何信息的丢失都是永久性的。残差连接可以将较早的信息重新注入到下游数据中，从而部分解决了深度学习模型的这一问题。

深度学习中的梯度消失

反向传播是用于训练深度神经网络的主要算法，其工作原理是将来自输出损失的反馈信号向下传播到更底部的层。如果这个反馈信号的传播需要经过很多层，那么信号可能会变得非常微弱，甚至完全丢失，导致网络无法训练。这个问题被称为梯度消失（vanishing gradient）。

深度网络中存在这个问题，在很长序列上的循环网络也存在这个问题。在这两种情况下，反馈信号的传播都必须通过一长串操作。我们已经知道 LSTM 层是如何在循环网络中解决这个问题的：它引入了一个携带轨道（carry track），可以在与主处理轨道平行的轨道上传播信息。残差连接在前馈深度网络中的工作原理与此类似，但它更加简单：它引入了一个纯线性的信息携带轨道，与主要的层堆叠方向平行，从而有助于跨越任意深度的层来传播梯度。

7.1.5　共享层权重

函数式 API 还有一个重要特性，那就是能够多次重复使用一个层实例。如果你对一个层实例调用两次，而不是每次调用都实例化一个新层，那么每次调用可以重复使用相同的权重。这样你可以构建具有共享分支的模型，即几个分支全都共享相同的知识并执行相同的运算。也就是说，这些分支共享相同的表示，并同时对不同的输入集合学习这些表示。

举个例子，假设一个模型想要评估两个句子之间的语义相似度。这个模型有两个输入（需要比较的两个句子），并输出一个范围在 0~1 的分数，0 表示两个句子毫不相关，1 表示两个句子完全相同或只是换一种表述。这种模型在许多应用中都很有用，其中包括在对话系统中删除重复的自然语言查询。

在这种设置下，两个输入句子是可以互换的，因为语义相似度是一种对称关系，A 相对于 B 的相似度等于 B 相对于 A 的相似度。因此，学习两个单独的模型来分别处理两个输入句子是没有道理的。相反，你需要用一个 LSTM 层来处理两个句子。这个 LSTM 层的表示（即它的权重）是同时基于两个输入来学习的。我们将其称为**连体 LSTM**（Siamese LSTM）或**共享 LSTM**（shared LSTM）模型。

使用 Keras 函数式 API 中的层共享（层重复使用）可以实现这样的模型，其代码如下所示。

```
from keras import layers
from keras import Input
from keras.models import Model

lstm = layers.LSTM(32)        ◁── 将一个 LSTM 层实例化一次

left_input = Input(shape=(None, 128))
left_output = lstm(left_input)

right_input = Input(shape=(None, 128))
right_output = lstm(right_input)

merged = layers.concatenate([left_output, right_output], axis=-1)
predictions = layers.Dense(1, activation='sigmoid')(merged)

model = Model([left_input, right_input], predictions)
model.fit([left_data, right_data], targets)
```

构建模型的左分支：输入是长度 128 的向量组成的变长序列

构建模型的右分支：如果调用已有的层实例，那么就会重复使用它的权重

在上面构建一个分类器

将模型实例化并训练：训练这种模型时，基于两个输入对 LSTM 层的权重进行更新

自然地，一个层实例可能被多次重复使用，它可以被调用任意多次，每次都重复使用一组相同的权重。

7.1.6　将模型作为层

重要的是，在函数式 API 中，可以像使用层一样使用模型。实际上，你可以将模型看作"更

大的层"。Sequential 类和 Model 类都是如此。这意味着你可以在一个输入张量上调用模型,并得到一个输出张量。

```
y = model(x)
```

如果模型具有多个输入张量和多个输出张量,那么应该用张量列表来调用模型。

```
y1, y2 = model([x1, x2])
```

在调用模型实例时,就是在重复使用模型的权重,正如在调用层实例时,就是在重复使用层的权重。调用一个实例,无论是层实例还是模型实例,都会重复使用这个实例已经学到的表示,这很直观。

通过重复使用模型实例可以构建一个简单的例子,就是一个使用双摄像头作为输入的视觉模型:两个平行的摄像头,相距几厘米(一英寸)。这样的模型可以感知深度,这在很多应用中都很有用。你不需要两个单独的模型从左右两个摄像头中分别提取视觉特征,然后再将二者合并。这样的底层处理可以在两个输入之间共享,即通过共享层(使用相同的权重,从而共享相同的表示)来实现。在 Keras 中实现连体视觉模型(共享卷积基)的代码如下所示。

```
from keras import layers
from keras import applications
from keras import Input

xception_base = applications.Xception(weights=None,     ← 图像处理基础模型是 Xception 网络(只包括卷积基)
                                      include_top=False)

left_input = Input(shape=(250, 250, 3))      ← 输入是 250×250 的 RGB 图像
right_input = Input(shape=(250, 250, 3))

left_features = xception_base(left_input)    ← 对相同的视觉模型调用两次
right_input = xception_base(right_input)

merged_features = layers.concatenate(
    [left_features, right_input], axis=-1)   ← 合并后的特征包含来自左右两个视觉输入中的信息
```

7.1.7 小结

以上就是对 Keras 函数式 API 的介绍,它是构建高级深度神经网络架构的必备工具。本节我们学习了以下内容。
- 如果你需要实现的架构不仅仅是层的线性堆叠,那么不要局限于 Sequential API。
- 如何使用 Keras 函数式 API 来构建多输入模型、多输出模型和具有复杂的内部网络拓扑结构的模型。
- 如何通过多次调用相同的层实例或模型实例,在不同的处理分支之间重复使用层或模型的权重。

7.2 使用 Keras 回调函数和 TensorBoard 来检查并监控深度学习模型

本节将介绍在训练过程中如何更好地访问并控制模型内部过程的方法。使用 `model.fit()` 或 `model.fit_generator()` 在一个大型数据集上启动数十轮的训练，有点类似于扔一架纸飞机，一开始给它一点推力，之后你便再也无法控制其飞行轨迹或着陆点。如果想要避免不好的结果（并避免浪费纸飞机），更聪明的做法是不用纸飞机，而是用一架无人机，它可以感知其环境，将数据发回给操纵者，并且能够基于当前状态自主航行。我们下面要介绍的技术，可以让 `model.fit()` 的调用从纸飞机变为智能的自主无人机，可以自我反省并动态地采取行动。

7.2.1 训练过程中将回调函数作用于模型

训练模型时，很多事情一开始都无法预测。尤其是你不知道需要多少轮才能得到最佳验证损失。前面所有例子都采用这样一种策略：训练足够多的轮次，这时模型已经开始过拟合，根据这第一次运行来确定训练所需要的正确轮数，然后使用这个最佳轮数从头开始再启动一次新的训练。当然，这种方法很浪费。

处理这个问题的更好方法是，当观测到验证损失不再改善时就停止训练。这可以使用 Keras 回调函数来实现。回调函数（callback）是在调用 `fit` 时传入模型的一个对象（即实现特定方法的类实例），它在训练过程中的不同时间点都会被模型调用。它可以访问关于模型状态与性能的所有可用数据，还可以采取行动：中断训练、保存模型、加载一组不同的权重或改变模型的状态。

回调函数的一些用法示例如下所示。

- □ **模型检查点**（model checkpointing）：在训练过程中的不同时间点保存模型的当前权重。
- □ **提前终止**（early stopping）：如果验证损失不再改善，则中断训练（当然，同时保存在训练过程中得到的最佳模型）。
- □ **在训练过程中动态调节某些参数值**：比如优化器的学习率。
- □ **在训练过程中记录训练指标和验证指标，或将模型学到的表示可视化（这些表示也在不断更新）**：你熟悉的 Keras 进度条就是一个回调函数！

`keras.callbacks` 模块包含许多内置的回调函数，下面列出了其中一些，但还有很多没有列出来。

```
keras.callbacks.ModelCheckpoint
keras.callbacks.EarlyStopping
keras.callbacks.LearningRateScheduler
keras.callbacks.ReduceLROnPlateau
keras.callbacks.CSVLogger
```

下面介绍其中几个回调函数，让你了解如何使用它们：`ModelCheckpoint`、`EarlyStopping` 和 `ReduceLROnPlateau`。

1. `ModelCheckpoint` 与 `EarlyStopping` 回调函数

如果监控的目标指标在设定的轮数内不再改善，可以用 `EarlyStopping` 回调函数来中断训练。比如，这个回调函数可以在刚开始过拟合的时候就中断训练，从而避免用更少的轮次重新训练模型。这个回调函数通常与 `ModelCheckpoint` 结合使用，后者可以在训练过程中持续不断地保存模型（你也可以选择只保存目前的最佳模型，即一轮结束后具有最佳性能的模型）。

通过 **fit** 的 **callbacks** 参数将回调函数传入模型中，这个参数
接收一个回调函数的列表。你可以传入任意个数的回调函数

```
import keras

callbacks_list = [                          如果不再改善，
    keras.callbacks.EarlyStopping(          就中断训练          监控模型的
        monitor='acc',                                        验证精度          如果精度在多于一轮的时间（即
        patience=1,                                                            两轮）内不再改善，中断训练
    ),
    keras.callbacks.ModelCheckpoint(    ←── 在每轮过后保存当前权重
        filepath='my_model.h5',         ←── 目标模型文件的保存路径
        monitor='val_loss',
        save_best_only=True,                这两个参数的含义是，如果 val_loss 没有改善，那么不需要覆
    )                                       盖模型文件。这就可以始终保存在训练过程中见到的最佳模型
]

model.compile(optimizer='rmsprop',
              loss='binary_crossentropy',
              metrics=['acc'])          ←── 你监控精度，所以它应该是模型指标的一部分

model.fit(x, y,
          epochs=10,                        注意，由于回调函数要监控验证损失
          batch_size=32,                    和验证精度，所以在调用 fit 时需要
          callbacks=callbacks_list,         传入 validation_data（验证数据）
          validation_data=(x_val, y_val))
```

2. ReduceLROnPlateau 回调函数

如果验证损失不再改善，你可以使用这个回调函数来降低学习率。在训练过程中如果出现了**损失平台**（loss plateau），那么增大或减小学习率都是跳出局部最小值的有效策略。下面这个示例使用了 `ReduceLROnPlateau` 回调函数。

```
callbacks_list = [
    keras.callbacks.ReduceLROnPlateau(    监控模型的验证损失
        monitor='val_loss'
        factor=0.1,     ←── 触发时将学习率除以 10
        patience=10,    ←──
    )                       如果验证损失在 10 轮内都没有改善，
]                           那么就触发这个回调函数

model.fit(x, y,
          epochs=10,                        注意，因为回调函数要监控验证损
          batch_size=32,                    失，所以你需要在调用 fit 时传
          callbacks=callbacks_list,         入 validation_data（验证数据）
          validation_data=(x_val, y_val))
```

7

3. 编写你自己的回调函数

如果你需要在训练过程中采取特定行动，而这项行动又没有包含在内置回调函数中，那么可以编写你自己的回调函数。回调函数的实现方式是创建 keras.callbacks.Callback 类的子类。然后你可以实现下面这些方法（从名称中即可看出这些方法的作用），它们分别在训练过程中的不同时间点被调用。

```
on_epoch_begin     <—— 在每轮开始时被调用
on_epoch_end       <—— 在每轮结束时被调用

on_batch_begin     <—— 在处理每个批量之前被调用
on_batch_end       <—— 在处理每个批量之后被调用

on_train_begin     <—— 在训练开始时被调用
on_train_end       <—— 在训练结束时被调用
```

这些方法被调用时都有一个 logs 参数，这个参数是一个字典，里面包含前一个批量、前一个轮次或前一次训练的信息，即训练指标和验证指标等。此外，回调函数还可以访问下列属性。

❑ self.model：调用回调函数的模型实例。

❑ self.validation_data：传入 fit 作为验证数据的值。

下面是一个自定义回调函数的简单示例，它可以在每轮结束后将模型每层的激活保存到硬盘（格式为 Numpy 数组），这个激活是对验证集的第一个样本计算得到的。

```
import keras
import numpy as np

class ActivationLogger(keras.callbacks.Callback):

    def set_model(self, model):                                    ←—— 在训练之前由父模型调用，告诉
        self.model = model                                              回调函数是哪个模型在调用它
        layer_outputs = [layer.output for layer in model.layers]
        self.activations_model = keras.models.Model(model.input,
                                                     layer_outputs)  ←—— 模型实例，返回
                                                                          每层的激活
    def on_epoch_end(self, epoch, logs=None):
        if self.validation_data is None:
            raise RuntimeError('Requires validation_data.')
        validation_sample = self.validation_data[0][0:1]    ←—— 获取验证数据的第一个输入样本
        activations = self.activations_model.predict(validation_sample)
        f = open('activations_at_epoch_' + str(epoch) + '.npz', 'w')
        np.savez(f, activations)                                      ←—— 将数组保存到硬盘
        f.close()
```

关于回调函数你只需要知道这么多，其他的都是技术细节，很容易就能查到。现在，你已经可以在训练过程中对一个 Keras 模型执行任何类型的日志记录或预定程序的干预。

7.2.2 TensorBoard 简介：TensorFlow 的可视化框架

想要做好研究或开发出好的模型，在实验过程中你需要丰富频繁的反馈，从而知道模型内

部正在发生什么。这正是运行实验的目的：获取关于模型表现好坏的信息，越多越好。取得进展是一个反复迭代的过程（或循环）：首先你有一个想法，并将其表述为一个实验，用于验证你的想法是否正确。你运行这个实验，并处理其生成的信息。这又激发了你的下一个想法。在这个循环中实验的迭代次数越多，你的想法也就变得越来越精确、越来越强大。Keras 可以帮你在最短的时间内将想法转化成实验，而高速 GPU 可以帮你尽快得到实验结果。但如何处理实验结果呢？这就需要 TensorBoard 发挥作用了（见图 7-9）。

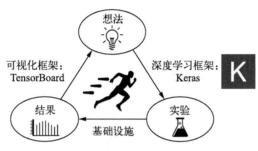

图 7-9　取得进展的循环

本节将介绍 TensorBoard，一个内置于 TensorFlow 中的基于浏览器的可视化工具。注意，只有当 Keras 使用 TensorFlow 后端时，这一方法才能用于 Keras 模型。

TensorBoard 的主要用途是，在训练过程中帮助你以可视化的方法监控模型内部发生的一切。如果你监控了除模型最终损失之外的更多信息，那么可以更清楚地了解模型做了什么、没做什么，并且能够更快地取得进展。TensorBoard 具有下列巧妙的功能，都在浏览器中实现。

- 在训练过程中以可视化的方式监控指标
- 将模型架构可视化
- 将激活和梯度的直方图可视化
- 以三维的形式研究嵌入

我们用一个简单的例子来演示这些功能：在 IMDB 情感分析任务上训练一个一维卷积神经网络。

这个模型类似于 6.4 节的模型。我们将只考虑 IMDB 词表中的前 2000 个单词，这样更易于将词嵌入可视化。

代码清单 7-7　使用了 TensorBoard 的文本分类模型

```
import keras
from keras import layers
from keras.datasets import imdb
from keras.preprocessing import sequence

max_features = 2000
max_len = 500

(x_train, y_train), (x_test, y_test) = imdb.load_data(num_words=max_features)
x_train = sequence.pad_sequences(x_train, maxlen=max_len)
```

作为特征的
单词个数

在这么多单词之后截断文本（这些单词都属于前 **max_features** 个最常见的单词）

7

```
x_test = sequence.pad_sequences(x_test, maxlen=max_len)

model = keras.models.Sequential()
model.add(layers.Embedding(max_features, 128,
                           input_length=max_len,
                           name='embed'))
model.add(layers.Conv1D(32, 7, activation='relu'))
model.add(layers.MaxPooling1D(5))
model.add(layers.Conv1D(32, 7, activation='relu'))
model.add(layers.GlobalMaxPooling1D())
model.add(layers.Dense(1))
model.summary()
model.compile(optimizer='rmsprop',
              loss='binary_crossentropy',
              metrics=['acc'])
```

在开始使用 TensorBoard 之前，我们需要创建一个目录，用于保存它生成的日志文件。

代码清单 7-8　为 TensorBoard 日志文件创建一个目录

```
$ mkdir my_log_dir
```

我们用一个 TensorBoard 回调函数实例来启动训练。这个回调函数会将日志事件写入硬盘的指定位置。

代码清单 7-9　使用一个 TensorBoard 回调函数来训练模型

```
callbacks = [
    keras.callbacks.TensorBoard(
        log_dir='my_log_dir',       ⟵—— 日志文件将被写入这个位置
        histogram_freq=1,           ⟵—— 每一轮之后记录激活直方图
        embeddings_freq=1,          ⟵—— 每一轮之后记录嵌入数据
    )
]
history = model.fit(x_train, y_train,
                    epochs=20,
                    batch_size=128,
                    validation_split=0.2,
                    callbacks=callbacks)
```

现在，你可以在命令行启动 TensorBoard 服务器，指示它读取回调函数当前正在写入的日志。在安装 TensorFlow 时（比如通过 pip），tensorboard 程序应该已经自动安装到计算机里了。

```
$ tensorboard --logdir=my_log_dir
```

然后可以用浏览器打开 http://localhost:6006，并查看模型的训练过程（见图 7-10）。除了训练指标和验证指标的实时图表之外，你还可以访问 HISTOGRAMS（直方图）标签页，并查看美观的直方图可视化，直方图中是每层的激活值（见图 7-11）。

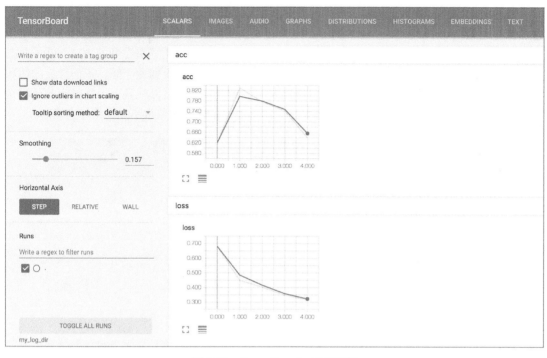

图 7-10 TensorBoard：指标监控

图 7-11 TensorBoard：激活直方图

　　EMBEDDINGS（嵌入）标签页让你可以查看输入词表中 2000 个单词的嵌入位置和空间关系，它们都是由第一个 Embedding 层学到的。因为嵌入空间是 128 维的，所以 TensorBoard 会使用你选择的降维算法自动将其降至二维或三维，可选的降维算法有主成分分析（PCA）和 t-分布随机近邻嵌入（t-SNE）。在图 7-12 所示的点状云中，可以清楚地看到两个簇：正面含义的词和负面含义的词。从可视化图中可以立刻明显地看出，将嵌入与特定目标联合训练得到的模型是完全针对这个特定任务的，这也是为什么使用预训练的通用词嵌入通常不是一个好主意。

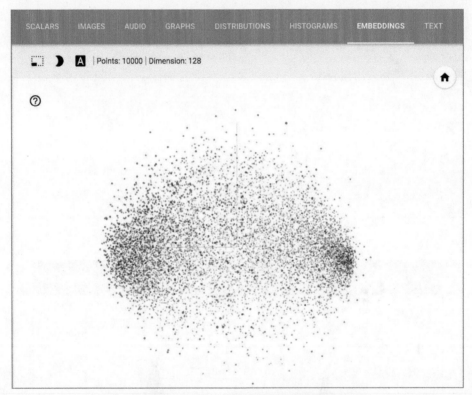

图 7-12　TensorBoard：交互式的三维词嵌入可视化

　　GRAPHS（图）标签页显示的是 Keras 模型背后的底层 TensorFlow 运算图的交互式可视化（见图 7-13）。可见，图中的内容比之前想象的要多很多。对于你刚刚构建的模型，在 Keras 中定义模型时可能看起来很简单，只是几个基本层的堆叠；但在底层，你需要构建相当复杂的图结构来使其生效。其中许多内容都与梯度下降过程有关。你所见到的内容与你所操作的内容之间存在这种复杂度差异，这正是你选择使用 Keras 来构建模型、而不是使用原始 TensorFlow 从头开始定义所有内容的主要动机。Keras 让工作流程变得非常简单。

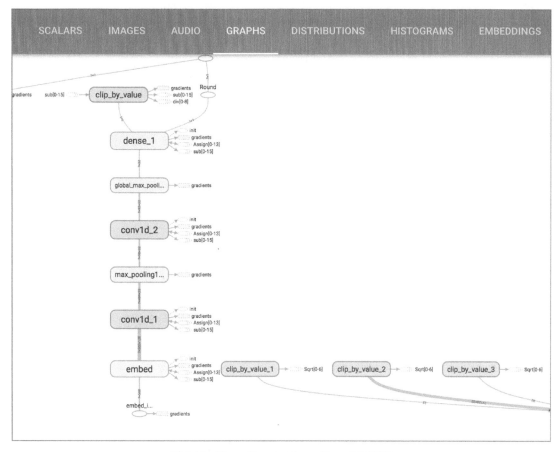

图 7-13　TensorBoard：TensorFlow 图可视化

　　注意，Keras 还提供了另一种更简洁的方法——`keras.utils.plot_model` 函数，它可以将模型绘制为层组成的图，而不是 TensorFlow 运算组成的图。使用这个函数需要安装 Python 的 `pydot` 库和 `pydot-ng` 库，还需要安装 `graphviz` 库。我们来快速看一下。

```
from keras.utils import plot_model

plot_model(model, to_file='model.png')
```

这会创建一张如图 7-14 所示的 PNG 图像。

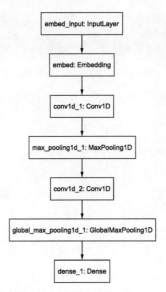

图 7-14 将模型表示为层组成的图，由 `plot_model` 生成

你还可以选择在层组成的图中显示形状信息。下面这个例子使用 `plot_model` 函数及 `show_shapes` 选项将模型拓扑结构可视化（见图 7-15）。

```
from keras.utils import plot_model

plot_model(model, show_shapes=True, to_file='model.png')
```

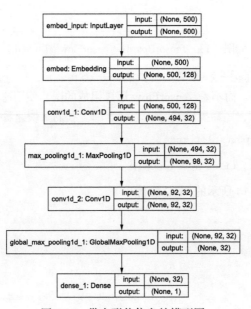

图 7-15 带有形状信息的模型图

7.2.3 小结

❑ Keras 回调函数提供了一种简单方法，可以在训练过程中监控模型并根据模型状态自动采取行动。

❑ 使用 TensorFlow 时，TensorBoard 是一种在浏览器中将模型活动可视化的好方法。在 Keras 模型中你可以通过 `TensorBoard` 回调函数来使用这种方法。

7.3 让模型性能发挥到极致

如果你只是想要让模型具有不错的性能，那么盲目地尝试网络架构足以达到目的。本节中，我们将为你提供一套用于构建最先进深度学习模型的必备技术的快速指南，从而让模型由"具有不错的性能"上升到"性能卓越且能够赢得机器学习竞赛"。

7.3.1 高级架构模式

7.1.4 节详细介绍过一种重要的设计模式——残差连接。还有另外两种设计模式你也应该知道：标准化和深度可分离卷积。这些模式在构建高性能深度卷积神经网络时特别重要，但在其他许多类型的架构中也很常见。

1. 批标准化

标准化（normalization）是一大类方法，用于让机器学习模型看到的不同样本彼此之间更加相似，这有助于模型的学习与对新数据的泛化。最常见的数据标准化形式就是你已经在本书中多次见到的那种形式：将数据减去其平均值使其中心为 0，然后将数据除以其标准差使其标准差为 1。实际上，这种做法假设数据服从正态分布（也叫高斯分布），并确保让该分布的中心为 0，同时缩放到方差为 1。

```
normalized_data = (data - np.mean(data, axis=...)) / np.std(data, axis=...)
```

前面的示例都是在将数据输入模型之前对数据做标准化。但在网络的每一次变换之后都应该考虑数据标准化。即使输入 `Dense` 或 `Conv2D` 网络的数据均值为 0、方差为 1，也没有理由假定网络输出的数据也是这样。

批标准化（batch normalization）是 Ioffe 和 Szegedy 在 2015 年提出的一种层的类型[①]（在 Keras 中是 `BatchNormalization`），即使在训练过程中均值和方差随时间发生变化，它也可以适应性地将数据标准化。批标准化的工作原理是，训练过程中在内部保存已读取每批数据均值和方差的指数移动平均值。批标准化的主要效果是，它有助于梯度传播（这一点和残差连接很像），因此允许更深的网络。对于有些特别深的网络，只有包含多个 `BatchNormalization` 层时才能进行训练。例如，`BatchNormalization` 广泛用于 Keras 内置的许多高级卷积神经网络架构，比如 ResNet50、Inception V3 和 Xception。

---

① IOFFE S, SZEGEDY C. Batch normalization: accelerating deep network training by reducing internal covariate shift [C]// Proceedings of the 32nd International Conference on Machine Learning, 2015.

BatchNormalization 层通常在卷积层或密集连接层之后使用。

```
conv_model.add(layers.Conv2D(32, 3, activation='relu'))    ←── 在卷积层之后使用
conv_model.add(layers.BatchNormalization())

dense_model.add(layers.Dense(32, activation='relu'))    ←── 在 Dense 层之后使用
dense_model.add(layers.BatchNormalization())
```

BatchNormalization 层接收一个 axis 参数，它指定应该对哪个特征轴做标准化。这个参数的默认值是 -1，即输入张量的最后一个轴。对于 Dense 层、Conv1D 层、RNN 层和将 data_format 设为 "channels_last"（通道在后）的 Conv2D 层，这个默认值都是正确的。但有少数人使用将 data_format 设为 "channels_first"（通道在前）的 Conv2D 层，这时特征轴是编号为 1 的轴，因此 BatchNormalization 的 axis 参数应该相应地设为 1。

> **批再标准化**
>
> 对普通批标准化的最新改进是**批再标准化**（batch renormalization），由 Ioffe 于 2017 年提出[1]。与批标准化相比，它具有明显的优势，且代价没有明显增加。写作本书时，判断它能否取代批标准化还为时过早，但我认为很可能会取代。在此之后，Klambauer 等人又提出了**自标准化神经网络**（self-normalizing neural network）[2]，它使用特殊的激活函数（selu）和特殊的初始化器（lecun_normal），能够让数据通过任何 Dense 层之后保持数据标准化。这种方案虽然非常有趣，但目前仅限于密集连接网络，其有效性尚未得到大规模重复。

2. 深度可分离卷积

如果我告诉你，有一个层可以替代 Conv2D，并可以让模型更加轻量（即更少的可训练权重参数）、速度更快（即更少的浮点数运算），还可以让任务性能提高几个百分点，你觉得怎么样？我说的正是**深度可分离卷积**（depthwise separable convolution）层（SeparableConv2D）的作用。这个层对输入的每个通道分别执行空间卷积，然后通过逐点卷积（1×1 卷积）将输出通道混合，如图 7-16 所示。这相当于将空间特征学习和通道特征学习分开，如果你假设输入中的空间位置高度相关，但不同的通道之间相对独立，那么这么做是很有意义的。它需要的参数要少很多，计算量也更小，因此可以得到更小、更快的模型。因为它是一种执行卷积更高效的方法，所以往往能够使用更少的数据学到更好的表示，从而得到性能更好的模型。

---

① 参见 Sergey Ioffe 于 2017 年发表的文章 "Batch renormalization: towards reducing minibatch dependence in batch-normalized models"。

② KLAMBAUER G, UNTERTHINER T, MAYR A, et al. Self-normalizing neural networks [C]//Conference on Neural Information Processing Systems, 2017.

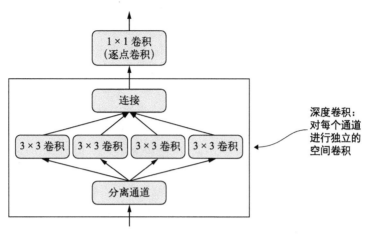

图 7-16 深度可分离卷积：深度卷积 + 逐点卷积

如果只用有限的数据从头开始训练小型模型，这些优点就变得尤为重要。例如，下面这个示例是在小型数据集上构建一个轻量的深度可分离卷积神经网络，用于图像分类任务（softmax 多分类）。

```python
from keras.models import Sequential, Model
from keras import layers

height = 64
width = 64
channels = 3
num_classes = 10

model = Sequential()
model.add(layers.SeparableConv2D(32, 3,
                                 activation='relu',
                                 input_shape=(height, width, channels,)))
model.add(layers.SeparableConv2D(64, 3, activation='relu'))
model.add(layers.MaxPooling2D(2))

model.add(layers.SeparableConv2D(64, 3, activation='relu'))
model.add(layers.SeparableConv2D(128, 3, activation='relu'))
model.add(layers.MaxPooling2D(2))

model.add(layers.SeparableConv2D(64, 3, activation='relu'))
model.add(layers.SeparableConv2D(128, 3, activation='relu'))
model.add(layers.GlobalAveragePooling2D())

model.add(layers.Dense(32, activation='relu'))
model.add(layers.Dense(num_classes, activation='softmax'))

model.compile(optimizer='rmsprop', loss='categorical_crossentropy')
```

对于规模更大的模型，深度可分离卷积是 Xception 架构的基础，Xception 是一个高性能的卷积神经网络，内置于 Keras 中。在我的论文 "Xception: deep learning with depthwise separable convolutions" 中，你可以进一步了解深度可分离卷积和 Xception 的理论基础。

7.3.2   超参数优化

构建深度学习模型时，你必须做出许多看似随意的决定：应该堆叠多少层？每层应该包含多少个单元或过滤器？激活应该使用 relu 还是其他函数？在某一层之后是否应该使用 BatchNormalization？应该使用多大的 dropout 比率？还有很多。这些在架构层面的参数叫作**超参数**（hyperparameter），以便将其与模型参数区分开来，后者通过反向传播进行训练。

在实践中，经验丰富的机器学习工程师和研究人员会培养出直觉，能够判断上述选择哪些可行、哪些不可行。也就是说，他们学会了调节超参数的技巧。但是调节超参数并没有正式成文的规则。如果你想要在某项任务上达到最佳性能，那么就不能满足于一个容易犯错的人随意做出的选择。即使你拥有很好的直觉，最初的选择也几乎不可能是最优的。你可以手动调节你的选择、重新训练模型，如此不停重复来改进你的选择，这也是机器学习工程师和研究人员大部分时间都在做的事情。但是，整天调节超参数不应该是人类的工作，最好留给机器去做。

因此，你需要制定一个原则，系统性地自动探索可能的决策空间。你需要搜索架构空间，并根据经验找到性能最佳的架构。这正是超参数自动优化领域的内容。这个领域是一个完整的研究领域，而且很重要。

超参数优化的过程通常如下所示。

(1) 选择一组超参数（自动选择）。

(2) 构建相应的模型。

(3) 将模型在训练数据上拟合，并衡量其在验证数据上的最终性能。

(4) 选择要尝试的下一组超参数（自动选择）。

(5) 重复上述过程。

(6) 最后，衡量模型在测试数据上的性能。

这个过程的关键在于，给定许多组超参数，使用验证性能的历史来选择下一组需要评估的超参数的算法。有多种不同的技术可供选择：贝叶斯优化、遗传算法、简单随机搜索等。

训练模型权重相对简单：在小批量数据上计算损失函数，然后用反向传播算法让权重向正确的方向移动。与此相反，更新超参数则非常具有挑战性。我们来考虑以下两点。

- ❑ 计算反馈信号（这组超参数在这个任务上是否得到了一个高性能的模型）的计算代价可能非常高，它需要在数据集上创建一个新模型并从头开始训练。
- ❑ 超参数空间通常由许多离散的决定组成，因而既不是连续的，也不是可微的。因此，你通常不能在超参数空间中做梯度下降。相反，你必须依赖不使用梯度的优化方法，而这些方法的效率比梯度下降要低很多。

这些挑战非常困难，而这个领域还很年轻，因此我们目前只能使用非常有限的工具来优化模型。通常情况下，随机搜索（随机选择需要评估的超参数，并重复这一过程）就是最好的解决方案，虽然这也是最简单的解决方案。但我发现有一种工具确实比随机搜索更好，它就是 Hyperopt。它是一个用于超参数优化的 Python 库，其内部使用 Parzen 估计器的树来预测哪组超参数可能会得到好的结果。另一个叫作 Hyperas 的库将 Hyperopt 与 Keras 模型集成在一起。一定要试试。

注意 在进行大规模超参数自动优化时，有一个重要的问题需要牢记，那就是验证集过拟合。因为你是使用验证数据计算出一个信号，然后根据这个信号更新超参数，所以你实际上是在验证数据上训练超参数，很快会对验证数据过拟合。请始终记住这一点。

总之，超参数优化是一项强大的技术，想要在任何任务上获得最先进的模型或者赢得机器学习竞赛，这项技术都必不可少。思考一下：曾经人们手动设计特征，然后输入到浅层机器学习模型中，这肯定不是最优的。现在，深度学习能够自动完成分层特征工程的任务，这些特征都是利用反馈信号学到的，而不是手动调节的，事情本来就应该如此。同样，你也不应该手动设计模型架构，而是应该按照某种原则对其进行最优化。在写作本书时，超参数自动优化还是一个非常年轻且不成熟的领域，正如几年前的深度学习，但我预计这一领域会在未来数年内蓬勃发展。

7.3.3 模型集成

想要在一项任务上获得最佳结果，另一种强大的技术是**模型集成**（model ensembling）。集成是指将一系列不同模型的预测结果汇集到一起，从而得到更好的预测结果。观察机器学习竞赛，特别是 Kaggle 上的竞赛，你会发现优胜者都是将很多模型集成到一起，它必然可以打败任何单个模型，无论这个模型的表现多么好。

集成依赖于这样的假设，即对于独立训练的不同良好模型，它们表现良好可能是因为**不同的原因**：每个模型都从略有不同的角度观察数据来做出预测，得到了"真相"的一部分，但不是全部真相。你可能听说过盲人摸象的古代寓言：一群盲人第一次遇到大象，想要通过触摸来了解大象。每个人都摸到了大象身体的不同部位，但只摸到了一部分，比如鼻子或一条腿。这些人描述的大象是这样的，"它像一条蛇""像一根柱子或一棵树"，等等。这些盲人就好比机器学习模型，每个人都试图根据自己的假设（这些假设就是模型的独特架构和独特的随机权重初始化）并从自己的角度来理解训练数据的多面性。每个人都得到了数据真相的一部分，但不是全部真相。将他们的观点汇集在一起，你可以得到对数据更加准确的描述。大象是多个部分的组合，每个盲人说的都不完全准确，但综合起来就成了一个相当准确的故事。

我们以分类问题为例。想要将一组分类器的预测结果汇集在一起［即**分类器集成**（ensemble the classifiers）］，最简单的方法就是将它们的预测结果取平均值作为预测结果。

```
preds_a = model_a.predict(x_val)
preds_b = model_b.predict(x_val)        使用 4 个不同的模型来
preds_c = model_c.predict(x_val)        计算初始预测
preds_d = model_d.predict(x_val)                        这个新的预测数组应该
                                                        比任何一个初始预测都
final_preds = 0.25 * (preds_a + preds_b + preds_c + preds_d)  更加准确
```

只有这组分类器中每一个的性能差不多一样好时，这种方法才奏效。如果其中一个分类器性能比其他的差很多，那么最终预测结果可能不如这一组中的最佳分类器那么好。

将分类器集成有一个更聪明的做法，即加权平均，其权重在验证数据上学习得到。通常来说，更好的分类器被赋予更大的权重，而较差的分类器则被赋予较小的权重。为了找到一组好的集成权重，你可以使用随机搜索或简单的优化算法（比如 Nelder-Mead 方法）。

```
preds_a = model_a.predict(x_val)
preds_b = model_b.predict(x_val)
preds_c = model_c.predict(x_val)
preds_d = model_d.predict(x_val)

final_preds = 0.5 * preds_a + 0.25 * preds_b + 0.1 * preds_c + 0.15 * preds_d
```

假设 (0.5, 0.25, 0.1, 0.15)
这些权重是根据经验学到的

还有许多其他变体，比如你可以对预测结果先取指数再做平均。一般来说，简单的加权平均，其权重在验证数据上进行最优化，这是一个很强大的基准方法。

想要保证集成方法有效，关键在于这组分类器的**多样性**（diversity）。多样性就是力量。如果所有盲人都只摸到大象的鼻子，那么他们会一致认为大象像蛇，并且永远不会知道大象的真实模样。是多样性让集成方法能够取得良好效果。用机器学习的术语来说，如果所有模型的偏差都在同一个方向上，那么集成也会保留同样的偏差。如果各个模型的**偏差在不同方向上**，那么这些偏差会彼此抵消，集成结果会更加稳定、更加准确。

因此，集成的模型应该尽可能好，同时尽可能不同。这通常意味着使用非常不同的架构，甚至使用不同类型的机器学习方法。有一件事情基本上是不值得做的，就是对相同的网络，使用不同的随机初始化多次独立训练，然后集成。如果模型之间的唯一区别是随机初始化和训练数据的读取顺序，那么集成的多样性很小，与单一模型相比只会有微小的改进。

我发现有一种方法在实践中非常有效（但这一方法还没有推广到所有问题领域），就是将基于树的方法（比如随机森林或梯度提升树）和深度神经网络进行集成。2014 年，合作者 Andrei Kolev 和我使用多种树模型和深度神经网络的集成，在 Kaggle 希格斯玻色子衰变探测挑战赛中获得第四名。值得一提的是，集成中的某一个模型来源于与其他模型都不相同的方法（它是正则化的贪婪森林），并且得分也远远低于其他模型。不出所料，它在集成中被赋予了一个很小的权重。但出乎我们的意料，它极大地改进了总体的集成结果，因为它和其他所有模型都完全不同，提供了其他模型都无法获得的信息。这正是集成方法的关键之处。集成不在于你的最佳模型有多好，而在于候选模型集合的多样性。

近年来，一种在实践中非常成功的基本集成方法是**宽且深**（wide and deep）的模型类型，它结合了深度学习与浅层学习。这种模型联合训练一个深度神经网络和一个大型的线性模型。对多种模型联合训练，是实现模型集成的另一种选择。

7.3.4   小结

❑ 构建高性能的深度卷积神经网络时，你需要使用残差连接、批标准化和深度可分离卷积。未来，无论是一维、二维还是三维应用，深度可分离卷积很可能会完全取代普通卷积，因为它的表示效率更高。

❏ 构建深度网络需要选择许多超参数和架构，这些选择共同决定了模型的性能。与其将这些选择建立在直觉或随机性之上，不如系统性地搜索超参数空间，以找到最佳选择。目前，这个搜索过程的计算代价还很高，使用的工具也不是很好。但 Hyperopt 和 Hyperas 这两个库可能会对你有所帮助。进行超参数优化时，一定要小心验证集过拟合！

❏ 想要在机器学习竞赛中获胜，或者想要在某项任务上获得最佳结果，只能通过多个模型的集成来实现。利用加权平均（权重已经过优化）进行集成通常已经能取得足够好的效果。请记住，多样性就是力量。将非常相似的模型集成基本上是没有意义的。最好的集成方法是将尽可能不同的一组模型集成（这组模型还需要具有尽可能高的预测能力）。

本章总结

❏ 本章我们学习了以下内容。

- 如何将模型构建为层组成的图、层的重复使用（层权重共享）与将模型用作 Python 函数（模型模板）。
- 你可以使用 Keras 回调函数在训练过程中监控模型，并根据模型状态采取行动。
- TensorBoard 可以将指标、激活直方图甚至嵌入空间可视化。
- 什么是批标准化、深度可分离卷积和残差连接。
- 为什么应该使用超参数优化和模型集成。

❏ 借助这些新工具，你可以在现实世界中更好地利用深度学习，并可以开始构建具有高度竞争力的深度学习模型。

7

第8章

生成式深度学习

本章包括以下内容：
- 使用 LSTM 生成文本
- 实现 DeepDream
- 实现神经风格迁移
- 变分自编码器
- 了解生成式对抗网络

人工智能模拟人类思维过程的可能性，并不局限于被动性任务（比如目标识别）和大多数反应性任务（比如驾驶汽车），它还包括创造性活动。我曾经宣称，在不远的未来，我们所消费的大部分文化内容，其创造过程都将得到来自人工智能的实质性帮助。当时是 2014 年，人们完全不相信我，即使是长期从事机器学习的人也不信。但仅三年的时间，质疑声就以惊人的速度减弱了。2015 年夏天，我们见识了 Google 的 DeepDream 算法，它能够将一张图像转化为狗眼睛和错觉式伪影（pareidolic artifact）混合而成的迷幻图案。2016 年，我们使用 Prisma 应用程序将照片变成各种风格的绘画。2016 年夏天发布了一部实验性短片 *Sunspring*，它的剧本是由长短期记忆（LSTM）算法写成的，包括其中的对话。最近可能你听过神经网络生成的实验性音乐。

的确，到目前为止，我们见到的人工智能艺术作品的水平还很低。人工智能还远远比不上人类编剧、画家和作曲家。但是，替代人类始终都不是我们要谈论的主题，人工智能不会替代我们自己的智能，而是会为我们的生活和工作带来**更多的**智能，即另一种类型的智能。在许多领域，特别是创新领域中，人类将会使用人工智能作为增强自身能力的工具，实现比人工智能更加**强大**的智能。

很大一部分的艺术创作都是简单的模式识别与专业技能。这正是很多人认为没有吸引力、甚至可有可无的那部分过程。这也正是人工智能发挥作用的地方。我们的感知模式、语言和艺术作品都具有统计结构。学习这种结构是深度学习算法所擅长的。机器学习模型能够对图像、音乐和故事的统计**潜在空间**（latent space）进行学习，然后从这个空间中**采样**（sample），创造出与模型在训练数据中所见到的艺术作品具有相似特征的新作品。当然，这种采样本身并不是艺术创作行为。它只是一种数学运算，算法并没有关于人类生活、人类情感或我们人生经验的基础知识；相反，它从一种与我们的经验完全不同的经验中进行学习。作为人类旁观者，只能靠我们的解释才能对模型生成的内容赋予意义。但在技艺高超的艺术家手中，算法生成可以变得非常有意义，并且很美。潜在空间采样会变成一支画笔，能够提高艺术家的能力，增强我们的创造力，并拓展我们的想象空间。此外，它也不需要专业技能和练习，从而让艺术创作变得更加容易。它创造了一种纯粹表达的新媒介，将艺术与技巧相分离。

Iannis Xenakis 是电子音乐和算法音乐领域一位有远见的先驱，20 世纪 60 年代，对于将自动化技术应用于音乐创作，他表达了与上面相同的观点：[1]

> 作曲家从繁琐的计算中解脱出来，从而能够全神贯注于解决新音乐形式所带来的一般性问题，并在修改输入数据值的同时探索这种形式的鲜为人知之处。例如，他可以测试所有的乐器组合，从独奏到室内管弦乐队再到大型管弦乐队。在电子计算机的帮助下，作曲家变成了一名飞行员：他按下按钮，引入坐标，并监控宇宙飞船在声音空间中的航行，飞船穿越声波的星座和星系，这是以前只能在遥不可及的梦中出现的场景。

本章将从各个角度探索深度学习在增强艺术创作方面的可能性。我们将介绍序列数据生成（可用于生成文本或音乐）、DeepDream 以及使用变分自编码器和生成式对抗网络进行图像生成。我们会让计算机凭空创造出前所未见的内容，可能也会让你梦见科技与艺术交汇处的奇妙可能。让我们开始吧。

8.1 使用 LSTM 生成文本

本节将会探讨如何将循环神经网络用于生成序列数据。我们将以文本生成为例，但同样的技术也可以推广到任何类型的序列数据，你可以将其应用于音符序列来生成新音乐，也可以应用于笔画数据的时间序列（比如，艺术家在 iPad 上绘画时记录的笔画数据）来一笔一笔地生成绘画，以此类推。

序列数据生成绝不仅限于艺术内容生成。它已经成功应用于语音合成和聊天机器人的对话生成。Google 于 2016 年发布的 Smart Reply（智能回复）功能，能够对电子邮件或短信自动生成一组快速回复，采用的也是相似的技术。

8.1.1 生成式循环网络简史

截至 2014 年年底，还没什么人见过 LSTM 这一缩写，即使在机器学习领域也不常见。用循环网络生成序列数据的成功应用在 2016 年才开始出现在主流领域。但是，这些技术都有着相当长的历史，最早的是 1997 年开发的 LSTM 算法。[2] 这一新算法早期用于逐字符地生成文本。

8

---

① XENAKIS I. Musiques formelles: nouveaux principes formels de composition musicale [J]. Special issue of La Revue musicale, 1963(253-254).

② HOCHREITER S, SCHMIDHUBER J. Long short-term memory [J]. Neural Computation, 1997, 9(8): 1735-1780.

2002 年，当时在瑞士 Schmidhuber 实验室工作的 Douglas Eck 首次将 LSTM 应用于音乐生成，并得到了令人满意的结果。Eck 现在是 Google Brain（谷歌大脑）的研究人员，2016 年他在那里创建了一个名为 Magenta 的新研究小组，重点研究将现代深度学习技术应用于制作迷人的音乐。有时候，好的想法需要 15 年才能变成实践。

在 20 世纪末和 21 世纪初，Alex Graves 在使用循环网络生成序列数据方面做了重要的开创性工作。特别是他在 2013 年的工作，利用笔触位置的时间序列将循环混合密度网络应用于生成类似人类的手写笔迹，有人认为这是一个转折点。[①] 在那个特定时刻，神经网络的这个具体应用中，**能够做梦的机器**这一概念适时地引起了我的兴趣，并且在我开始开发 Keras 时为我提供了重要的灵感。Graves 在 2013 年上传到预印本服务器 arXiv 上的 LaTeX 文件中留下了一条类似的注释性评论：“序列数据生成是计算机所做的最接近于做梦的事情。”几年之后，我们将这些进展视作理所当然，但在当时看到 Graves 的演示，很难不为其中所包含的可能性感到惊叹并受到启发。

从那以后，循环神经网络已被成功应用于音乐生成、对话生成、图像生成、语音合成和分子设计。它甚至还被用于制作电影剧本，然后由真人演员来表演。

8.1.2　如何生成序列数据

用深度学习生成序列数据的通用方法，就是使用前面的标记作为输入，训练一个网络（通常是循环神经网络或卷积神经网络）来预测序列中接下来的一个或多个标记。例如，给定输入 the cat is on the ma，训练网络来预测目标 t，即下一个字符。与前面处理文本数据时一样，**标记**（token）通常是单词或字符，给定前面的标记，能够对下一个标记的概率进行建模的任何网络都叫作**语言模型**（language model）。语言模型能够捕捉到语言的**潜在空间**（latent space），即语言的统计结构。

一旦训练好了这样一个语言模型，就可以从中**采样**（sample，即生成新序列）。向模型中输入一个初始文本字符串［即**条件数据**（conditioning data）］，要求模型生成下一个字符或下一个单词（甚至可以同时生成多个标记），然后将生成的输出添加到输入数据中，并多次重复这一过程（见图 8-1）。这个循环可以生成任意长度的序列，这些序列反映了模型训练数据的结构，它们与人类书写的句子**几乎**相同。在本节的示例中，我们将会用到一个 LSTM 层，向其输入从文本语料中提取的 N 个字符组成的字符串，然后训练模型来生成第 N+1 个字符。模型的输出是对所有可能的字符做 softmax，得到下一个字符的概率分布。这个 LSTM 叫作**字符级**的神经语言模型（character-level neural language model）。

---

① 参见 Alex Graves 于 2013 年发表的文章 “Generating sequences with recurrent neural networks”。

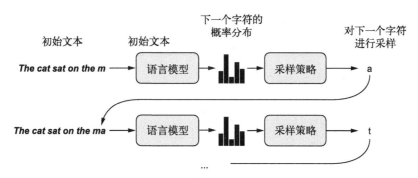

图 8-1 使用语言模型逐个字符生成文本的过程

8.1.3 采样策略的重要性

生成文本时，如何选择下一个字符至关重要。一种简单的方法是**贪婪采样**（greedy sampling），就是始终选择可能性最大的下一个字符。但这种方法会得到重复的、可预测的字符串，看起来不像是连贯的语言。一种更有趣的方法是做出稍显意外的选择：在采样过程中引入随机性，即从下一个字符的概率分布中进行采样。这叫作**随机采样**（stochastic sampling，stochasticity 在这个领域中就是"随机"的意思）。在这种情况下，根据模型结果，如果下一个字符是 e 的概率为0.3，那么你会有 30% 的概率选择它。注意，贪婪采样也可以被看作从一个概率分布中进行采样，即某个字符的概率为 1，其他所有字符的概率都是 0。

从模型的 softmax 输出中进行概率采样是一种很巧妙的方法，它甚至可以在某些时候采样到不常见的字符，从而生成看起来更加有趣的句子，而且有时会得到训练数据中没有的、听起来像是真实存在的新单词，从而表现出创造性。但这种方法有一个问题，就是它在采样过程中无法**控制随机性的大小**。

为什么需要有一定的随机？考虑一个极端的例子——纯随机采样，即从均匀概率分布中抽取下一个字符，其中每个字符的概率相同。这种方案具有最大的随机性，换句话说，这种概率分布具有最大的熵。当然，它不会生成任何有趣的内容。再来看另一个极端——贪婪采样。贪婪采样也不会生成任何有趣的内容，它没有任何随机性，即相应的概率分布具有最小的熵。从"真实"概率分布（即模型 softmax 函数输出的分布）中进行采样，是这两个极端之间的一个中间点。但是，还有许多其他中间点具有更大或更小的熵，你可能希望都研究一下。更小的熵可以让生成的序列具有更加可预测的结构（因此可能看起来更真实），而更大的熵会得到更加出人意料且更有创造性的序列。从生成式模型中进行采样时，在生成过程中探索不同的随机性大小总是好的做法。我们人类是生成数据是否有趣的最终判断者，所以有趣是非常主观的，我们无法提前知道最佳熵的位置。

为了在采样过程中控制随机性的大小，我们引入一个叫作 **softmax 温度**（softmax temperature）的参数，用于表示采样概率分布的熵，即表示所选择的下一个字符会有多么出人意料或多么可预测。给定一个 `temperature` 值，将按照下列方法对原始概率分布（即模型的 softmax 输出）

8

进行重新加权，计算得到一个新的概率分布。

代码清单 8-1   对于不同的 softmax 温度，对概率分布进行重新加权

```
import numpy as np

def reweight_distribution(original_distribution, temperature=0.5):
    distribution = np.log(original_distribution) / temperature
    distribution = np.exp(distribution)
    return distribution / np.sum(distribution)
```

original_distribution 是概率值组成的一维 Numpy 数组，这些概率值之和必须等于 1。**temperature** 是一个因子，用于定量描述输出分布的熵

返回原始分布重新加权后的结果。**distribution** 的求和可能不再等于 1，因此需要将它除以求和，以得到新的分布

更高的温度得到的是熵更大的采样分布，会生成更加出人意料、更加无结构的生成数据，而更低的温度对应更小的随机性，以及更加可预测的生成数据（见图 8-2）。

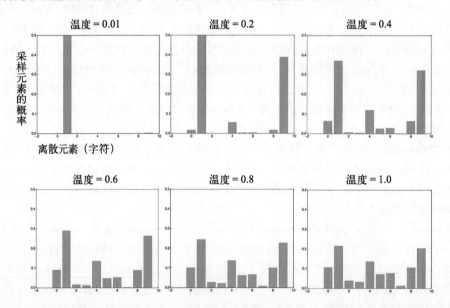

图 8-2   对同一个概率分布进行不同的重新加权。更低的温度 = 更确定，更高的温度 = 更随机

8.1.4   实现字符级的 LSTM 文本生成

下面用 Keras 来实现这些想法。首先需要可用于学习语言模型的大量文本数据。我们可以使用任意足够大的一个或多个文本文件——维基百科、《指环王》等。本例将使用尼采的一些作品，他是 19 世纪末期的德国哲学家，这些作品已经被翻译成英文。因此，我们要学习的语言模型将是针对于尼采的写作风格和主题的模型，而不是关于英语的通用模型。

1. 准备数据

首先下载语料，并将其转换为小写。

代码清单 8-2　下载并解析初始文本文件

```
import keras
import numpy as np

path = keras.utils.get_file(
    'nietzsche.txt',
    origin='https://s3.amazonaws.com/text-datasets/nietzsche.txt')
text = open(path).read().lower()
print('Corpus length:', len(text))
```

接下来，我们要提取长度为 maxlen 的序列（这些序列之间存在部分重叠），对它们进行 one-hot 编码，然后将其打包成形状为 (sequences, maxlen, unique_characters) 的三维 Numpy 数组。与此同时，我们还需要准备一个数组 y，其中包含对应的目标，即在每一个所提取的序列之后出现的字符（已进行 one-hot 编码）。

代码清单 8-3　将字符序列向量化

```
maxlen = 60        ←—— 提取 60 个字符组成的序列

step = 3           ←—— 每 3 个字符采样一个新序列

sentences = []     ←—— 保存所提取的序列

next_chars = []    ←—— 保存目标（即下一个字符）

for i in range(0, len(text) - maxlen, step):
    sentences.append(text[i: i + maxlen])
    next_chars.append(text[i + maxlen])

print('Number of sequences:', len(sentences))

chars = sorted(list(set(text)))     ←—— 语料中唯一字符组成的列表
print('Unique characters:', len(chars))
char_indices = dict((char, chars.index(char)) for char in chars)   ←—— 一个字典，将唯一字符映射为它在列表 chars 中的索引

print('Vectorization...')
x = np.zeros((len(sentences), maxlen, len(chars)), dtype=np.bool)
y = np.zeros((len(sentences), len(chars)), dtype=np.bool)
for i, sentence in enumerate(sentences):
    for t, char in enumerate(sentence):
        x[i, t, char_indices[char]] = 1
    y[i, char_indices[next_chars[i]]] = 1
```
将字符 one-hot 编码为二进制数组

2. 构建网络

这个网络是一个单层 LSTM，然后是一个 Dense 分类器和对所有可能字符的 softmax。但要注意，循环神经网络并不是序列数据生成的唯一方法，最近已经证明一维卷积神经网络也可以成功用于序列数据生成。

代码清单 8-4　用于预测下一个字符的单层 LSTM 模型

```
from keras import layers

model = keras.models.Sequential()
model.add(layers.LSTM(128, input_shape=(maxlen, len(chars))))
model.add(layers.Dense(len(chars), activation='softmax'))
```

目标是经过 one-hot 编码的，所以训练模型需要使用 categorical_crossentropy 作为损失。

代码清单 8-5　模型编译配置

```
optimizer = keras.optimizers.RMSprop(lr=0.01)
model.compile(loss='categorical_crossentropy', optimizer=optimizer)
```

3. 训练语言模型并从中采样

给定一个训练好的模型和一个种子文本片段，我们可以通过重复以下操作来生成新的文本。

(1) 给定目前已生成的文本，从模型中得到下一个字符的概率分布。

(2) 根据某个温度对分布进行重新加权。

(3) 根据重新加权后的分布对下一个字符进行随机采样。

(4) 将新字符添加到文本末尾。

下列代码将对模型得到的原始概率分布进行重新加权，并从中抽取一个字符索引［**采样函数**（sampling function）］。

代码清单 8-6　给定模型预测，采样下一个字符的函数

```
def sample(preds, temperature=1.0):
    preds = np.asarray(preds).astype('float64')
    preds = np.log(preds) / temperature
    exp_preds = np.exp(preds)
    preds = exp_preds / np.sum(exp_preds)
    probas = np.random.multinomial(1, preds, 1)
    return np.argmax(probas)
```

最后，下面这个循环将反复训练并生成文本。在每轮过后都使用一系列不同的温度值来生成文本。这样我们可以看到，随着模型收敛，生成的文本如何变化，以及温度对采样策略的影响。

代码清单 8-7　文本生成循环

```
import random
import sys                               将模型训练 60 轮

for epoch in range(1, 60):      ←
    print('epoch', epoch)                         将模型在数据上
    model.fit(x, y, batch_size=128, epochs=1)  ← 拟合一次
    start_index = random.randint(0, len(text) - maxlen - 1)
    generated_text = text[start_index: start_index + maxlen]   随机选择一个文本种子
    print('--- Generating with seed: "' + generated_text + '"')
```

```
for temperature in [0.2, 0.5, 1.0, 1.2]:          尝试一系列不同的
    print('------ temperature:', temperature)     采样温度
    sys.stdout.write(generated_text)

    for i in range(400):
        sampled = np.zeros((1, maxlen, len(chars)))    对目前生成的字符进行
        for t, char in enumerate(generated_text):      one-hot 编码
            sampled[0, t, char_indices[char]] = 1.

        preds = model.predict(sampled, verbose=0)[0]
        next_index = sample(preds, temperature)        对下一个字符进行采样
        next_char = chars[next_index]

        generated_text += next_char
        generated_text = generated_text[1:]

        sys.stdout.write(next_char)
```

从种子文本开始，生成 400 个字符

这里我们使用的随机种子文本是 new faculty, and the jubilation reached its climax when kant。第 20 轮时，`temperature=0.2` 的输出如下所示，此时模型还远没有完全收敛。

```
new faculty, and the jubilation reached its climax when kant and such a man in the
same time the spirit of the surely and the such the such
as a man is the sunligh and subject the present to the superiority of the special
pain the most man and strange the subjection of the
special conscience the special and nature and such men the subjection of the
special men, the most surely the subjection of the special
intellect of the subjection of the same things and
```

`temperature=0.5` 的结果如下所示。

```
new faculty, and the jubilation reached its climax when kant in the eterned and such
man as it's also become himself the condition of the
experience of off the basis the superiory and the special morty of the strength, in
the langus, as which the same time life and "even who
discless the mankind, with a subject and fact all you have to be the stand
and lave no comes a troveration of the man and surely the
conscience the superiority, and when one must be w
```

`temperature=1.0` 的结果如下所示。

```
new faculty, and the jubilation reached its climax when kant, as a
periliting of manner to all definites and transpects it it so
hicable and ont him artiar resull
too such as if ever the proping to makes as cnecience. to been juden,
all every could coldiciousnike hother aw passife, the plies like
which might thiod was account, indifferent germin, that everythery
certain destrution, intellect into the deteriorablen origin of moralian,
and a lessority o
```

第 60 轮时，模型已几乎完全收敛，文本看起来更加连贯。此时 `temperature=0.2` 的结果如下所示。

```
cheerfulness, friendliness and kindness of a heart are the sense of the
spirit is a man with the sense of the sense of the world of the
```

8

```
self-end and self-concerning the subjection of the strengthorixes--the
subjection of the subjection of the subjection of the
self-concerning the feelings in the superiority in the subjection of the
subjection of the spirit isn't to be a man of the sense of the
subjection and said to the strength of the sense of the
```

temperature=0.5 的结果如下所示。

```
cheerfulness, friendliness and kindness of a heart are the part of the soul
who have been the art of the philosophers, and which the one
won't say, which is it the higher the and with religion of the frences.
the life of the spirit among the most continuess of the
strengther of the sense the conscience of men of precisely before enough
presumption, and can mankind, and something the conceptions, the
subjection of the sense and suffering and the
```

temperature=1.0 的结果如下所示。

```
cheerfulness, friendliness and kindness of a heart are spiritual by the
ciuture for the
entalled is, he astraged, or errors to our you idstood--and it needs,
to think by spars to whole the amvives of the newoatly, prefectly
raals! it was
name, for example but voludd atu-especity"--or rank onee, or even all
"solett increessic of the world and
implussional tragedy experience, transf, or insiderar,--must hast
if desires of the strubction is be stronges
```

可见，较小的温度值会得到极端重复和可预测的文本，但局部结构是非常真实的，特别是所有单词都是真正的英文单词（**单词**就是字符的局部模式）。随着温度值越来越大，生成的文本也变得更有趣、更出人意料，甚至更有创造性，它有时会创造出全新的单词，听起来有几分可信（比如 eterned 和 troveration）。对于较大的温度值，局部模式开始分解，大部分单词看起来像是半随机的字符串。毫无疑问，在这个特定的设置下，0.5 的温度值生成的文本最为有趣。一定要尝试多种采样策略！在学到的结构与随机性之间，巧妙的平衡能够让生成的序列非常有趣。

注意，利用更多的数据训练一个更大的模型，并且训练时间更长，生成的样本会比上面的结果看起来更连贯、更真实。但是，不要期待能够生成任何有意义的文本，除非是很偶然的情况。你所做的只是从一个统计模型中对数据进行采样，这个模型是关于字符先后顺序的模型。语言是一种信息沟通渠道，信息的内容与信息编码的统计结构是有区别的。为了展示这种区别，我们来看一个思想实验：如果人类语言能够更好地压缩通信，就像计算机对大部分数字通信所做的那样，那么会发生什么？语言仍然很有意义，但不会具有任何内在的统计结构，所以不可能像刚才那样学习一个语言模型。

8.1.5　小结

- ❑ 我们可以生成离散的序列数据，其方法是：给定前面的标记，训练一个模型来预测接下来的一个或多个标记。

❑ 对于文本来说，这种模型叫作**语言模型**。它可以是单词级的，也可以是字符级的。

❑ 对下一个标记进行采样，需要在坚持模型的判断与引入随机性之间寻找平衡。

❑ 处理这个问题的一种方法是使用 softmax 温度。一定要尝试多种不同的温度，以找到合适的那一个。

8.2　DeepDream

DeepDream 是一种艺术性的图像修改技术，它用到了卷积神经网络学到的表示。DeepDream 由 Google 于 2015 年夏天首次发布，使用 Caffe 深度学习库编写实现（当时比 TensorFlow 的首次公开发布要早几个月）。[①] 它很快在网上引起了轰动，这要归功于它所生成的迷幻图像（比如图 8-3），图像中充满了算法生成的错觉式伪影、鸟羽毛和狗眼睛。这是 DeepDream 卷积神经网络在 ImageNet 上训练的副作用，因为 ImageNet 中狗和鸟的样本特别多。

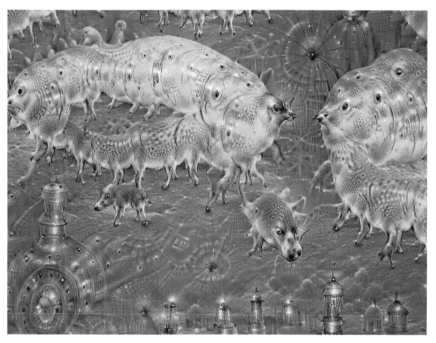

图 8-3　DeepDream 输出图像示例

DeepDream 算法与第 5 章介绍的卷积神经网络过滤器可视化技术几乎相同，都是反向运行一个卷积神经网络：对卷积神经网络的输入做梯度上升，以便将卷积神经网络靠顶部的某一层的某个过滤器激活最大化。DeepDream 使用了相同的想法，但有以下这几个简单的区别。

8

---

① 参见 Alexander Mordvintsev、Christopher Olah 和 Mike Tyka 于 2015 年 7 月 1 日在 Google Research Blog 上发表的文章 "DeepDream: a code example for visualizing neural networks"。

❑ 使用 DeepDream，我们尝试将所有层的激活最大化，而不是将某一层的激活最大化，因此需要同时将大量特征的可视化混合在一起。

❑ 不是从空白的、略微带有噪声的输入开始，而是从现有的图像开始，因此所产生的效果能够抓住已经存在的视觉模式，并以某种艺术性的方式将图像元素扭曲。

❑ 输入图像是在不同的尺度上［叫作八度（octave）］进行处理的，这可以提高可视化的质量。

我们来生成一些 DeepDream 图像。

8.2.1　用 Keras 实现 DeepDream

我们将从一个在 ImageNet 上预训练的卷积神经网络开始。Keras 中有许多这样的卷积神经网络：VGG16、VGG19、Xception、ResNet50 等。我们可以用其中任何一个来实现 DeepDream，但我们选择的卷积神经网络会影响可视化的效果，因为不同的卷积神经网络架构会学到不同的特征。最初发布的 DeepDream 中使用的卷积神经网络是一个 Inception 模型，在实践中，人们已经知道 Inception 能够生成漂亮的 DeepDream 图像，所以我们将使用 Keras 内置的 Inception V3 模型。

代码清单 8-8　加载预训练的 Inception V3 模型

```
from keras.applications import inception_v3
from keras import backend as K

K.set_learning_phase(0)

model = inception_v3.InceptionV3(weights='imagenet',
                                 include_top=False)
```

我们不需要训练模型，所以这个命令会禁用所有与训练有关的操作

构建不包括全连接层的 Inception V3 网络。使用预训练的 ImageNet 权重来加载模型

接下来，我们要计算**损失**（loss），即在梯度上升过程中需要最大化的量。在第 5 章的过滤器可视化中，我们试图将某一层的某个过滤器的值最大化。这里，我们要将多个层的所有过滤器的激活同时最大化。具体来说，就是对一组靠近顶部的层激活的 L2 范数进行加权求和，然后将其最大化。选择哪些层（以及它们对最终损失的贡献）对生成的可视化结果具有很大影响，所以我们希望让这些参数变得易于配置。更靠近底部的层生成的是几何图案，而更靠近顶部的层生成的则是从中能够看出某些 ImageNet 类别（比如鸟或狗）的图案。我们将随意选择 4 层的配置，但你以后一定要探索多个不同的配置。

代码清单 8-9　设置 DeepDream 配置

```
layer_contributions = {
    'mixed2': 0.2,
    'mixed3': 3.,
    'mixed4': 2.,
    'mixed5': 1.5,
}
```

这个字典将层的名称映射为一个系数，这个系数定量表示该层激活对你要最大化的损失的贡献大小。注意，层的名称硬编码在内置的 Inception V3 应用中。可以使用 **model.summary()** 列出所有层的名称

接下来，我们来定义一个包含损失的张量，损失就是代码清单 8-9 中层激活的 L2 范数的加权求和。

代码清单 8-10　定义需要最大化的损失

创建一个字典，将层的名称
映射为层的实例

```
layer_dict = dict([(layer.name, layer) for layer in model.layers])

loss = K.variable(0.)    ←── 在定义损失时将层的贡献添加到这个标量变量中
for layer_name in layer_contributions:
    coeff = layer_contributions[layer_name]
    activation = layer_dict[layer_name].output    ←── 获取层的输出

    scaling = K.prod(K.cast(K.shape(activation), 'float32'))
    loss += coeff * K.sum(K.square(activation[:, 2: -2, 2: -2, :])) / scaling    ←──┐
```

将该层特征的L2范数添加到 loss 中。
为了避免出现边界伪影，损失中仅包
含非边界的像素

下面来设置梯度上升过程。

代码清单 8-11　梯度上升过程

```
dream = model.input    ←── 这个张量用于保存生成的图像，即梦境图像

grads = K.gradients(loss, dream)[0]    ←── 计算损失相对于梦境图像的梯度

grads /= K.maximum(K.mean(K.abs(grads)), 1e-7)    ←── 将梯度标准化（重要技巧）

outputs = [loss, grads]
fetch_loss_and_grads = K.function([dream], outputs)    ┐ 给定一张输出图像，设置
                                                        │ 一个 Keras 函数来获取损
def eval_loss_and_grads(x):                             │ 失值和梯度值
    outs = fetch_loss_and_grads([x])
    loss_value = outs[0]
    grad_values = outs[1]
    return loss_value, grad_values

def gradient_ascent(x, iterations, step, max_loss=None):
    for i in range(iterations):
        loss_value, grad_values = eval_loss_and_grads(x)
        if max_loss is not None and loss_value > max_loss:
            break                                        ┐ 这个函数运行 iterations
        print('...Loss value at', i, ':', loss_value)    │ 次梯度上升
        x += step * grad_values
    return x
```

最后就是实际的 DeepDream 算法。首先，我们来定义一个列表，里面包含的是处理图像的**尺度**（也叫八度）。每个连续的尺度都是前一个的 1.4 倍（放大 40%），即首先处理小图像，然后逐渐增大图像尺寸（见图 8-4）。

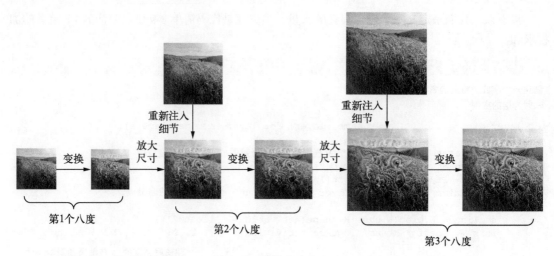

图 8-4   DeepDream 过程：空间处理尺度的连续放大（八度）与放大时重新注入细节

对于每个连续的尺度，从最小到最大，我们都需要在当前尺度运行梯度上升，以便将之前定义的损失最大化。每次运行完梯度上升之后，将得到的图像放大 40%。

在每次连续的放大之后（图像会变得模糊或像素化），为避免丢失大量图像细节，我们可以使用一个简单的技巧：每次放大之后，将丢失的细节重新注入到图像中。这种方法是可行的，因为我们知道原始图像放大到这个尺度应该是什么样子。给定一个较小的图像尺寸 S 和一个较大的图像尺寸 L，你可以计算将原始图像大小调整为 L 与将原始图像大小调整为 S 之间的区别，这个区别可以定量描述从 S 到 L 的细节损失。

代码清单 8-12   在多个连续尺度上运行梯度上升

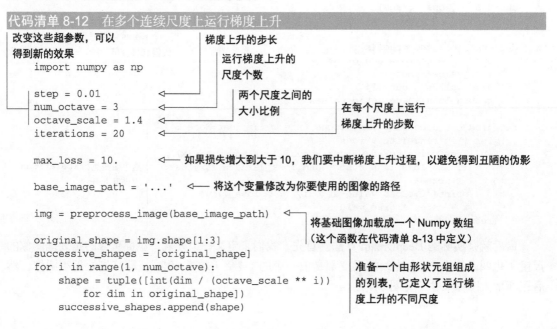

```
successive_shapes = successive_shapes[::-1]     ◄──┐ 将形状列表反转，变为升序

original_img = np.copy(img)
shrunk_original_img = resize_img(img, successive_shapes[0])        ┐ 将图像 Numpy 数组的
                                                                   │ 大小缩放到最小尺寸
for shape in successive_shapes:
    print('Processing image shape', shape)
    img = resize_img(img, shape)        ◄── 将梦境图像放大
    img = gradient_ascent(img,
                          iterations=iterations,                        将原始图像的较小版本
运行梯度上升，              step=step,                                    放大，它会变得像素化
改变梦境图像                max_loss=max_loss)
    upscaled_shrunk_original_img = resize_img(shrunk_original_img, shape)     ◄──
    same_size_original = resize_img(original_img, shape)
    lost_detail = same_size_original - upscaled_shrunk_original_img       ◄──

    img += lost_detail
    shrunk_original_img = resize_img(original_img, shape)        ◄──
    save_img(img, fname='dream_at_scale_' + str(shape) + '.png')

save_img(img, fname='final_dream.png')                          将丢失的细节重新注入
                                                                到梦境图像中
在这个尺寸上计算原始
图像的高质量版本                                          二者的差别就是在放大
                                                        过程中丢失的细节
```

注意，上述代码使用了下面这些简单的 Numpy 辅助函数，其功能从名称中就可以看出来。它们都需要安装 SciPy。

代码清单 8-13   辅助函数

```
import scipy
from keras.preprocessing import image

def resize_img(img, size):
    img = np.copy(img)
    factors = (1,
               float(size[0]) / img.shape[1],
               float(size[1]) / img.shape[2],
               1)
    return scipy.ndimage.zoom(img, factors, order=1)

def save_img(img, fname):
    pil_img = deprocess_image(np.copy(img))
    scipy.misc.imsave(fname, pil_img)

def preprocess_image(image_path):        ◄──
    img = image.load_img(image_path)            通用函数，用于打开图像、改变图像大小以及将图像
    img = image.img_to_array(img)               格式转换为 Inception V3 模型能够处理的张量
    img = np.expand_dims(img, axis=0)
    img = inception_v3.preprocess_input(img)
    return img
```

8

```
def deprocess_image(x):        ←── 通用函数，将一个张量转换为有效图像
    if K.image_data_format() == 'channels_first':
        x = x.reshape((3, x.shape[2], x.shape[3]))
        x = x.transpose((1, 2, 0))
    else:
        x = x.reshape((x.shape[1], x.shape[2], 3))  ◁
    x /= 2.
    x += 0.5
    x *= 255.
    x = np.clip(x, 0, 255).astype('uint8')
    return x
```

对 **inception_v3.preprocess_input** 所做的预处理进行反向操作

> **注意** 因为原始 Inception V3 网络训练识别尺寸为 299×299 的图像中的概念，而上述过程中将图像尺寸减小很多，所以 DeepDream 实现在尺寸介于 300×300 和 400×400 之间的图像上能够得到更好的结果。但不管怎样，你都可以在任何尺寸和任何比例的图像上运行同样的代码。

最开始的照片是在旧金山湾和 Google 校园之间的小山上拍摄的，我们从这张照片得到的 DeepDream 图像如图 8-5 所示。

图 8-5　在示例图像上运行 DeepDream 代码

我们强烈建议你调节在损失中使用的层，从而探索能够得到什么样的结果。网络中更靠近底部的层包含更局部、不太抽象的表示，得到的梦境图案看起来更像是几何形状。更靠近顶部的层能够得到更容易识别的视觉图案，这些图案都是基于 ImageNet 中最常见的对象，比如狗眼睛、鸟羽毛等。你可以随机生成 layer_contributions 字典中的参数，从而快速探索多种不同的层组合。对于一张自制美味糕点的图像，图 8-6 给出了利用不同的层配置所得到的一系列结果。

图 8-6 在一张示例图像上尝试一系列 DeepDream 配置

8.2.2 小结

□ DeepDream 的过程是反向运行一个卷积神经网络，基于网络学到的表示来生成输入。
□ 得到的结果是很有趣的，有些类似于通过迷幻剂扰乱视觉皮层而诱发的视觉伪影。
□ 注意，这个过程并不局限于图像模型，甚至并不局限于卷积神经网络。它可以应用于语音、音乐等更多内容。

8.3 神经风格迁移

除 DeepDream 之外，深度学习驱动图像修改的另一项重大进展是**神经风格迁移**（neural style transfer），它由 Leon Gatys 等人于 2015 年夏天提出。[①] 自首次提出以来，神经风格迁移算法已经做了许多改进，并衍生出许多变体，而且还成功转化成许多智能手机图片应用。为了简

---

① 参见 Leon A. Gatys、Alexander S. Ecker 和 Matthias Bethge 于 2015 年发表的文章 "A neural algorithm of artistic style"。

单起见，本节将重点介绍原始论文中描述的方法。

神经风格迁移是指将参考图像的风格应用于目标图像，同时保留目标图像的内容。图 8-7 给出了一个示例。

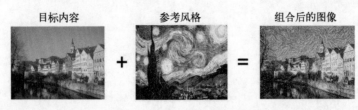

目标内容　　　　　　参考风格　　　　　　组合后的图像

图 8-7　一个风格迁移的示例

在当前语境下，**风格**（style）是指图像中不同空间尺度的纹理、颜色和视觉图案，**内容**（content）是指图像的高级宏观结构。举个例子，在图 8-7 中（用到的参考图像是文森特·梵高的《星夜》），蓝黄色圆形笔划被看作风格，而 Tübingen（图宾根）照片中的建筑则被看作内容。

风格迁移这一想法与纹理生成的想法密切相关，在 2015 年开发出神经风格迁移之前，这一想法就已经在图像处理领域有着悠久的历史。但事实证明，与之前经典的计算机视觉技术实现相比，基于深度学习的风格迁移实现得到的结果是无与伦比的，并且还在计算机视觉的创造性应用中引发了惊人的复兴。

实现风格迁移背后的关键概念与所有深度学习算法的核心思想是一样的：定义一个损失函数来指定想要实现的目标，然后将这个损失最小化。你知道想要实现的目标是什么，就是保存原始图像的内容，同时采用参考图像的风格。如果我们能够在数学上给出**内容**和**风格**的定义，那么就有一个适当的损失函数（如下所示），我们将对其进行最小化。

```
loss = distance(style(reference_image) - style(generated_image)) +
       distance(content(original_image) - content(generated_image))
```

这里的 `distance` 是一个范数函数，比如 L2 范数；`content` 是一个函数，输入一张图像，并计算出其内容的表示；`style` 是一个函数，输入一张图像，并计算出其风格的表示。将这个损失最小化，会使得 `style(generated_image)` 接近于 `style(reference_image)`、`content(generated_image)` 接近于 `content(generated_image)`，从而实现我们定义的风格迁移。

Gatys 等人发现了一个很重要的观察结果，就是深度卷积神经网络能够从数学上定义 `style` 和 `content` 两个函数。我们来看一下如何定义。

8.3.1　内容损失

如你所知，网络更靠底部的层激活包含关于图像的**局部**信息，而更靠近顶部的层则包含更加**全局**、更加**抽象**的信息。卷积神经网络不同层的激活用另一种方式提供了图像内容在不同空间尺度上的分解。因此，图像的内容是更加全局和抽象的，我们认为它能够被卷积神经网络更靠顶部的层的表示所捕捉到。

因此，内容损失的一个很好的候选者就是两个激活之间的 L2 范数，一个激活是预训练的卷积神经网络更靠顶部的某层在目标图像上计算得到的激活，另一个激活是同一层在生成图像上计算得到的激活。这可以保证，在更靠顶部的层看来，生成图像与原始目标图像看起来很相似。假设卷积神经网络更靠顶部的层看到的就是输入图像的内容，那么这种方法可以保存图像内容。

8.3.2　风格损失

内容损失只使用了一个更靠顶部的层，但 Gatys 等人定义的风格损失则使用了卷积神经网络的多个层。我们想要捉到卷积神经网络在风格参考图像的所有空间尺度上提取的外观，而不仅仅是在单一尺度上。对于风格损失，Gatys 等人使用了层激活的**格拉姆矩阵**（Gram matrix），即某一层特征图的内积。这个内积可以被理解成表示该层特征之间相互关系的映射。这些特征相互关系抓住了在特定空间尺度下模式的统计规律，从经验上来看，它对应于这个尺度上找到的纹理的外观。

因此，风格损失的目的是在风格参考图像与生成图像之间，在不同的层激活内保存相似的内部相互关系。反过来，这保证了在风格参考图像与生成图像之间，不同空间尺度找到的纹理看起来都很相似。

简而言之，你可以使用预训练的卷积神经网络来定义一个具有以下特点的损失。

- ❏ 在目标内容图像和生成图像之间保持相似的较高层激活，从而能够保留内容。卷积神经网络应该能够"看到"目标图像和生成图像包含相同的内容。
- ❏ 在较低层和较高层的激活中保持类似的**相互关系**（correlation），从而能够保留风格。特征相互关系捕捉到的是**纹理**（texture），生成图像和风格参考图像在不同的空间尺度上应该具有相同的纹理。

接下来，我们来用 Keras 实现 2015 年的原始神经风格迁移算法。你将会看到，它与上一节介绍的 DeepDream 算法实现有许多相似之处。

8.3.3　用 Keras 实现神经风格迁移

神经风格迁移可以用任何预训练卷积神经网络来实现。我们这里将使用 Gatys 等人所使用的 VGG19 网络。VGG19 是第 5 章介绍的 VGG16 网络的简单变体，增加了三个卷积层。

神经风格迁移的一般过程如下。

(1) 创建一个网络，它能够同时计算风格参考图像、目标图像和生成图像的 VGG19 层激活。

(2) 使用这三张图像上计算的层激活来定义之前所述的损失函数，为了实现风格迁移，需要将这个损失函数最小化。

(3) 设置梯度下降过程来将这个损失函数最小化。

我们首先来定义风格参考图像和目标图像的路径。为了确保处理后的图像具有相似的尺寸（如果图像尺寸差异很大，会使得风格迁移变得更加困难），稍后需要将所有图像的高度调整为 400 像素。

代码清单 8-14　定义初始变量

```
from keras.preprocessing.image import load_img, img_to_array

target_image_path = 'img/portrait.jpg'    ← 想要变换的图像的路径
style_reference_image_path = 'img/transfer_style_reference.jpg'    ← 风格图像的路径

width, height = load_img(target_image_path).size
img_height = 400                                        生成图像的尺寸
img_width = int(width * img_height / height)
```

我们需要一些辅助函数，用于对进出 VGG19 卷积神经网络的图像进行加载、预处理和后处理。

代码清单 8-15　辅助函数

```
import numpy as np
from keras.applications import vgg19

def preprocess_image(image_path):
    img = load_img(image_path, target_size=(img_height, img_width))
    img = img_to_array(img)
    img = np.expand_dims(img, axis=0)
    img = vgg19.preprocess_input(img)
    return img

def deprocess_image(x):
    x[:, :, 0] += 103.939        vgg19.preprocess_input 的作用是减去 ImageNet 的平均像素值，
    x[:, :, 1] += 116.779        使其中心为 0。这里相当于 vgg19.preprocess_input 的逆操作
    x[:, :, 2] += 123.68
    x = x[:, :, ::-1]   ←        将图像由 BGR 格式转换为 RGB 格式。这也是
    x = np.clip(x, 0, 255).astype('uint8')    vgg19.preprocess_input 逆操作的一部分
    return x
```

下面构建 VGG19 网络。它接收三张图像的批量作为输入，三张图像分别是风格参考图像、目标图像和一个用于保存生成图像的占位符。占位符是一个符号张量，它的值由外部 Numpy 张量提供。风格参考图像和目标图像都是不变的，因此使用 K.constant 来定义，但生成图像的占位符所包含的值会随着时间而改变。

代码清单 8-16　加载预训练的 VGG19 网络，并将其应用于三张图像

```
from keras import backend as K                              这个占位符用于
                                                            保存生成图像
target_image = K.constant(preprocess_image(target_image_path))
style_reference_image = K.constant(preprocess_image(style_reference_image_path))
combination_image = K.placeholder((1, img_height, img_width, 3))   ←

input_tensor = K.concatenate([target_image,
                              style_reference_image,       将三张图像合并为一个批量
                              combination_image], axis=0)

model = vgg19.VGG19(input_tensor=input_tensor,    利用三张图像组成的批量作为输入
                    weights='imagenet',           来构建 VGG19 网络。加载模型将
                    include_top=False)            使用预训练的 ImageNet 权重
print('Model loaded.')
```

我们来定义内容损失，它要保证目标图像和生成图像在 VGG19 卷积神经网络的顶层具有相似的结果。

代码清单 8-17 内容损失

```
def content_loss(base, combination):
    return K.sum(K.square(combination - base))
```

接下来是风格损失。它使用一个辅助函数来计算输入矩阵的格拉姆矩阵，即原始特征矩阵中相互关系的映射。

代码清单 8-18 风格损失

```
def gram_matrix(x):
    features = K.batch_flatten(K.permute_dimensions(x, (2, 0, 1)))
    gram = K.dot(features, K.transpose(features))
    return gram


def style_loss(style, combination):
    S = gram_matrix(style)
    C = gram_matrix(combination)
    channels = 3
    size = img_height * img_width
    return K.sum(K.square(S - C)) / (4. * (channels ** 2) * (size ** 2))
```

除了这两个损失分量，我们还要添加第三个——**总变差损失**（total variation loss），它对生成的组合图像的像素进行操作。它促使生成图像具有空间连续性，从而避免结果过度像素化。你可以将其理解为正则化损失。

代码清单 8-19 总变差损失

```
def total_variation_loss(x):
    a = K.square(
        x[:, :img_height - 1, :img_width - 1, :] -
        x[:, 1:, :img_width - 1, :])
    b = K.square(
        x[:, :img_height - 1, :img_width - 1, :] -
        x[:, :img_height - 1, 1:, :])
    return K.sum(K.pow(a + b, 1.25))
```

我们需要最小化的损失是这三项损失的加权平均。为了计算内容损失，我们只使用一个靠顶部的层，即 `block5_conv2` 层；而对于风格损失，我们需要使用一系列层，既包括顶层也包括底层。最后还需要添加总变差损失。

根据所使用的风格参考图像和内容图像，很可能还需要调节 `content_weight` 系数（内容损失对总损失的贡献比例）。更大的 `content_weight` 表示目标内容更容易在生成图像中被识别出来。

代码清单 8-20 定义需要最小化的最终损失

将层的名称映射为激活张量的字典

```
    outputs_dict = dict([(layer.name, layer.output) for layer in model.layers])
```

```
content_layer = 'block5_conv2'          ◁── 用于内容损失的层
style_layers = ['block1_conv1',
                'block2_conv1',
                'block3_conv1',          用于风格损失的层
                'block4_conv1',
                'block5_conv1']
total_variation_weight = 1e-4
style_weight = 1.                        损失分量的加权平均所使用的权重
content_weight = 0.025
```

```
              loss = K.variable(0.)
              layer_features = outputs_dict[content_layer]              ◁── 在定义损失时将所有分量
添加内          target_image_features = layer_features[0, :, :, :]          添加到这个标量变量中
容损失          combination_features = layer_features[2, :, :, :]
              loss += content_weight * content_loss(target_image_features,
                                                    combination_features)
              for layer_name in style_layers:
                  layer_features = outputs_dict[layer_name]             ◁── 添加每个目标层的
                  style_reference_features = layer_features[1, :, :, :]    风格损失分量
                  combination_features = layer_features[2, :, :, :]
                  sl = style_loss(style_reference_features, combination_features)
                  loss += (style_weight / len(style_layers)) * sl

              loss += total_variation_weight * total_variation_loss(combination_image)   ◁──┐
                                                                                            │
                                                               添加总变差损失 │
```

最后需要设置梯度下降过程。在 Gatys 等人最初的论文中，使用 L-BFGS 算法进行最优化，所以我们这里也将使用这种方法。这是本例与 8.2 节 DeepDream 例子的主要区别。L-BFGS 算法内置于 SciPy 中，但 SciPy 实现有两个小小的限制。

❑ 它需要将损失函数值和梯度值作为两个单独的函数传入。

❑ 它只能应用于展平的向量，而我们的数据是三维图像数组。

分别计算损失函数值和梯度值是很低效的，因为这么做会导致二者之间大量的冗余计算。这一过程需要的时间几乎是联合计算二者所需时间的 2 倍。为了避免这种情况，我们将创建一个名为 Evaluator 的 Python 类，它可以同时计算损失值和梯度值，在第一次调用时会返回损失值，同时缓存梯度值用于下一次调用。

代码清单 8-21   设置梯度下降过程

```
grads = K.gradients(loss, combination_image)[0]      ◁── 获取损失相对于生成图像的梯度

fetch_loss_and_grads = K.function([combination_image], [loss, grads])   ◁──┐
                                                                            │
                                                          用于获取当前损失值和 │
                                                          当前梯度值的函数 │

class Evaluator(object):   ◁──┐
                              │
    def __init__(self):       这个类将 fetch_loss_and_grads 包
        self.loss_value = None    装起来，让你可以利用两个单独的方法
        self.grads_values = None  调用来获取损失和梯度，这是我们要使
                                  用的 SciPy 优化器所要求的
```

```python
    def loss(self, x):
        assert self.loss_value is None
        x = x.reshape((1, img_height, img_width, 3))
        outs = fetch_loss_and_grads([x])
        loss_value = outs[0]
        grad_values = outs[1].flatten().astype('float64')
        self.loss_value = loss_value
        self.grad_values = grad_values
        return self.loss_value

    def grads(self, x):
        assert self.loss_value is not None
        grad_values = np.copy(self.grad_values)
        self.loss_value = None
        self.grad_values = None
        return grad_values

evaluator = Evaluator()
```

最后，可以使用 SciPy 的 L-BFGS 算法来运行梯度上升过程，在算法每一次迭代时都保存当前的生成图像（这里一次迭代表示 20 个梯度上升步骤）。

代码清单 8-22　风格迁移循环

```python
from scipy.optimize import fmin_l_bfgs_b
from scipy.misc import imsave
import time

result_prefix = 'my_result'          这是初始状态:      将图像展平，因为 scipy.optimize.
iterations = 20                       目标图像           fmin_l_bfgs_b 只能处理展平的向量

x = preprocess_image(target_image_path)
x = x.flatten()
for i in range(iterations):                              对生成图像的像素运行
    print('Start of iteration', i)                       L-BFGS 最优化，以将神
    start_time = time.time()                             经风格损失最小化。注意,
    x, min_val, info = fmin_l_bfgs_b(evaluator.loss,     必须将计算损失的函数和
                                     x,                   计算梯度的函数作为两个
                                     fprime=evaluator.grads,  单独的参数传入
                                     maxfun=20)
    print('Current loss value:', min_val)
    img = x.copy().reshape((img_height, img_width, 3))
    img = deprocess_image(img)
    fname = result_prefix + '_at_iteration_%d.png' % i
    imsave(fname, img)                                   保存当前的生成图像
    print('Image saved as', fname)
    end_time = time.time()
    print('Iteration %d completed in %ds' % (i, end_time - start_time))
```

得到的结果如图 8-8 所示。请记住，这种技术所实现的仅仅是一种形式的改变图像纹理，或者叫纹理迁移。如果风格参考图像具有明显的纹理结构且高度自相似，并且内容目标不需要高层次细节就能够被识别，那么这种方法的效果最好。它通常无法实现比较抽象的迁移，比如将一幅肖像的风格迁移到另一幅中。这种算法更接近于经典的信号处理，而不是更接近于人工

智能，因此不要指望它能实现魔法般的效果。

图 8-8   一些示例结果

此外还请注意，这个风格迁移算法的运行速度很慢。但这种方法实现的变换足够简单，只要有适量的训练数据，一个小型的快速前馈卷积神经网络就可以学会这种变换。因此，实现快速风格迁移的方法是，首先利用这里介绍的方法，花费大量的计算时间对一张固定的风格参考图像生成许多输入−输出训练样例，然后训练一个简单的卷积神经网络来学习这个特定风格的变换。一旦完成之后，对一张图像进行风格迁移是非常快的，只是这个小型卷积神经网络的一次前向传递而已。

8.3.4 小结

❑ 风格迁移是指创建一张新图像，保留目标图像的内容的同时还抓住了参考图像的风格。
❑ 内容可以被卷积神经网络更靠顶部的层激活所捕捉到。
❑ 风格可以被卷积神经网络不同层激活的内部相互关系所捕捉到。
❑ 因此，深度学习可以将风格迁移表述为一个最优化过程，并用到了一个用预训练卷积神经网络所定义的损失。
❑ 从这个基本想法出发，可以有许多变体和改进。

8.4 用变分自编码器生成图像

从图像的潜在空间中采样，并创建全新图像或编辑现有图像，这是目前最流行也是最成功的创造性人工智能应用。在本节和下一节中，我们将会介绍一些与图像生成有关的高级概念，还会介绍该领域中两种主要技术的实现细节，这两种技术分别是**变分自编码器**（VAE，variational autoencoder）和**生成式对抗网络**（GAN，generative adversarial network）。我们这里介绍的技术不仅适用于图像，使用 GAN 和 VAE 还可以探索声音、音乐甚至文本的潜在空间，但在实践中，最有趣的结果都是利用图像获得的，这也是我们这里介绍的重点。

8.4.1 从图像的潜在空间中采样

图像生成的关键思想就是找到一个低维的表示**潜在空间**（latent space，也是一个向量空间），其中任意点都可以被映射为一张逼真的图像。能够实现这种映射的模块，即以潜在点作为输入并输出一张图像（像素网格），叫作**生成器**（generator，对于 GAN 而言）或**解码器**（decoder，对于 VAE 而言）。一旦找到了这样的潜在空间，就可以从中有意地或随机地对点进行采样，并将其映射到图像空间，从而生成前所未见的图像（见图 8-9）。

8

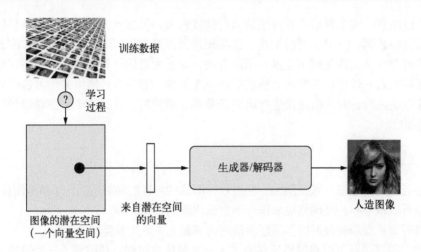

图 8-9　学习图像的潜在向量空间，并利用这个空间来采样新图像

想要学习图像表示的这种潜在空间，GAN 和 VAE 是两种不同的策略，每种策略都有各自的特点。VAE 非常适合用于学习具有良好结构的潜在空间，其中特定方向表示数据中有意义的变化轴（见图 8-10）。GAN 生成的图像可能非常逼真，但它的潜在空间可能没有良好结构，也没有足够的连续性。

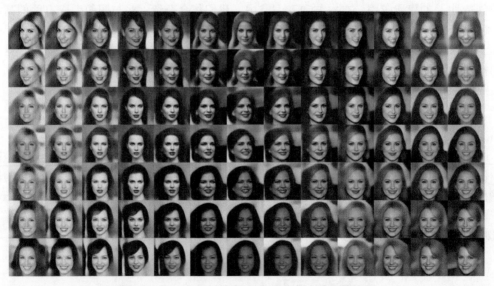

图 8-10　Tom White 使用 VAE 生成的人脸连续空间

8.4.2　图像编辑的概念向量

第 6 章介绍词嵌入时，我们已经暗示了**概念向量**（concept vector）的想法：给定一个表示

的潜在空间或一个嵌入空间，空间中的特定方向可能表示原始数据中有趣的变化轴。比如在人脸图像的潜在空间中，可能存在一个**微笑向量**（smile vector）s，它满足：如果潜在点 z 是某张人脸的嵌入表示，那么潜在点 z+s 就是同一张人脸面带微笑的嵌入表示。一旦找到了这样的向量，就可以用这种方法来编辑图像：将图像投射到潜在空间中，用一种有意义的方式来移动其表示，然后再将其解码到图像空间。在图像空间中任意独立的变化维度都有概念向量，对于人脸而言，你可能会发现向人脸添加墨镜的向量、去掉墨镜的向量。将男性面孔变成女性面孔的向量等。图 8-11 是一个微笑向量的例子，它是由新西兰维多利亚大学设计学院的 Tom White 发现的概念向量，使用的是在名人人脸数据集（CelebA 数据集）上训练的 VAE。

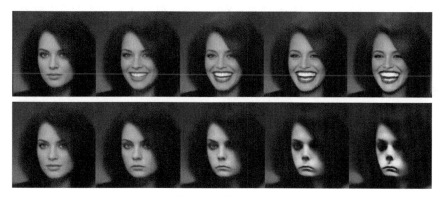

图 8-11　微笑向量

8.4.3　变分自编码器

自编码器由 Kingma 和 Welling 于 2013 年 12 月 [1] 与 Rezende、Mohamed 和 Wierstra 于 2014 年 1 月 [2] 同时发现，它是一种生成式模型，特别适用于利用概念向量进行图像编辑的任务。它是一种现代化的自编码器，将深度学习的想法与贝叶斯推断结合在一起。自编码器是一种网络类型，其目的是将输入编码到低维潜在空间，然后再解码回来。

经典的图像自编码器接收一张图像，通过一个编码器模块将其映射到潜在向量空间，然后再通过一个解码器模块将其解码为与原始图像具有相同尺寸的输出（见图 8-12）。然后，使用与输入图像**相同的图像**作为目标数据来训练这个自编码器，也就是说，自编码器学习对原始输入进行重新构建。通过对代码（编码器的输出）施加各种限制，我们可以让自编码器学到比较有趣的数据潜在表示。最常见的情况是将代码限制为低维的并且是稀疏的（即大部分元素为 0），在这种情况下，编码器的作用是将输入数据压缩为更少二进制位的信息。

---

① 参见 Diederik P. Kingma 和 Max Welling 于 2013 年发表的文章 "Auto-encoding variational bayes"。

② 参见 Danilo Jimenez Rezende、Shakir Mohamed 和 Daan Wierstra 于 2014 年发表的文章 "Stochastic backpropagation and approximate inference in deep generative models"。

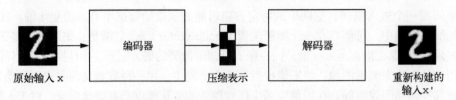

图 8-12 自编码器：将输入 x 映射为压缩表示，然后再将其解码为 x′

在实践中，这种经典的自编码器不会得到特别有用或具有良好结构的潜在空间。它们也没有对数据做多少压缩。因此，它们已经基本上过时了。但是，VAE 向自编码器添加了一点统计魔法，迫使其学习连续的、高度结构化的潜在空间。这使得 VAE 已成为图像生成的强大工具。

VAE 不是将输入图像压缩成潜在空间中的固定编码，而是将图像转换为统计分布的参数，即平均值和方差。本质上来说，这意味着我们假设输入图像是由统计过程生成的，在编码和解码过程中应该考虑这一过程的随机性。然后，VAE 使用平均值和方差这两个参数来从分布中随机采样一个元素，并将这个元素解码到原始输入（见图 8-13）。这个过程的随机性提高了其稳健性，并迫使潜在空间的任何位置都对应有意义的表示，即潜在空间采样的每个点都能解码为有效的输出。

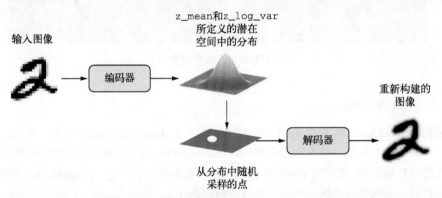

图 8-13 VAE 将一张图像映射为两个向量 z_mean 和 z_log_var，二者定义了潜在空间中的一个概率分布，用于采样一个潜在点并对其进行解码

从技术角度来说，VAE 的工作原理如下。

(1) 一个编码器模块将输入样本 input_img 转换为表示潜在空间中的两个参数 z_mean 和 z_log_variance。

(2) 我们假定潜在正态分布能够生成输入图像，并从这个分布中随机采样一个点 z：z = z_mean + exp(0.5 * z_log_variance) * epsilon，其中 epsilon 是取值很小的随机张量。

(3) 一个解码器模块将潜在空间的这个点映射回原始输入图像。

因为 epsilon 是随机的，所以这个过程可以确保，与 input_img 编码的潜在位置（即z-mean）靠近的每个点都能被解码为与 input_img 类似的图像，从而迫使潜在空间能够连续地有意义。潜在空间中任意两个相邻的点都会被解码为高度相似的图像。连续性以及潜在空间的低维度，将迫使潜在空间中的每个方向都表示数据中一个有意义的变化轴，这使得潜在空间具有非常良好的结构，因此非常适合通过概念向量来进行操作。

VAE 的参数通过两个损失函数来进行训练：一个是**重构损失**（reconstruction loss），它迫使解码后的样本匹配初始输入；另一个是**正则化损失**（regularization loss），它有助于学习具有良好结构的潜在空间，并可以降低在训练数据上的过拟合。我们来快速浏览一下 Keras 实现的VAE。其大致代码如下所示。

```
z_mean, z_log_variance = encoder(input_img)   ◄── 将输入编码为平均值和方差两个参数

z = z_mean + exp(0.5 * z_log_variance) * epsilon   ◄── 使用小随机数 epsilon 来抽取一个
                                                        潜在点
reconstructed_img = decoder(z)   ◄── 将 z 解码为一张图像

model = Model(input_img, reconstructed img)   ◄── 将自编码器模型实例化，它将一张
                                                   输入图像映射为它的重构
```

然后，你可以使用重构损失和正则化损失来训练模型。

下列代码给出了我们将使用的编码器网络，它将图像映射为潜在空间中概率分布的参数。它是一个简单的卷积神经网络，将输入图像 x 映射为两个向量 z_mean 和 z_log_var。

代码清单 8-23　VAE 编码器网络

```
import keras
from keras import layers
from keras import backend as K
from keras.models import Model
import numpy as np

img_shape = (28, 28, 1)        潜在空间的维度：
batch_size = 16                一个二维平面
latent_dim = 2    ◄──

input_img = keras.Input(shape=img_shape)

x = layers.Conv2D(32, 3,
                  padding='same', activation='relu')(input_img)
x = layers.Conv2D(64, 3,
                  padding='same', activation='relu',
                  strides=(2, 2))(x)
x = layers.Conv2D(64, 3,
                  padding='same', activation='relu')(x)
x = layers.Conv2D(64, 3,
                  padding='same', activation='relu')(x)
shape_before_flattening = K.int_shape(x)

x = layers.Flatten()(x)
x = layers.Dense(32, activation='relu')(x)

z_mean = layers.Dense(latent_dim)(x)        输入图像最终被编码
z_log_var = layers.Dense(latent_dim)(x)     为这两个参数
```

　　接下来的代码将使用 z_mean 和 z_log_var 来生成一个潜在空间点 z，z_mean 和 z_log_var 是统计分布的参数，我们假设这个分布能够生成 input_img。这里，我们将一些随意的代码（这些代码构建于 Keras 后端之上）包装到 Lambda 层中。在 Keras 中，任何对象都应该是一个层，所以如果代码不是内置层的一部分，我们应该将其包装到一个 Lambda 层（或自定义层）中。

代码清单 8-24　潜在空间采样的函数

```python
def sampling(args):
    z_mean, z_log_var = args
    epsilon = K.random_normal(shape=(K.shape(z_mean)[0], latent_dim),
                              mean=0., stddev=1.)
    return z_mean + K.exp(0.5 * z_log_var) * epsilon

z = layers.Lambda(sampling)([z_mean, z_log_var])
```

　　下列代码给出了解码器的实现。我们将向量 z 的尺寸调整为图像大小，然后使用几个卷积层来得到最终的图像输出，它和原始图像 input_img 具有相同的大小。

代码清单 8-25　VAE 解码器网络，将潜在空间点映射为图像

```python
decoder_input = layers.Input(K.int_shape(z)[1:])    ←── 需要将 z 输入到这里

x = layers.Dense(np.prod(shape_before_flattening[1:]),    │ 对输入进行上采样
                 activation='relu')(decoder_input)

x = layers.Reshape(shape_before_flattening[1:])(x)   ←
                                                          将 z 转换为特征图，使其形状与编码
                                                          器模型最后一个 Flatten 层之前的特
                                                          征图的形状相同
x = layers.Conv2DTranspose(32, 3,
                           padding='same',
                           activation='relu',         使用一个 Conv2DTranspose 层和一个
                           strides=(2, 2))(x)         Conv2D 层，将 z 解码为与原始输入图
x = layers.Conv2D(1, 3,                               像具有相同尺寸的特征图
                  padding='same',
                  activation='sigmoid')(x)

decoder = Model(decoder_input, x)   ←
                                        将解码器模型实例化，它将 decoder_input
                                        转换为解码后的图像
z_decoded = decoder(z)

将这个实例应用于 z，以得到解码后的 z
```

　　我们一般认为采样函数的形式为 loss(input, target)，VAE 的双重损失不符合这种形式。因此，损失的设置方法为：编写一个自定义层，并在其内部使用内置的 add_loss 层方法来创建一个你想要的损失。

代码清单 8-26　用于计算 VAE 损失的自定义层

```python
class CustomVariationalLayer(keras.layers.Layer):

    def vae_loss(self, x, z_decoded):
        x = K.flatten(x)
        z_decoded = K.flatten(z_decoded)
```

```
        xent_loss = keras.metrics.binary_crossentropy(x, z_decoded)
        kl_loss = -5e-4 * K.mean(
            1 + z_log_var - K.square(z_mean) - K.exp(z_log_var), axis=-1)
        return K.mean(xent_loss + kl_loss)

    def call(self, inputs):           通过编写一个 call 方法来
        x = inputs[0]                 实现自定义层
        z_decoded = inputs[1]
        loss = self.vae_loss(x, z_decoded)    我们不使用这个输出，
        self.add_loss(loss, inputs=inputs)    但层必须要有返回值
        return x

y = CustomVariationalLayer()([input_img, z_decoded])      对输入和解码后的输出调用自定
                                                          义层，以得到最终的模型输出
```

最后，将模型实例化并开始训练。因为损失包含在自定义层中，所以在编译时无须指定外部损失（即 loss=None），这意味着在训练过程中不需要传入目标数据。（如你所见，我们在调用 fit 时只向模型传入了 x_train。）

代码清单 8-27 训练 VAE

```
from keras.datasets import mnist

vae = Model(input_img, y)
vae.compile(optimizer='rmsprop', loss=None)
vae.summary()

(x_train, _), (x_test, y_test) = mnist.load_data()

x_train = x_train.astype('float32') / 255.
x_train = x_train.reshape(x_train.shape + (1,))
x_test = x_test.astype('float32') / 255.
x_test = x_test.reshape(x_test.shape + (1,))

vae.fit(x=x_train, y=None,
        shuffle=True,
        epochs=10,
        batch_size=batch_size,
        validation_data=(x_test, None))
```

一旦训练好了这样的模型（本例中是在 MNIST 上训练），我们就可以使用 decoder 网络将任意潜在空间向量转换为图像。

代码清单 8-28 从二维潜在空间中采样一组点的网格，并将其解码为图像

```
import matplotlib.pyplot as plt
from scipy.stats import norm       我们将显示 15×15 的数字网格
                                   （共 255 个数字）
n = 15
digit_size = 28
figure = np.zeros((digit_size * n, digit_size * n))
grid_x = norm.ppf(np.linspace(0.05, 0.95, n))    使用 SciPy 的 ppf 函数对线性分隔的坐
grid_y = norm.ppf(np.linspace(0.05, 0.95, n))    标进行变换，以生成潜在变量 z 的值（因
                                                 为潜在空间的先验分布是高斯分布）
```

8

```
for i, yi in enumerate(grid_x):
    for j, xi in enumerate(grid_y):
        z_sample = np.array([[xi, yi]])
        z_sample = np.tile(z_sample, batch_size).reshape(batch_size, 2)
        x_decoded = decoder.predict(z_sample, batch_size=batch_size)
        digit = x_decoded[0].reshape(digit_size, digit_size)
        figure[i * digit_size: (i + 1) * digit_size,
               j * digit_size: (j + 1) * digit_size] = digit

plt.figure(figsize=(10, 10))
plt.imshow(figure, cmap='Greys_r')
plt.show()
```

将 z 多次重复，以构建一个完整的批量

将批量解码为数字图像

将批量第一个数字的形状从 28×28×1 转变为 28×28

采样数字的网格（见图 8-14）展示了不同数字类别的完全连续分布：当你沿着潜在空间的一条路径观察时，你会观察到一个数字逐渐变形为另一个数字。这个空间的特定方向具有一定的意义，比如，有一个方向表示"逐渐变为 4"、有一个方向表示"逐渐变为 1"等。

下一节我们将会详细介绍生成人造图像的另一个重要工具，即生成式对抗网络（GAN）。

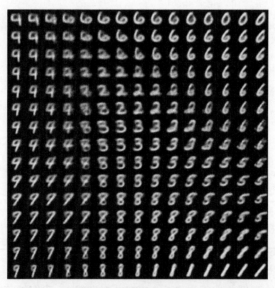

图 8-14   从潜在空间解码得到的数字网格

8.4.4   小结

❏ 用深度学习进行图像生成，就是通过对潜在空间进行学习来实现的，这个潜在空间能够捕捉到关于图像数据集的统计信息。通过对潜在空间中的点进行采样和解码，我们可以生成前所未见的图像。这种方法有两种重要工具：变分自编码器（VAE）和生成式对抗网络（GAN）。

□ VAE 得到的是高度结构化的、连续的潜在表示。因此，它在潜在空间中进行各种图像编辑的效果很好，比如换脸、将皱眉脸换成微笑脸等。它制作基于潜在空间的动画效果也很好，比如沿着潜在空间的一个横截面移动，从而以连续的方式显示从一张起始图像缓慢变化为不同图像的效果。

□ GAN 可以生成逼真的单幅图像，但得到的潜在空间可能没有良好的结构，也没有很好的连续性。

对于图像，我见过的大多数成功的实际应用都是依赖于 VAE 的，但 GAN 在学术研究领域非常流行，至少在 2016—2017 年左右是这样。下一节将会介绍 GAN 的工作原理以及实现。

提示　如果你想进一步研究图像生成，我建议你使用大规模名人人脸属性（CelebA）数据集。它是一个可以免费下载的图像数据集，里面包含超过 20 万张名人肖像，特别适合用概念向量进行实验，其结果肯定能打败 MNIST。

8.5　生成式对抗网络简介

生成式对抗网络（GAN，generative adversarial network）由 Goodfellow 等人于 2014 年提出[①]，它可以替代 VAE 来学习图像的潜在空间。它能够迫使生成图像与真实图像在统计上几乎无法区分，从而生成相当逼真的合成图像。

对 GAN 的一种直观理解是，想象一名伪造者试图伪造一副毕加索的画作。一开始，伪造者非常不擅长这项任务。他将自己的一些赝品与毕加索真迹混在一起，并将其展示给一位艺术商人。艺术商人对每幅画进行真实性评估，并向伪造者给出反馈，告诉他是什么让毕加索作品看起来像一幅毕加索作品。伪造者回到自己的工作室，并准备一些新的赝品。随着时间的推移，伪造者变得越来越擅长模仿毕加索的风格，艺术商人也变得越来越擅长找出赝品。最后，他们手上拥有了一些优秀的毕加索赝品。

这就是 GAN 的工作原理：一个伪造者网络和一个专家网络，二者训练的目的都是为了打败彼此。因此，GAN 由以下两部分组成。

□ **生成器网络**（generator network）：它以一个随机向量（潜在空间中的一个随机点）作为输入，并将其解码为一张合成图像。

□ **判别器网络**（discriminator network）或**对手**（adversary）：以一张图像（真实的或合成的均可）作为输入，并预测该图像是来自训练集还是由生成器网络创建。

训练生成器网络的目的是使其能够欺骗判别器网络，因此随着训练的进行，它能够逐渐生成越来越逼真的图像，即看起来与真实图像无法区分的人造图像，以至于判别器网络无法区分二者（见图 8-15）。与此同时，判别器也在不断适应生成器逐渐提高的能力，为生成图像的真实性设置了很高的标准。一旦训练结束，生成器就能够将其输入空间中的任何点转换为一张可信图像（见图 8-16）。与 VAE 不同，这个潜在空间无法保证具有有意义的结构，而且它还是不连续的。

---

① 参见 Ian Goodfellow 等人于 2014 年发表的文章 "Generative adversarial networks"。

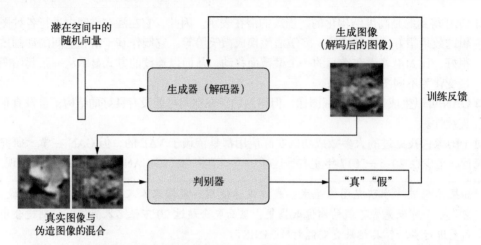

图 8-15   生成器将随机潜在向量转换成图像，判别器试图分辨真实图像与生成图像。
生成器的训练是为了欺骗判别器

值得注意的是，GAN 这个系统与本书中其他任何训练方法都不同，它的优化最小值是不固定的。通常来说，梯度下降是沿着静态的损失地形滚下山坡。但对于 GAN 而言，每下山一步，都会对整个地形造成一点改变。它是一个动态的系统，其最优化过程寻找的不是一个最小值，而是两股力量之间的平衡。因此，GAN 的训练极其困难，想要让 GAN 正常运行，需要对模型架构和训练参数进行大量的仔细调整。

图 8-16   潜在空间的"居民"。Mike Tyka 利用在人脸数据集上训练的多级 GAN 所生成的图像

8.5.1   GAN 的简要实现流程

本节将会介绍如何用 Keras 来实现形式最简单的 GAN。GAN 属于高级应用，所以本书不会深入介绍其技术细节。我们具体实现的是一个**深度卷积生成式对抗网络**（DCGAN，deep convolutional GAN），即生成器和判别器都是深度卷积神经网络的 GAN。特别地，它在生成器中使用 Conv2DTranspose 层进行图像上采样。

我们将在 CIFAR10 数据集的图像上训练 GAN，这个数据集包含 50 000 张 32×32 的 RGB

图像,这些图像属于 10 个类别(每个类别 5000 张图像)。为了简化,我们只使用属于"frog"(青蛙)类别的图像。

GAN 的简要实现流程如下所示。

(1) generator 网络将形状为 (latent_dim,) 的向量映射到形状为 (32, 32, 3) 的图像。

(2) discriminator 网络将形状为 (32, 32, 3) 的图像映射到一个二进制分数,用于评估图像为真的概率。

(3) gan 网络将 generator 网络和 discriminator 网络连接在一起:gan(x) = discriminator (generator(x))。生成器将潜在空间向量解码为图像,判别器对这些图像的真实性进行评估,因此这个 gan 网络是将这些潜在向量映射到判别器的评估结果。

(4) 我们使用带有"真"/"假"标签的真假图像样本来训练判别器,就和训练普通的图像分类模型一样。

(5) 为了训练生成器,我们要使用 gan 模型的损失相对于生成器权重的梯度。这意味着,在每一步都要移动生成器的权重,其移动方向是让判别器更有可能将生成器解码的图像划分为"真"。换句话说,我们训练生成器来欺骗判别器。

8.5.2　大量技巧

训练 GAN 和调节 GAN 实现的过程非常困难。你应该记住一些公认的技巧。与深度学习中的大部分内容一样,这些技巧更像是炼金术而不是科学,它们是启发式的指南,并没有理论上的支持。这些技巧得到了一定程度的来自对现象的直观理解的支持,经验告诉我们,它们的效果都很好,但不一定适用于所有情况。

下面是本节实现 GAN 生成器和判别器时用到的一些技巧。这里并没有列出与 GAN 相关的全部技巧,更多技巧可查阅关于 GAN 的文献。

❑ 我们使用 tanh 作为生成器最后一层的激活,而不用 sigmoid,后者在其他类型的模型中更加常见。

❑ 我们使用**正态分布**(高斯分布)对潜在空间中的点进行采样,而不用均匀分布。

❑ 随机性能够提高稳健性。训练 GAN 得到的是一个动态平衡,所以 GAN 可能以各种方式"卡住"。在训练过程中引入随机性有助于防止出现这种情况。我们通过两种方式引入随机性:一种是在判别器中使用 dropout,另一种是向判别器的标签添加随机噪声。

❑ 稀疏的梯度会妨碍 GAN 的训练。在深度学习中,稀疏性通常是我们需要的属性,但在 GAN 中并非如此。有两件事情可能导致梯度稀疏:最大池化运算和 ReLU 激活。我们推荐使用步进卷积代替最大池化来进行下采样,还推荐使用 LeakyReLU 层来代替 ReLU 激活。LeakyReLU 和 ReLU 类似,但它允许较小的负数激活值,从而放宽了稀疏性限制。

❑ 在生成的图像中,经常会见到棋盘状伪影,这是由生成器中像素空间的不均匀覆盖导致的(见图 8-17)。为了解决这个问题,每当在生成器和判别器中都使用步进的 Conv2DTranpose 或 Conv2D 时,使用的内核大小要能够被步幅大小整除。

8

图 8-17　由于步幅大小和内核大小不匹配而导致的棋盘状伪影，进而导致
像素空间不均匀的覆盖；这是 GAN 的诸多陷阱之一

8.5.3　生成器

首先，我们来开发 generator 模型，它将一个向量（来自潜在空间，训练过程中对其随机采样）转换为一张候选图像。GAN 常见的诸多问题之一，就是生成器"卡在"看似噪声的生成图像上。一种可行的解决方案是在判别器和生成器中都使用 dropout。

代码清单 8-29　GAN 生成器网络

```
import keras
from keras import layers
import numpy as np

latent_dim = 32
height = 32
width = 32
channels = 3

generator_input = keras.Input(shape=(latent_dim,))

x = layers.Dense(128 * 16 * 16)(generator_input)      将输入转换为大小为 16×16 的
x = layers.LeakyReLU()(x)                             128 个通道的特征图
x = layers.Reshape((16, 16, 128))(x)

x = layers.Conv2D(256, 5, padding='same')(x)
x = layers.LeakyReLU()(x)

x = layers.Conv2DTranspose(256, 4, strides=2, padding='same')(x)   上采样为 32×32
x = layers.LeakyReLU()(x)

x = layers.Conv2D(256, 5, padding='same')(x)
x = layers.LeakyReLU()(x)
x = layers.Conv2D(256, 5, padding='same')(x)
x = layers.LeakyReLU()(x)

x = layers.Conv2D(channels, 7, activation='tanh', padding='same')(x)
generator = keras.models.Model(generator_input, x)
generator.summary()
```

将生成器模型实例化，它将形状为 (latent_dim,)
的输入映射到形状为 (32, 32, 3) 的图像

生成一个大小为 32×32 的单通道特征图
（即 CIFAR10 图像的形状）

8.5.4　判别器

接下来，我们来开发 discriminator 模型，它接收一张候选图像（真实的或合成的）作为输入，并将其划分到这两个类别之一："生成图像"或"来自训练集的真实图像"。

代码清单 8-30　GAN 判别器网络

```
discriminator_input = layers.Input(shape=(height, width, channels))
x = layers.Conv2D(128, 3)(discriminator_input)
x = layers.LeakyReLU()(x)
x = layers.Conv2D(128, 4, strides=2)(x)
x = layers.LeakyReLU()(x)
x = layers.Conv2D(128, 4, strides=2)(x)
x = layers.LeakyReLU()(x)
x = layers.Conv2D(128, 4, strides=2)(x)
x = layers.LeakyReLU()(x)
x = layers.Flatten()(x)

x = layers.Dropout(0.4)(x)          ← 一个 dropout 层：这是很重要的技巧

x = layers.Dense(1, activation='sigmoid')(x)    ← 分类层

discriminator = keras.models.Model(discriminator_input, x)   ← 将判别器模型实例化，它将形状为 (32, 32, 3) 的输入转换为一个二进制分类决策（真/假）
discriminator.summary()

discriminator_optimizer = keras.optimizers.RMSprop(
    lr=0.0008,
    clipvalue=1.0,          ← 在优化器中使用梯度裁剪（限制梯度值的范围）
    decay=1e-8)             ← 为了稳定训练过程，使用学习率衰减
discriminator.compile(optimizer=discriminator_optimizer,
                      loss='binary_crossentropy')
```

8.5.5　对抗网络

最后，我们要设置 GAN，将生成器和判别器连接在一起。训练时，这个模型将让生成器向某个方向移动，从而提高它欺骗判别器的能力。这个模型将潜在空间的点转换为一个分类决策（即"真"或"假"），它训练的标签都是"真实图像"。因此，训练 gan 将会更新 generator 的权重，使得 discriminator 在观察假图像时更有可能预测为"真"。请注意，有一点很重要，就是在训练过程中需要将判别器设置为冻结（即不可训练），这样在训练 gan 时它的权重才不会更新。如果在此过程中可以对判别器的权重进行更新，那么我们就是在训练判别器始终预测"真"，但这并不是我们想要的！

代码清单 8-31　对抗网络

```
discriminator.trainable = False    ← 将判别器权重设置为不可训练（仅应用于 gan 模型）

gan_input = keras.Input(shape=(latent_dim,))
gan_output = discriminator(generator(gan_input))
gan = keras.models.Model(gan_input, gan_output)
```

8

```
gan_optimizer = keras.optimizers.RMSprop(lr=0.0004, clipvalue=1.0, decay=1e-8)
gan.compile(optimizer=gan_optimizer, loss='binary_crossentropy')
```

8.5.6   如何训练 DCGAN

现在开始训练。再次强调一下，训练循环的大致流程如下所示。每轮都进行以下操作。

(1) 从潜在空间中抽取随机的点（随机噪声）。

(2) 利用这个随机噪声用 generator 生成图像。

(3) 将生成图像与真实图像混合。

(4) 使用这些混合后的图像以及相应的标签（真实图像为"真"，生成图像为"假"）来训练 discriminator，如图 8-18 所示。

(5) 在潜在空间中随机抽取新的点。

(6) 使用这些随机向量以及全部是"真实图像"的标签来训练 gan。这会更新生成器的权重（只更新生成器的权重，因为判别器在 gan 中被冻结），其更新方向是使得判别器能够将生成图像预测为"真实图像"。这个过程是训练生成器去欺骗判别器。

我们来实现这一流程。

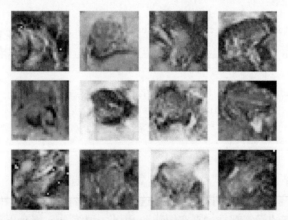

图 8-18   假设你是判别器：在每一列中，有两张图像是由 GAN 生成的，一张图像来自训练集。你能区分出来吗（答案：每一列的真实图像分别位于中、上、下、中）

代码清单 8-32   实现 GAN 的训练

```
import os
from keras.preprocessing import image

(x_train, y_train), (_, _) = keras.datasets.cifar10.load_data()    ← 加载 CIFAR10 数据

x_train = x_train[y_train.flatten() == 6]    ← 选择青蛙图像（类别编号为 6）

x_train = x_train.reshape(
```

```
(x_train.shape[0],) +
(height, width, channels)).astype('float32') / 255.      ← 数据标准化

iterations = 10000
batch_size = 20                    指定保存生成
save_dir = 'your_dir'   ←         图像的目录

start = 0
for step in range(iterations):
    random_latent_vectors = np.random.normal(size=(batch_size,    在潜在空间中
                                             latent_dim))          采样随机点

                                                                  将这些点解码为
    generated_images = generator.predict(random_latent_vectors)  ← 虚假图像

    stop = start + batch_size                       将这些虚假图像与
    real_images = x_train[start: stop]              真实图像合在一起
    combined_images = np.concatenate([generated_images, real_images])

    labels = np.concatenate([np.ones((batch_size, 1)),      合并标签，区分真实
                             np.zeros((batch_size, 1))])    和虚假的图像
    labels += 0.05 * np.random.random(labels.shape)  ←      向标签中添加随机
                                                            噪声，这是一个很
训练判     d_loss = discriminator.train_on_batch(combined_images, labels)   重要的技巧
别器
    random_latent_vectors = np.random.normal(size=(batch_size,
                                             latent_dim))      在潜在空间中
                                                               采样随机点
    misleading_targets = np.zeros((batch_size, 1))  ←
                                                     合并标签，全部是
    a_loss = gan.train_on_batch(random_latent_vectors,   "真实图像"（这是
                                misleading_targets)      在撒谎）
                                                    通过 gan 模型
    start += batch_size                             来训练生成器
    if start > len(x_train) - batch_size:          （此时冻结判
        start = 0                                   别器权重）

    if step % 100 == 0:   ← 每 100 步保存并绘图
        gan.save_weights('gan.h5')  ← 保存模型权重

        print('discriminator loss:', d_loss)      将指标打印出来    保存一张
        print('adversarial loss:', a_loss)                        生成图像

        img = image.array_to_img(generated_images[0] * 255., scale=False)
        img.save(os.path.join(save_dir,
                     'generated_frog' + str(step) + '.png'))

        img = image.array_to_img(real_images[0] * 255., scale=False)
        img.save(os.path.join(save_dir,        保存一张真实图
                     'real_frog' + str(step) + '.png'))   像，用于对比
```

训练时你可能会看到，对抗损失开始大幅增加，而判别损失则趋向于零，即判别器最终支配了生成器。如果出现了这种情况，你可以尝试减小判别器的学习率，并增大判别器的 dropout 比率。

8.5.7　小结

- GAN 由一个生成器网络和一个判别器网络组成。判别器的训练目的是能够区分生成器的输出与来自训练集的真实图像，生成器的训练目的是欺骗判别器。值得注意的是，生成器从未直接见过训练集中的图像，它所知道的关于数据的信息都来自于判别器。
- GAN 很难训练，因为训练 GAN 是一个动态过程，而不是具有固定损失的简单梯度下降过程。想要正确地训练 GAN，需要使用一些启发式技巧，还需要大量的调节。
- GAN 可能会生成非常逼真的图像。但与 VAE 不同，GAN 学习的潜在空间没有整齐的连续结构，因此可能不适用于某些实际应用，比如通过潜在空间概念向量进行图像编辑。

本章总结

- 借助深度学习的创造性应用，深度网络不仅能够对现有内容进行标注，还能够自己生成新内容。本章我们学到的内容如下。
  - 如何生成序列数据，每次生成一个时间步。这可以应用于文本生成，也可应用于逐个音符的音乐生成或其他任何类型的时间序列数据。
  - DeepDream 的工作原理：通过输入空间中的梯度上升将卷积神经网络的层激活最大化。
  - 如何实现风格迁移，即将内容图像和风格图像组合在一起，并产生有趣的效果。
  - 什么是对抗式生成网络（GAN），什么是变分自编码器（VAE），它们如何用于创造新图像，以及如何使用潜在空间概念向量进行图像编辑。
- 这几项技术仅涉及了这一快速发展领域的基础知识，还有许多内容等待你去探索。仅生成式深度学习这一领域的内容就可以写一整本书。

第9章

总结

本章包括以下内容：

☐ 全书的重点
☐ 深度学习的局限性
☐ 深度学习、机器学习与人工智能的未来
☐ 在本领域进一步学习和工作的资源

本书内容已经接近尾声。这是最后一章，将会总结并回顾本书的核心概念，同时还会拓展你的视野，其内容超出你目前所学的相对基本的概念。学习深度学习和人工智能是一次旅程，读完本书只是旅程的第一站。我希望你能认识到这一点，并能准备好独自迈向下一步。

首先我们将概览本书的重要内容，这应该会让你回忆起已经学过的一些概念。接下来，我们将会概述深度学习一些关键的局限性。想要正确地使用工具，你不仅应该知道它**能够**做什么，还应该知道它**不能**做什么。最后，我会给出我对于深度学习、机器学习和人工智能这些领域未来发展的猜测和思考。如果你想从事基础研究，应该对这一部分特别感兴趣。本章最后列出了一份资源和策略的简要清单，供你进一步学习人工智能并掌握最新进展参考。

9.1 重点内容回顾

本节简要综述了全书的重点内容。如果你需要快速过一下所学过的内容，那么可以阅读本节。

9.1.1 人工智能的各种方法

首先，深度学习不是人工智能的同义词，甚至也不是机器学习的同义词。**人工智能**（artificial intelligence）是一个古老而宽泛的领域，通常可将其定义为"将认知过程自动化的所有尝试"，换句话说，就是思想的自动化。它的范围非常广泛，既包括很基本的内容，比如 Excel 电子表格，也包括非常高级的内容，比如会走路和说话的人形机器人。

机器学习（machine learning）是人工智能的一个特殊子领域，其目标是仅靠观察训练数据来自动开发程序［即**模型**（model）］。将数据转换为程序的这个过程叫作**学习**（learning）。虽然机器学习已经存在了很长时间，但它在 20 世纪 90 年代才开始取得成功。

深度学习（deep learning）是机器学习的众多分支之一，它的模型是一长串几何函数，一个接一个地作用在数据上。这些运算被组织成模块，叫作**层**（layer）。深度学习模型通常都是层的堆叠，或者更通俗地说，是层组成的图。这些层由**权重**（weight）来参数化，权重是在训练过程中需要学习的参数。模型的**知识**（knowledge）保存在它的权重中，学习的过程就是为这些权重找到正确的值。

虽然深度学习只是机器学习的众多方法之一，但它与其他方法并不处于同等地位。深度学习是突破性的成功。原因如下。

9.1.2   深度学习在机器学习领域中的特殊之处

在短短几年的时间里，深度学习在人们曾经认为对计算机来说极其困难的大量任务上取得了巨大的突破，特别是在机器感知领域，这一领域需要从图像、视频、声音等输入中提取有用的信息。给定足够多的训练数据（特别是由人类正确标记的训练数据），深度学习能够从感知数据提取出人类能够提取出的几乎全部信息。因此，有时会听到这种说法——深度学习已经**解决了感知**（solve perception），但这种说法只对感知的狭义定义而言才是正确的。

深度学习取得了前所未有的技术上的成功，以一己之力引发了第三次**人工智能夏天**（AI summer），这也是迄今为止规模最大的一次，人们对人工智能领域表现出强烈的兴趣，投入大量投资并大肆炒作。在本书的写作过程中，我们正处于这次人工智能夏天中。这一夏天是否会在不远的将来结束，以及它结束后会发生什么，都是人们讨论的话题。有一件事是确定的：深度学习已经为许多大型科技公司提供了巨大的商业价值，并且实现了人类水平的语音识别、智能助理、人类水平的图像分类、极大改进的机器翻译，等等，这与之前的人工智能夏天形成了鲜明对比。炒作很可能会烟消云散，但深度学习带来的持久经济影响和技术影响将会永远持续下去。从这个意义上来讲，深度学习与互联网很类似：它可能在几年的时间里被夸大炒作，但从长远来看，它仍然是一场改变我们经济和生活的重大革命。

我对深度学习特别乐观，因为即使未来十年没有进一步的技术进展，将现有算法部署到所有适用的问题上，就能够带来大多数行业的变革。深度学习就是一场革命，目前正以惊人的速度快速发展，这得益于在资源和人力上的指数式投资。从我的立场来看，未来很光明，尽管短期期望有些过于乐观。将深度学习部署到可能应用的所有领域需要超过十年的时间。

9.1.3   如何看待深度学习

关于深度学习，最令人惊讶的是它非常简单。十年前没人能预料到，通过梯度下降来训练简单的参数化模型，就能够在机器感知问题上取得如此惊人的结果。现在事实证明，你需要的只是足够大的参数化模型，并且在足够多的样本上用梯度下降来训练。正如费曼曾经对宇宙的描述："它并不复杂，只是很多而已。"[1]

在深度学习中，一切都是向量，即一切都是**几何空间**（geometric space）中的**点**（point）。

---

① FEYNMAN R. Interview. The world from another point of view [Z]. Yorkshire Television, 1972.

首先将模型输入（文本、图像等）和目标**向量化**（vectorize），即将其转换为初始输入向量空间和目标向量空间。深度学习模型的每一层都对通过它的数据做一个简单的几何变换。模型中的层链共同形成了一个非常复杂的几何变换，它可以分解为一系列简单的几何变换。这个复杂变换试图将输入空间映射到目标空间，每次映射一个点。这个变换由层的权重来参数化，权重根据模型当前表现进行迭代更新。这种几何变换有一个关键性质，就是它必须是**可微的**（differentiable），这样我们才能通过梯度下降来学习其参数。直观上来看，这意味着从输入到输出的几何变形必须是平滑且连续的，这是一个很重要的约束条件。

将这个复杂的几何变换应用于输入数据的过程，可以用三维的形式可视化——你可以想象一个人试图将一个纸球展平，这个皱巴巴的纸球就是模型初始输入数据的流形。这个人对纸球做的每个动作都类似于某一层执行的简单几何变换。完整的展平动作系列就是整个模型所做的复杂变换。深度学习模型就是用于解开高维数据复杂流形的数学机器。

这就是深度学习的神奇之处：将意义转换为向量，转换为几何空间，然后逐步学习将一个空间映射到另一个空间的复杂几何变换。你需要的只是维度足够大的空间，以便捕捉到原始数据中能够找到的所有关系。

整件事情完全取决于一个核心思想：**意义来自于事物之间的成对关系**（一门语言的单词之间，一张图像的像素之间等），而**这些关系可以用距离函数来表示**。但请注意，大脑是否通过几何空间来实现意义，这完全是另一个问题。从计算的角度来看，处理向量空间是很高效的，但也很容易想到用于智能的其他数据结构，特别是图。神经网络最初来自于使用图对意义进行编码这一思路，这也是它被命名为**神经网络**（neural network）的原因，相关的研究领域曾经被称为**联结主义**（connectionism）。如今仍在使用**神经网络**这一名称，纯粹是出于历史原因，这是一个极具误导性的名称，因为它与神经或网络都没有关系，尤其是和大脑几乎没有任何关系。更合适的名称应该是**分层表示学习**（layered representations learning）或**层级表示学习**（hierarchical representations learning），甚至还可以叫**深度可微模型**（deep differentiable model）或**链式几何变换**（chained geometric transform），以强调其核心在于连续的几何空间操作。

9.1.4 关键的推动技术

目前正在展开的技术革命并非始于某个单项突破性发明。相反，与其他革命一样，它是大量推动因素累积的结果——起初很慢，然后突然爆发。对于深度学习来说，我们可以找出下列关键因素。

- ❑ 渐进式的算法创新，它们首先在 20 年内逐渐为人们所知（从反向传播算法开始），然后在 2012 年之后更多的科研力量涌入深度学习领域，这种创新的速度越来越快。
- ❑ 大量可用的感知数据，这对于实现在足够多的数据上训练足够大的模型是必要的。它是消费者互联网的兴起与摩尔定律应用于存储介质上的副产物。
- ❑ 快速且高度并行的计算硬件，且价格很低，特别是 NVIDIA 公司生产的 GPU。NVIDIA 一开始生产的是游戏 GPU，后来生产的是从头设计用于深度学习的芯片。NVIDIA 的 CEO 黄仁勋很早就注意到了深度学习的潜力，决定将公司的未来赌在这上面。

9

❑ 复杂的软件栈，使得人类能够利用这些计算能力。它包括 CUDA 语言、像 TensorFlow 这样能够做自动求微分的框架和 Keras，Keras 让大多数人都可以使用深度学习。

未来，深度学习不仅会被专家（研究人员、研究生与具有学习背景的工程师）使用，而且会成为所有开发人员工具箱中的工具，就像当今的 Web 技术一样。所有人都需要构建智能应用程序——正如当今每家企业都需要一个网站，每个产品都需要智能地理解用户生成的数据。实现这个未来需要我们创造一些工具，它们可以让深度学习的使用更加容易，每个具有基本编程能力的人都可以使用。Keras 是朝着这个方向迈出的第一大步。

9.1.5　机器学习的通用工作流程

我们已经拥有非常强大的工具，能够创建将任何输入空间映射到任何目标空间的模型，这非常好，但机器学习工作流程的难点通常是设计并训练这种模型之前的工作（对于生产模型而言，也包括设计和训练这种模型之后的工作）。理解问题领域从而能够确定想要预测什么、需要哪些数据以及如何衡量成功，这些都是所有成功的机器学习应用的前提，而 Keras 和 TensorFlow 等高级工具是无法帮你解决这些问题的。提醒一下，第 4 章介绍过典型的机器学习工作流程，下面我们来快速回顾总结一下。

(1) 定义问题：有哪些数据可用？你想要预测什么？你是否需要收集更多数据或雇人为数据集手动添加标签？

(2) 找到能够可靠评估目标成功的方法。对于简单任务，可以用预测精度，但很多情况都需要与领域相关的复杂指标。

(3) 准备用于评估模型的验证过程。训练集、验证集和测试集是必须定义的。验证集和测试集的标签不应该泄漏到训练数据中。举个例子，对于时序预测，验证数据和测试数据的时间都应该在训练数据之后。

(4) 数据向量化。方法是将数据转换为向量并预处理，使其更容易被神经网络所处理（数据标准化等）。

(5) 开发第一个模型，它要打败基于常识的简单基准方法，从而表明机器学习能够解决你的问题。事实上并非总是如此！

(6) 通过调节超参数和添加正则化来逐步改进模型架构。仅根据模型在验证集（不是测试集或训练集）上的性能来进行更改。请记住，你应该先让模型过拟合（从而找到比你的需求更大的模型容量），然后才开始添加正则化或降低模型尺寸。

(7) 调节超参数时要小心验证集过拟合，即超参数可能会过于针对验证集而优化。我们保留一个单独的测试集，正是为了避免这个问题！

9.1.6　关键网络架构

你应该熟悉以下三种网络架构：**密集连接网络、卷积网络和循环网络**。每种类型的网络都针对于特定的输入模式，网络架构（密集网络、卷积网络、循环网络）中包含对数据结构的**假设**，即搜索良好模型所在的**假设空间**。某种架构能否解决某个问题，这完全取决于数据结构与网络架构的假设之间的匹配度。

　　这些不同的网络类型组合起来，很容易实现更大的多模式网络，就像组合乐高积木一样。某种程度上来说，深度学习的层就是信息处理的乐高积木。我们来快速看一下输入模式与适当的网络架构之间的对应关系。

- ❑ **向量数据**：密集连接网络（Dense 层）。
- ❑ **图像数据**：二维卷积神经网络。
- ❑ **声音数据（比如波形）**：一维卷积神经网络（首选）或循环神经网络。
- ❑ **文本数据**：一维卷积神经网络（首选）或循环神经网络。
- ❑ **时间序列数据**：循环神经网络（首选）或一维卷积神经网络。
- ❑ **其他类型的序列数据**：循环神经网络或一维卷积神经网络。如果数据顺序非常重要（比如时间序列，但文本不是），那么首选循环神经网络。
- ❑ **视频数据**：三维卷积神经网络（如果你需要捕捉运动效果），或者帧级的二维神经网络（用于特征提取）＋循环神经网络或一维卷积神经网络（用于处理得到的序列）。
- ❑ **立体数据**：三维卷积神经网络。

下面快速回顾一下每种网络架构的特点。

1. 密集连接网络

　　密集连接网络是 Dense 层的堆叠，它用于处理向量数据（向量批量）。这种网络假设输入特征中没有特定结构：之所以叫作**密集连接**，是因为 Dense 层的每个单元都和其他所有单元相连接。这种层试图映射任意两个输入特征之间的关系，它与二维卷积层不同，后者仅查看**局部关系**。

　　密集连接网络最常用于分类数据（比如输入特征是属性的列表），比如第 3 章的波士顿房价数据集。它还用于大多数网络最终分类或回归的阶段。例如，第 5 章介绍的卷积神经网络，最后通常是一两个 Dense 层，第 6 章的循环神经网络也是如此。

　　请记住：对于**二分类**问题（binary classification），层堆叠的最后一层是使用 sigmoid 激活且只有一个单元的 Dense 层，并使用 binary_crossentropy 作为损失。目标应该是 0 或 1。

```
from keras import models
from keras import layers

model = models.Sequential()
model.add(layers.Dense(32, activation='relu', input_shape=(num_input_features,)))
model.add(layers.Dense(32, activation='relu'))
model.add(layers.Dense(1, activation='sigmoid'))

model.compile(optimizer='rmsprop', loss='binary_crossentropy')
```

　　对于**单标签多分类**问题（single-label categorical classification，每个样本只有一个类别，不会超过一个），层堆叠的最后一层是一个 Dense 层，它使用 softmax 激活，其单元个数等于类别个数。如果目标是 one-hot 编码的，那么使用 categorical_crossentropy 作为损失；如果目标是整数，那么使用 sparse_categorical_crossentropy 作为损失。

9

```
model = models.Sequential()
model.add(layers.Dense(32, activation='relu', input_shape=(num_input_features,)))
model.add(layers.Dense(32, activation='relu'))
model.add(layers.Dense(num_classes, activation='softmax'))

model.compile(optimizer='rmsprop', loss='categorical_crossentropy')
```

对于**多标签多分类**问题（multilabel categorical classification，每个样本可以有多个类别），层堆叠的最后一层是一个 Dense 层，它使用 sigmoid 激活，其单元个数等于类别个数，并使用 binary_crossentropy 作为损失。目标应该是 *k*-hot 编码的。

```
model = models.Sequential()
model.add(layers.Dense(32, activation='relu', input_shape=(num_input_features,)))
model.add(layers.Dense(32, activation='relu'))
model.add(layers.Dense(num_classes, activation='sigmoid'))

model.compile(optimizer='rmsprop', loss='binary_crossentropy')
```

对于连续值向量的**回归**（regression）问题，层堆叠的最后一层是一个不带激活 Dense 层，其单元个数等于你要预测的值的个数（通常只有一个值，比如房价）。有几种损失可用于回归问题，最常见的是 mean_squared_error（均方误差，MSE）和 mean_absolute_error（平均绝对误差，MAE）。

```
model = models.Sequential()
model.add(layers.Dense(32, activation='relu', input_shape=(num_input_features,)))
model.add(layers.Dense(32, activation='relu'))
model.add(layers.Dense(num_values))

model.compile(optimizer='rmsprop', loss='mse')
```

2. 卷积神经网络

卷积层能够查看空间局部模式，其方法是对输入张量的不同空间位置（**图块**）应用相同的几何变换。这样得到的表示具有**平移不变性**，这使得卷积层能够高效利用数据，并且能够高度模块化。这个想法适用于任何维度的空间，包括一维（序列）、二维（图像）、三维（立体数据）等。你可以使用 Conv1D 层来处理序列（特别是文本，它对时间序列的效果并不好，因为时间序列通常不满足平移不变的假设），使用 Conv2D 层来处理图像，使用 Conv3D 层来处理立体数据。

卷积神经网络或**卷积网络**是卷积层和最大池化层的堆叠。池化层可以对数据进行空间下采样，这么做有两个目的：随着特征数量的增大，我们需要让特征图的尺寸保持在合理范围内；让后面的卷积层能够"看到"输入中更大的空间范围。卷积神经网络的最后通常是一个 Flatten 运算或全局池化层，将空间特征图转换为向量，然后再是 Dense 层，用于实现分类或回归。

注意，大部分（或者全部）普通卷积很可能不久后会被**深度可分离卷积**（depthwise separable convolution，SeparableConv2D 层）所替代，后者与前者等效，但速度更快、表示效率更高。对于三维、二维和一维的输入来说都是如此。如果你从头开始构建一个新网络，那么一定要使用深度可分离卷积。SeparableConv2D 层可直接替代 Conv2D 层，得到一个更小、更快的网络，在任务上的表现也更好。

一个常见的图像分类网络如下所示（本例是多分类）。

```
model = models.Sequential()
model.add(layers.SeparableConv2D(32, 3, activation='relu',
                                 input_shape=(height, width, channels)))
model.add(layers.SeparableConv2D(64, 3, activation='relu'))
model.add(layers.MaxPooling2D(2))

model.add(layers.SeparableConv2D(64, 3, activation='relu'))
model.add(layers.SeparableConv2D(128, 3, activation='relu'))
model.add(layers.MaxPooling2D(2))

model.add(layers.SeparableConv2D(64, 3, activation='relu'))
model.add(layers.SeparableConv2D(128, 3, activation='relu'))
model.add(layers.GlobalAveragePooling2D())

model.add(layers.Dense(32, activation='relu'))
model.add(layers.Dense(num_classes, activation='softmax'))

model.compile(optimizer='rmsprop', loss='categorical_crossentropy')
```

3. 循环神经网络

循环神经网络（RNN，recurrent neural network）的工作原理是，对输入序列每次处理一个时间步，并且自始至终保存一个**状态**（state，这个状态通常是一个向量或一组向量，即状态几何空间中的点）。如果序列中的模式不具有时间平移不变性（比如时间序列数据，最近的过去比遥远的过去更加重要），那么应该优先使用循环神经网络，而不是一维卷积神经网络。

Keras 中有三种 RNN 层：SimpleRNN、GRU 和 LSTM。对于大多数实际用途，你应该使用 GRU 或 LSTM。两者中 LSTM 更加强大，计算代价也更高。你可以将 GRU 看作是一种更简单、计算代价更小的替代方法。

想要将多个 RNN 层逐个堆叠在一起，最后一层之前的每一层都应该返回输出的完整序列（每个输入时间步都对应一个输出时间步）。如果你不再堆叠更多的 RNN 层，那么通常只返回最后一个输出，其中包含关于整个序列的信息。

下面是一个单层 RNN 层，用于向量序列的二分类。

```
model = models.Sequential()
model.add(layers.LSTM(32, input_shape=(num_timesteps, num_features)))
model.add(layers.Dense(num_classes, activation='sigmoid'))

model.compile(optimizer='rmsprop', loss='binary_crossentropy')
```

下面是 RNN 层的堆叠，用于向量序列的二分类。

```
model = models.Sequential()
model.add(layers.LSTM(32, return_sequences=True,
                input_shape=(num_timesteps, num_features)))
model.add(layers.LSTM(32, return_sequences=True))
model.add(layers.LSTM(32))
model.add(layers.Dense(num_classes, activation='sigmoid'))

model.compile(optimizer='rmsprop', loss='binary_crossentropy')
```

9.1.7　可能性空间

你想要用深度学习来做什么？请记住，构建深度学习模型就像是玩乐高积木：将许多层组合在一起，基本上可以在任意数据之间建立映射，前提是拥有合适的训练数据，同时这种映射可以通过具有合理复杂度的连续几何变换来实现。可能性空间是无限的。本节将会用几个例子来激发你的思考，思考除基本的分类和回归任务之外的可能性，这二者一直是机器学习最基本的任务。

下面是我提到的应用领域，我将其按输入模式和输出模式进行了分类。请注意，其中不少应用扩展了可能性的范围。虽然在所有这些任务上都可以训练一个模型，但在某些情况下，这样的模型可能无法泛化到训练数据之外的数据。9.2 节和 9.3 节将会讨论未来可以如何突破这些局限。

- ❑ 将向量数据映射到向量数据
    - **预测性医疗保健**：将患者医疗记录映射到患者治疗效果的预测。
    - **行为定向**：将一组网站属性映射到用户在网站上所花费的时间数据。
    - **产品质量控制**：将与某件产品制成品相关的一组属性映射到产品明年会坏掉的概率。
- ❑ 将图像数据映射到向量数据
    - **医生助手**：将医学影像幻灯片映射到是否存在肿瘤的预测。
    - **自动驾驶车辆**：将车载摄像机的视频画面映射到方向盘的角度控制命令。
    - **棋盘游戏人工智能**：将围棋和象棋棋盘映射到下一步走棋。
    - **饮食助手**：将食物照片映射到食物的卡路里数量。
    - **年龄预测**：将自拍照片映射到人的年龄。
- ❑ 将时间序列数据映射为向量数据
    - **天气预报**：将多个地点天气数据的时间序列映射到某地下周的天气数据。
    - **脑机接口**：将脑磁图（MEG）数据的时间序列映射到计算机命令。
    - **行为定向**：将网站上用户交互的时间序列映射到用户购买某件商品的概率。
- ❑ 将文本映射到文本
    - **智能回复**：将电子邮件映射到合理的单行回复。
    - **回答问题**：将常识问题映射到答案。
    - **生成摘要**：将一篇长文章映射到文章的简短摘要。
- ❑ 将图像映射到文本
    - **图像描述**：将图像映射到描述图像内容的简短说明。
- ❑ 将文本映射到图像
    - **条件图像生成**：将简短的文字描述映射到与这段描述相匹配的图像。
    - **标识生成 / 选择**：将公司的名称和描述映射到公司标识。
- ❑ 将图像映射到图像
    - **超分辨率**：将缩小的图像映射到相同图像的更高分辨率版本。
    - **视觉深度感知**：将室内环境的图像映射到深度预测图。

- ❑ 将图像和文本映射到文本
  - ▪ **视觉问答**：将图像和关于图像内容的自然语言问题映射到自然语言答案。
- ❑ 将视频和文本映射到文本
  - ▪ **视频问答**：将短视频和关于视频内容的自然语言问题映射到自然语言答案。

几乎是一切皆有可能，但不完全是**一切**。下一节我们将会看到深度学习**不能**做什么。

9.2　深度学习的局限性

对于深度学习可以实现的应用，其可能性空间几乎是无限的。但是，对于当前的深度学习技术，许多应用是完全无法实现的，即使拥有大量人工标注的数据也无法实现。比如说，你可以收集一个数据集，其中包含数十万条（甚至上百万条）由产品经理编写的软件产品功能的英文说明，还包含由一个工程师团队开发的满足这些要求的相应源代码。即使有了这些数据，你也**无法**训练一个读取产品说明就能生成相应代码库的深度学习模型。这只是众多例子中的一个。一般来说，任何需要推理（比如编程或科学方法的应用）、长期规划和算法数据处理的东西，无论投入多少数据，深度学习模型都无法实现。即使是排序算法，用深度神经网络来学习也是非常困难的。

这是因为深度学习模型只是将一个向量空间映射到另一个向量空间的**简单而又连续的几何变换链**。它能做的只是将一个数据流形 X 映射到另一个流形 Y，前提是从 X 到 Y 存在可学习的连续变换。深度学习模型可以被看作一种程序，但反过来说，**大多数程序都不能被表示为深度学习模型**。对于大多数任务而言，要么不存在相应的深度神经网络能够解决任务，要么即使存在这样的网络，它也可能是**不可学习的**（learnable）。后一种情况的原因可能是相应的几何变换过于复杂，也可能是没有合适的数据用于学习。

通过堆叠更多的层并使用更多训练数据来扩展当前的深度学习技术，只能在表面上缓解一些问题，无法解决更根本的问题，比如深度学习模型可以表示的内容非常有限，比如大多数你想要学习的程序都不能被表示为数据流形的连续几何变形。

9.2.1　将机器学习模型拟人化的风险

当代人工智能有一个实实在在的风险，那就是人们误解了深度学习模型的作用，并高估了它们的能力。人类的一个基本特征就是我们的**心智理论**：我们倾向于将意图、信念和知识投射到身边的事物上。在石头上画一个笑脸，石头就突然变得"快乐"了——在我们的意识中。将人类的这个特征应用于深度学习，举个例子，如果我们能够大致成功训练一个模型来生成描述图像的说明文字，我们就会相信这个模型能够"理解"图像内容和它生成的说明文字。然后，如果某张图像与训练数据中的那一类图像略有不同，并导致模型生成非常荒谬的说明文字，我们就会感到很惊讶（见图 9-1）。

男孩拿着一根棒球棒

图 9-1   基于深度学习的图像描述系统的失败案例

对抗样本尤其能够突出说明这一点。对抗样本是深度学习网络的输入样本，其目的在于欺骗模型对它们进行错误归类。比如你已经知道，在输入空间中进行梯度上升，可以生成能够让卷积神经网络某个过滤器激活最大化的输入，这正是第 5 章介绍的过滤器可视化技术的基本原理，也是第 8 章 DeepDream 算法的基本原理。与此类似，通过梯度上升，你也可以对图像稍做修改，使其能够将某一类别的类别预测最大化。将长臂猿的梯度添加到一张熊猫照片中，我们可以让神经网络将这个熊猫归类为长臂猿（见图 9-2）。这既表明了这些模型的脆弱性，也表明这些模型从输入到输出的映射与人类感知之间的深刻差异。

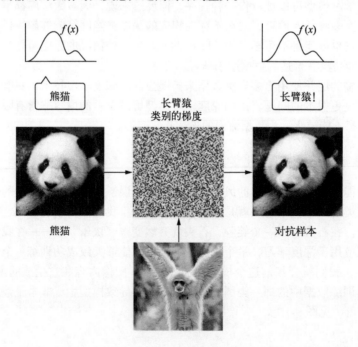

图 9-2   一个对抗样本：图像中难以察觉的变化可能会完全改变模型对图像的分类

简而言之，深度学习模型并不理解它们的输入，至少不是人类所说的理解。我们自己对图像、声音和语言的理解是基于我们作为人类的感觉运动体验。机器学习模型无法获得这些体验，因此也就无法用与人类相似的方式来理解它们的输入。通过对输入模型的大量训练样本进行标记，我们可以让模型学会一个简单几何变换，这个变换在一组特定样本上将数据映射到人类概念，但这种映射只是我们头脑中原始模型的简化。我们头脑中的原始模型是从我们作为具身主体的体验发展而来的。机器学习模型就像是镜子中的模糊图像（见图 9-3）。

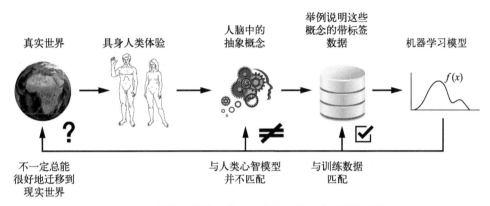

图 9-3　当前的机器学习模型：就像是镜子中的模糊影像

作为机器学习从业者，你一定要始终记住这一点，永远不要陷入这样一个陷阱，即相信神经网络能够理解它们所执行的任务——它们并不理解，至少不是用我们可以理解的方式。我们希望教神经网络学会某项任务，但它们是在一个不同的、更加狭窄的任务上进行训练，这个任务就是将训练输入逐点映射到训练目标。如果向神经网络展示与训练数据不一样的数据，它们可能会给出荒谬的结果。

9.2.2　局部泛化与极端泛化

深度学习模型从输入到输出的简单几何变形与人类思考和学习的方式之间存在根本性的区别。区别不仅在于人类是从具身体验中自我学习，而不是通过观察显式的训练样例来学习。除了学习过程不同，底层表示的性质也存在根本性的区别。

深度网络能够将即时刺激映射到即时反应（昆虫可能也是这样），但人类能做的比这远远更多。对于现状、对于我们自己、对于其他人，我们都使用一个复杂的**抽象模型**，并可以利用这些模型来预测各种可能的未来并执行长期规划。我们可以将已知的概念融合在一起，来表示之前从未体验过的事物，比如绘制一匹穿着牛仔裤的马，或者想象我们如果中了彩票会做什么。这种处理假想情况的能力，将我们的心智模型空间扩展到远远超出我们能够直接体验的范围，让我们能够进行**抽象**和**推理**，这种能力可以说是人类认知的决定性特征。我将其称为**极端泛化**，即只用很少的数据，甚至没有新数据，就可以适应从未体验过的新情况的能力。

这与深度网络的做法形成了鲜明对比，我将后者称为**局部泛化**，如图 9-4 所示。深度网络执行从输入到输出的映射，如果新的输入与网络训练时所见到的输入稍有不同，这种映射就会立刻变得没有意义。比如，思考这样一个问题，想要学习让火箭登陆月球的正确的发射参数。如果使用深度网络来完成这个任务，并用监督学习或强化学习来训练网络，那么我们需要输入上千次、甚至上百万次发射试验，也就是说，我们需要为它提供输入空间的**密集采样**，以便它能够学到从输入空间到输出空间的可靠映射。相比之下，我们人类可以利用抽象能力提出物理模型（火箭科学），并且只用一次或几次试验就能得到让火箭登陆月球的**精确**解决方案。同样，如果你开发一个能够控制人体的深度网络，并且希望它学会在城市里安全行走，不会被汽车撞上，那么这个网络不得不在各种场景中死亡数千次，才能推断出汽车是危险的，并做出适当的躲避行为。将这个网络放到一个新城市，它将不得不重新学习已知的大部分知识。但人类不需要死亡就可以学会安全行为，这也要归功于我们对假想情景进行抽象建模的能力。

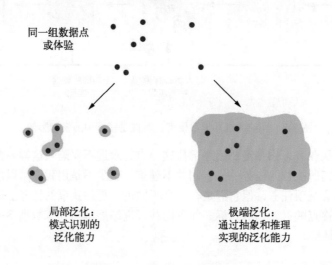

图 9-4　局部泛化与极端泛化

总之，尽管我们在机器感知方面取得了进展，但离达到人类水平的人工智能仍然很遥远。我们的模型只能进行局部泛化，只能适应与过去数据类似的新情况，而人类的认知能够进行极端泛化，能够快速适应全新情况并为长期的未来情况做出规划。

9.2.3　小结

我们应该记住以下内容：到目前为止，深度学习唯一的真正成功之处就是，给定大量的人工标注数据，它能够使用连续的几何变换将空间 X 映射到空间 Y。做好这一点已经可以引起基本上所有行业的变革，但离达到人类水平的人工智能还有很长的路要走。

想要突破我们这里所讨论的一些局限性，并创造出能够与人类大脑匹敌的人工智能，我们需要抛弃简单的从输入到输出的映射，转而研究**推理**和**抽象**。对各种情况和概念进行抽象建模，一个合适的基础可能是计算机程序。我们之前说过，机器学习模型可以被定义为**可学习的程序**。

目前我们能学习的程序只是所有程序一个狭小的特定子集。但如果我们能够以一种模块化的、可重复使用的方式来学习**任何程序**呢？下一节将会介绍深度学习的未来之路可能是什么样的。

9.3　深度学习的未来

　　本节的内容更加带有推测性，其目的在于为希望加入研究项目或开始独立研究的人开拓视野。根据已知的深度网络的工作原理、局限性及其研究现状，我们能否预测未来一段时间内事情的发展趋势？下面是一些纯个人想法。注意，我并没有水晶球，所以很多预测可能都无法实现。之所以分享这些预测，并不是因为我希望它们在未来被证明是完全正确的，而是因为这些预测很有趣，而且现在就可以付诸实践。

　　从较高层面来看，我认为下面这些重要方向很有前途。

- □ **与通用的计算机程序更加接近的模型**，它建立在比当前可微层要更加丰富的原语之上。这也是我们实现**推理和抽象**的方法，当前模型的致命弱点正是缺少推理和抽象。
- □ **使上一点成为可能的新学习形式**，这种学习形式能够让模型抛弃可微变换。
- □ **需要更少人类工程师参与的模型**。不停地调节模型不应该是我们的工作。
- □ **更好地、系统性地重复使用之前学到的特征和架构**，比如使用可复用和模块化子程序的元学习系统。

　　此外请注意，到目前为止，监督学习已成为深度学习的基本内容，这些思考并不仅针对于监督学习，而是适用于任何形式的机器学习，包括无监督学习、自监督学习和强化学习。标签来自哪里或训练循环是什么样子，这些都不重要，机器学习这些不同的分支是同一概念的不同方面。我们来具体看一下。

9.3.1　模型即程序

　　正如上一节所述，我们可以预测机器学习领域的一个必要转型是，抛弃只能进行纯**模式识别**并且只能实现**局部泛化**的模型，转而研究能够进行**抽象和推理**并且能够实现**极端泛化**的模型。目前的人工智能程序能够进行基本形式的推理，它们都是由人类程序员硬编码的，如依赖于搜索算法、图操作和形式逻辑的软件。比如 DeepMind 的 AlphaGo，它所展示的大部分智能都是由专业程序员设计和硬编码的（如蒙特卡洛树搜索），从数据中进行学习只发生在专门的子模块中（价值网络与策略网络）。但在未来，这样的人工智能系统可以完全通过学习得到，不需要人类参与其中。

　　如何才能实现这一未来？我们来考虑一个众所周知的网络类型：循环神经网络（RNN）。值得注意的是，RNN 的局限性比前馈网络要略小。这是因为 RNN 不仅仅是几何变换，它是**在 `for` 循环内不断重复**的几何变换。时序 `for` 循环本身就是由开发人员硬编码的，它是网络的内置假设。当然，RNN 在能够表示的内容方面仍然非常有限，这主要是因为它执行的每一步都是一个可微的几何变换，从一步到另一步都是通过连续几何空间中的点（状态向量）来携带信息。现在想象一个神经网络，它用一种类似编程原语的方式得到了增强，但网络并不是单一硬编码的 `for` 循环，具有硬编码的几何记忆，而是包含大量的编程原语，模型可以自由地操作这些原语来扩展其处理功能,比如 if 分支、while 语句、变量创建、长期记忆的磁盘存储、排序运算符、高级数据结构(如列表、图和散列表)等。这种网络能够表示的程序空间要远远大于当前深度学习模型的表示范围,其中某些程序还可以实现优秀的泛化能力。

一方面,我们将不再使用硬编码的算法智能(手工软件),另一方面,我们也不再使用学到的几何智能(深度学习)。相反,我们要将正式的算法模块和几何模块融合在一起,前者可以提供推理和抽象能力,后者可以提供非正式的直觉与模式识别能力。整个系统的学习过程只需要很少人参与,甚至不需要人参与。

我认为人工智能有一个与此相关的子领域即将迎来春天,它就是**程序合成**,特别是神经程序合成。程序合成是指利用搜索算法(在遗传编程中也可能是遗传搜索)来探索可能程序的巨大空间,从而自动生成简单的程序。如果找到了满足规格要求的程序(规格要求通常由一组输入/输出对提供),那么搜索就会停止。这很容易让人联想到机器学习:给定输入/输出对作为训练数据,我们找到一个程序,它能够将输入映射到输出,还能够泛化到新的输入。区别在于,我们通过离散的搜索过程来生成源代码,而不是在硬编码的程序(神经网络)中学习参数值。

我非常期待未来几年人们对这个子领域重新燃起兴趣。我特别期待在深度学习和程序合成之间出现一个交叉子领域,这一子领域不是用通用语言来生成程序,而是生成被大量丰富的算法原语(如 for 循环等)所增强的神经网络(几何数据处理流程),见图 9-5。与直接生成源代码相比,这种方法应该更加容易处理,也更加有用,它将大大扩展机器学习所能解决问题的范围(即给定适当的训练数据,我们能够自动生成的程序空间的范围)。当代 RNN 可以看作这种算法 – 几何混合模型的鼻祖。

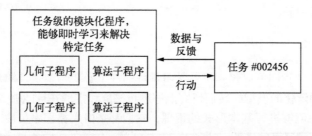

图 9-5   一个依赖于几何原语(模式识别、直觉)和算法原语(推理、搜索、记忆)的学习程序

9.3.2   超越反向传播和可微层

如果机器学习模型变得更像程序,那么通常就不再是可微的了。这些程序仍然使用连续的几何层作为子程序,这些子程序是可微的,但整个模型是不可微的。因此,使用反向传播在固定的硬编码的网络中调节权重值,可能不是未来训练模型的首选方法,至少不会只用这种方法。我们需要找到能够有效地训练不可微系统的方法。目前的方法包括遗传算法、进化策略、某些强化学习方法和交替方向乘子法(ADMM)。当然,梯度下降也不会被淘汰,梯度信息对于可微的参数化函数的最优化总是很有用的。但我们的模型会变得越来越不满足于可微的参数化函数,因此模型的自动开发(即**机器学习**中的**学习**)需要的也不仅仅是反向传播。

此外，反向传播是端到端的，这对于学习良好的链式变换是很有用的，但它没有充分利用深度网络的模块化，所以计算效率很低。为了提高效率，有一个通用的策略：引入模块化和层次结构。因此，我们可以引入解耦的训练模块以及训练模块之间的同步机制，并用一种层次化的方式来组织，从而使反向传播更加高效。DeepMind 最近关于合成梯度的工作就稍稍反映了这种策略。我希望在不远的将来，人们在这一方向上能走得更远。我可以设想的一个未来就是，模型在全局上是不可微的（但部分是可微的），我们使用一种有效的搜索过程（不使用梯度）来训练（生长）模型，而可微的部分则利用更高效版本的反向传播得到的梯度进行训练，其训练速度更快。

9.3.3　自动化机器学习

未来，模型架构将是通过学习得到的，而不是由工程师人为设计的。学习架构与使用更丰富的原语、类似程序的机器学习模型是密切相关的。

目前，深度学习工程师的大部分工作都是用 Python 脚本整理数据，然后花很长时间调节深度网络的架构和超参数，以得到一个有效模型。如果这名工程师有野心，他可能还想得到一个最先进的模型。毫无疑问，这种方法肯定不是最佳的，但人工智能可以提供帮助。只是数据整理很难实现自动化，因为这一步通常需要领域知识，还需要对工程师想要实现的目标有一个清晰、深刻的理解。但是，超参数调节是一个简单的搜索过程，我们也知道在这种情况下工程师想要实现的目标，它由所调节网络的损失函数来定义。建立基本的**自动化机器学习**（AutoML）系统已经是很常见的做法。多年前我甚至也建立过自己的 AutoML 系统，用来赢得 Kaggle 竞赛。

在最基本的层面上，这样的自动化机器学习系统可以调节堆叠的层数、层的顺序以及每一层中单元或过滤器的个数。这通常使用 Hyperopt 等库来实现，我们在第 7 章介绍过。但我们还可以更有野心，尝试从头开始学习合适的架构，让约束尽可能少，比如可以通过强化学习或遗传算法来实现。

另一个重要的自动化机器学习方向是联合学习模型架构和模型权重。我们每次尝试一个略有不同的架构，都要从头训练一个新模型，这种方法是极其低效的，因此，真正强大的自动化机器学习系统，在训练数据上进行反向传播来调节模型特征的同时，还能够不断调节其模型架构。在我写到本节内容时，这种方法已经开始出现了。

这种方法出现之后，机器学习工程师的工作并不会消失；相反，工程师会做更多具有创造价值的工作。他们开始投入更多精力来设计可以真实反映业务目标的复杂的损失函数，还可以深入理解模型如何影响它们所部署的数字生态系统（比如，消费模型预测并生成模型训练数据的用户），目前只有那些最大的公司才有精力考虑这些问题。

9.3.4　终身学习与模块化子程序复用

如果模型变得更加复杂，并且构建于更加丰富的算法原语之上，对于这种增加的复杂度，需要在不同的任务之间实现更多的复用，而不是每次面对一个新任务或新数据集时，都从头开始训练一个新模型。许多数据集包含的信息都不足以让我们从头开发一个复杂的新模型，利用

9

以往数据集中包含的信息是很必要的（就像你每次打开一本新书时，也不会从头开始学习英语——那是不可能的）。每开始一个新任务都从头训练模型也是非常低效的，因为当前任务与之前遇到的任务有很多重复之处。

近年来有一个反复出现的观察结果值得注意：训练**同一个**模型同时完成几个几乎没有联系的任务，这样得到的模型在**每个任务上的效果都更好**。例如，训练同一个神经机器翻译模型来实现英语到德语的翻译和法语到意大利语的翻译，这样得到的模型在两组语言上的表现都变得更好。同样，联合训练一个图像分类模型和一个图像分割模型，二者共享相同的卷积基，这样得到的模型在两个任务上的表现都变得更好。这是很符合直觉的：看似无关的任务之间总是存在**一些信息重叠**，与仅在特定任务上训练的模型相比，联合模型可以获取关于每项任务的更多信息。

目前，对于不同任务之间的模型复用，我们使用执行通用功能（比如视觉特征提取）的模型的预训练权重。第 5 章介绍过这种用法。未来我希望这种方法的更一般的版本能够更加常见：我们不仅重复使用之前学到的特征（子模型权重），还会重复使用模型架构和训练过程。随着模型变得越来越像程序，我们将开始重复使用**程序的子程序**（program subroutine），就像重复使用人类编程语言中的函数和类那样。

想想如今的软件开发过程：每当工程师解决了一个具体问题（比如 Python 中的 HTTP 查询），他们就会将其打包成一个抽象的、可复用的库。日后面临类似问题的工程师可以搜索现有的库，然后下载，并在自己的项目中使用。同样，在未来，元学习系统能够在高级可复用模块的全局库中筛选，从而组合成新程序。如果系统发现自己对几个不同的任务都开发出了类似的子程序，那么它可以对这个子程序提出一个抽象的、可复用的版本，并将其存储在全局库中（见图 9-6）。这一过程可以实现**抽象**，抽象是实现极端泛化的必要组件。如果一个子程序在不同任务和不同领域中都有用，我们可以说它对解决问题的某些方面进行了**抽象化**（abstract）。这个抽象的定义与软件工程中的抽象概念类似。这些子程序可能是几何子程序（带有预训练表示的深度学习模块），也可能是算法子程序（更接近于当代软件工程师所操作的库）。

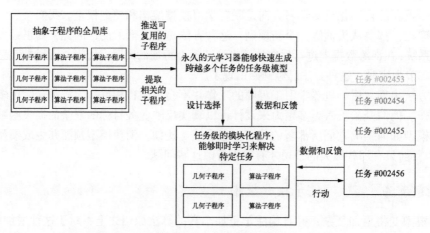

图 9-6　元学习器能够使用可复用原语（包括算法原语和几何原语）来快速开发针对任务特定的模型，从而实现极端泛化

9.3.5 长期愿景

简而言之，以下是我对机器学习的长期愿景。

- 模型将变得更像程序，其能力将远远超出我们目前对输入数据所做的连续几何变换。这些程序可以说是更加接近于人类关于周围环境和自身的抽象心智模型。因为它们具有丰富的算法特性，所以还具有更强的泛化能力。
- 具体而言，模型将会融合**算法模块**与**几何模块**，前者提供正式的推理、搜索和抽象能力，后者提供非正式的直觉和模式识别能力。AlphaGo（这个系统需要大量的手动软件工程和人为设计决策）就是这种符号人工智能和几何人工智能融合的一个早期例子。
- 通过使用存储在可复用子程序的全局库（这个库随着在数千个先前任务和数据集上学习高性能模型而不断进化）中的模块化部件，这种模型可以自动**成长**（grow），而不需要人类工程师对其硬编码。随着元学习系统识别出经常出现的问题解决模式，这些模式将会被转化为可复用的子程序（正如软件工程中的函数和类），并被添加到全局库中。这样就可以实现**抽象**。
- 这个全局库和相关的模型成长系统能够实现某种形式的与人类类似的极端泛化：给定一个新任务或新情况，系统使用很少的数据就能组合出一个适用于该任务的新的有效模型，这要归功于丰富的类似程序的原语，它具有很好的泛化能力，还要归功于在类似任务上的大量经验。按照同样的方法，如果一个人具有很多以前的游戏经验，那么他可以很快学会玩一个复杂的新视频游戏，因为从先前经验得到的模型是抽象的、类似程序的，而不是刺激与行动之间的简单映射。
- 因此，这种永久学习的模型生长系统可以被看作一种**通用人工智能**（AGI，artificial general intelligence）。但是，不要指望会出现奇点式的机器人灾难，那纯粹只是幻想，来自于人们对智能和技术的一系列深刻误解。不过对这种观点的批判不属于本书的范畴。

9.4 了解一个快速发展领域的最新进展

作为最后的临别语，我希望给你一些建议，让你在翻完本书最后一页之后知道如何继续学习并更新知识和技能。正如我们今天所知道的，现代深度学习领域只有几年的历史，尽管它有一个很长、很缓慢的史前历史并长达数十年。自 2013 年以来，随着资金来源和研究人数呈指数式增长，整个领域目前正在以狂热的步伐前进。你在本书学到的知识不会永不过时，这些知识也不是你职业生涯的剩余时间所需要掌握的全部内容。

幸运的是，网上有大量免费的在线资源，你可以用来了解最新进展，还可以拓展视野。下面介绍其中一些资源。

9.4.1 使用 Kaggle 练习解决现实世界的问题

想要获得现实世界的经验，一种有效的方法是参加 Kaggle 上的机器学习竞赛。唯一的真正学习方式就是通过实践与实际写代码来学习，这也是本书的哲学，而 Kaggle 竞赛就是这一哲学的自然延续。在 Kaggle 上，你会发现一系列不断更新的数据科学竞赛，其中许多都涉及深度学习。

9

一些公司想要在最具挑战性的机器学习问题上获得新颖的解决方案，就举办了这些竞赛，还为顶尖参赛者提供了相当丰厚的奖金。

大部分竞赛的获胜者都使用 XGBoost 库（用于浅层机器学习）或 Keras（用于深度学习）。所以你非常适合参加这些竞赛！通过参加一些竞赛，也可能是作为团队的一员，你将会更加熟悉本书所介绍的一些高级最佳实践的用法，特别是超参数优化、避免验证集过拟合与模型集成。

9.4.2 在 arXiv 阅读最新进展

深度学习研究与某些其他科学领域不同，它是完全公开化的。论文一旦定稿，就会公开发布供人们自由获取，而且许多相关软件也都是开源的。arXiv（读作 archive，其中 X 代表希腊字母 χ）是物理、数学和计算机科学研究论文的开放获取预印本服务器。arXiv 已经成为了解机器学习和深度学习最新进展的重要方法。大多数深度学习研究人员在完成他们的论文后会立刻上传到 arXiv 上。这样他们可以插一面旗子，无需等待会议接收（这需要几个月）就可以宣称某项研究成果的所有权，鉴于该领域研究速度很快、竞争很激烈，这种做法是很有必要的。它还可以让这一领域快速向前发展，对于所有新的研究成果，所有人都可以立刻看到，并可以在其基础上扩展。

一个要命的缺点是，arXiv 上每天发布大量新论文，即使全部略读一遍也是不可能的。这些论文没有经过同行评议，想要筛选出重要且质量很高的论文是很困难的。

在噪声中找到信号很困难，而且正在变得越来越难。目前，这个问题还没有好的解决方案。但有一些工具可以提供帮助：一个名叫 arXiv Sanity Preserver 的辅助网站可以作为新论文的推荐引擎，还可以帮你在深度学习某个狭窄的垂直领域中跟踪最新进展。此外，你还可以使用谷歌学术（Google Scholar）来跟踪你最喜欢的作者的出版物。

9.4.3 探索 Keras 生态系统

截至 2017 年 11 月，Keras 约有 20 万名用户，并且还在迅速增长。Keras 拥有大量教程、指南和相关开源项目组成的大型生态系统。

- 使用 Keras 的主要参考资料就是 Keras 的在线文档（https://keras.io）。Keras 的源代码位于 GitHub 上。
- 你可以在 Keras 的 Slack 频道（https://kerasteam.slack.com）上寻求帮助并加入深度学习讨论。
- Keras 博客（https://blog.keras.io）提供了 Keras 教程以及其他与深度学习有关的文章。
- 你可以在推特上关注我：@fchollet。

9.5 结束语

本书到这里就结束了！我希望你掌握了关于机器学习、深度学习、Keras，甚至关于认知的一般知识。学习是终生的旅程，特别是在人工智能领域，我们面对的未知远远多于已知。所以请继续学习，继续提问，继续研究，永不止步。即使目前已经取得了一定进展，人工智能的大多数基本问题也仍然没有答案，许多问题甚至还没有以正确方式提出来。

在 Ubuntu 上安装 Keras 及其依赖

建立深度学习工作站的过程相当复杂，本附录会详细介绍具体步骤，如下所示。

(1) 安装 Python 科学套件（Numpy 和 SciPy），并确认安装了基础线性代数子程序（BLAS）库，这样模型才能在 CPU 上快速运行。

(2) 另外再安装两个软件包，HDF5（用于保存大型的神经网络文件）和 Graphviz（用于将神经网络架构可视化）。在使用 Keras 时这两个软件包很有用。

(3) 安装 CUDA 驱动程序和 cuDNN，确保 GPU 能够运行深度学习代码。

(4) 安装一个 Keras 后端：TensorFlow、CNTK 或 Theano。

(5) 安装 Keras。

这个过程可能看起来有点麻烦。其实唯一的难点就是设置 GPU 支持，其他步骤用几个命令就可以完成，只需几分钟即可。

我们假设你已经安装了全新的 Ubuntu，并配备了 NVIDIA GPU。开始之前，请确认你已经安装了 pip，并确认你的包管理器是最新的。

```
$ sudo apt-get update
$ sudo apt-get upgrade
$ sudo apt-get install python-pip python-dev
```

Python 2 与 Python 3 的对比

默认情况下，Ubuntu 在安装 Python 包时使用 Python 2（比如 python-pip）。如果你想使用 Python 3，那么应该使用 python3 前缀代替 python。例如：

```
$ sudo apt-get install python3-pip python3-dev
```

使用 pip 安装包时要记住，它默认安装的是 Python 2 的包。想要安装 Python 3 的包，你应该使用 pip3。

```
$ sudo pip3 install tensorflow-gpu
```

A.1　安装 Python 科学套件

如果你用的是 Mac，我们推荐你通过 Anaconda 安装 Python 科学套件。你可以在 https://www.anaconda.com/download/ 下载 Anaconda。注意，其中并不包含 HDF5 和 Graphviz，需要手动安装。在 Ubuntu 上**手动**安装 Python 科学套件的步骤如下所示。

(1) 安装 BLAS 库（这里安装的是 OpenBLAS），确保你可以在 CPU 上运行快速的张量运算。

```
$ sudo apt-get install build-essential cmake git unzip \
    pkg-config libopenblas-dev liblapack-dev
```

(2) 安装 Python 科学套件：Numpy、SciPy 和 Matplotlib。无论是否做深度学习，如果想要使用 Python 进行任意类型的机器学习或科学计算，这一步都是必需的。

```
$ sudo apt-get install python-numpy python-scipy python-matplotlib python-yaml
```

(3) 安装 HDF5。这个库最初由 NASA（美国国家航空航天局）开发，用高效的二进制格式来保存数值数据的大文件。它可以让你将 Keras 模型快速高效地保存到磁盘。

```
$ sudo apt-get install libhdf5-serial-dev python-h5py
```

(4) 安装 Graphviz 和 pydot-ng，这两个包可以将 Keras 模型可视化。它们对运行 Keras 并不是必需的，所以你可以跳过这一步，在需要时再来安装这些包。安装命令如下。

```
$ sudo apt-get install graphviz
$ sudo pip install pydot-ng
```

(5) 安装某些代码示例中用到的其他包。

```
$ sudo apt-get install python-opencv
```

A.2　设置 GPU 支持

使用 GPU 并不是绝对必要的，但我们强烈推荐使用 GPU。本书的所有代码示例都可以在笔记本电脑的 CPU 上运行，但训练模型有时可能需要等待几个小时，而在一个好的 GPU 上则只需要几分钟。如果你没有一块现代的 NVIDIA GPU，则可以跳过这一步，直接阅读 A.3 节。

想要用 NVIDIA GPU 做深度学习，需要同时安装 CUDA 和 cuDNN。

❑ CUDA。用于 GPU 的一组驱动程序，它让 GPU 能够运行底层编程语言来进行并行计算。

❑ cuDNN。用于深度学习的高度优化的原语库。使用 cuDNN 并在 GPU 上运行时，通常可以将模型的训练速度提高 50% 到 100%。

TensorFlow 依赖于特定版本的 CUDA 和 cuDNN 库。写作本书时，它使用的是 CUDA 8 和 cuDNN 6。请查阅 TensorFlow 网站，上面详细说明了当前推荐的版本。

请按照以下步骤操作。

(1) 下载 CUDA。对于 Ubuntu（以及其他 Linux 版本），NVIDIA 提供了现成的安装包，可以在 https://developer.nvidia.com/cuda-downloads 下载。

```
$ wget http://developer.download.nvidia.com/compute/cuda/repos/ubuntu1604/
    x86_64/cuda-repo-ubuntu1604_9.0.176-1_amd64.deb
```

(2) 安装 CUDA。最简单的安装方法就是对这个包使用 Ubuntu 的 apt 命令。这样就可以在程序更新时使用 apt 轻松安装更新。

```
$ sudo dpkg -i cuda-repo-ubuntu1604_9.0.176-1_amd64.deb
$ sudo apt-key adv --fetch-keys http://developer.download.nvidia.com/compute/
  cuda/repos/ubuntu1604/ x86_64/7fa2af80.pub
$ sudo apt-get update
$ sudo apt-get install cuda-8-0
```

(3) 安装 cuDNN。

①注册一个免费的 NVIDIA 开发者账号（遗憾的是，想要下载 cuDNN，这一步是必需的），然后在 https://developer.NVIDIA.com/cudnn 下载 cuDNN（选择与 TensorFlow 兼容的 cuDNN 版本）。与 CUDA 一样，NVIDIA 也提供了用于不同 Linux 版本的软件包，我们将使用针对 Ubuntu 16.04 的版本。注意，如果你用的是 EC2 实例，那么是无法将 cuDNN 存档直接下载到实例中的，你需要将其下载到本地计算机上，然后再利用 scp 命令将其上传到 EC2 实例中。

②安装 cuDNN。

```
$ sudo dpkg -i libcudnn6*.deb
```

(4) 安装 TensorFlow。

①无论是否支持 GPU，都可以使用 pip 从 PyPI 安装 TensorFlow。安装不支持 GPU 的 TensorFlow 的命令如下。

```
$ sudo pip install tensorflow
```

②安装支持 GPU 的 TensorFlow 的命令如下。

```
$ sudo pip install tensorflow-gpu
```

A.3 安装 Theano（可选）

你已经安装了 TensorFlow，所以无须安装 Theano 即可运行 Keras 代码。但构建 Keras 模型时，在 TensorFlow 和 Theano 之间来回切换有时会很有用。

Theano 也可以从 PyPI 安装。

```
$ sudo pip install theano
```

如果你有 GPU，那么应该配置 Theano 来使用 GPU。你可以用下面这个命令创建一个 Theano 配置文件。

```
nano ~/.theanorc
```

然后，将下列配置写入这个文件。

```
[global]
floatX = float32
device = gpu0

[nvcc]
fastmath = True
```

A.4   安装 Keras

可以从 PyPI 安装 Keras。

```
$ sudo pip install keras
```

或者也可以从 GitHub 安装 Keras。这么做的话，就可以访问 keras/examples 文件夹，里面包含许多示例脚本供你学习。

```
$ git clone https://github.com/fchollet/keras
$ cd keras
$ sudo python setup.py install
```

现在你可以尝试运行一个 Keras 脚本，比如这个 MNIST 示例。

```
python examples/mnist_cnn.py
```

注意，完整运行这个示例可能需要几分钟。因此，在确认 Keras 可以正常运行之后，你可以随时强制退出（按 Ctrl-C）。

运行 Keras 至少一次之后，就可以在 ~/.keras/keras.json 找到 Keras 的配置文件。你可以编辑这个文件，选择运行 Keras 的后端：`tensorflow`、`theano` 或 `cntk`。你的配置文件应该是这样的。

```
{
    "image_data_format": "channels_last",
    "epsilon": 1e-07,
    "floatx": "float32",
    "backend": "tensorflow"
}
```

运行 examples/mnist_cnn.py 这个 Keras 脚本时，你可以在另一个 shell 窗口中监控 GPU 利用率。

```
$ watch -n 5 NVIDIA-smi -a --display=utilization
```

一切安装完成，恭喜你！现在可以开始构建深度学习应用了。

在 EC2 GPU 实例上运行 Jupyter 笔记本

本附录是一个分步指南，教你如何在 AWS GPU 实例上运行深度学习 Jupyter 笔记本，并在浏览器中编辑这些笔记本。如果你的本地计算机上没有 GPU，那么这种设置非常适合深度学习研究。本指南的原始版本（以及最新版本）位于 https://blog.keras.io。

B.1 什么是 Jupyter 笔记本，为什么要在 AWS GPU 上运行 Jupyter 笔记本

Jupyter 笔记本（Jupyter notebook）是一款 Web 应用，让你可以交互式地编写和注释 Python 代码。这种方法非常适合做实验、做研究以及分享你目前的工作。

许多深度学习应用都是计算密集型的，在笔记本电脑的 CPU 内核上运行可能需要数小时甚至数天的时间。在 GPU 上运行可以让训练和推断的速度提高很多倍（从现代 CPU 转到单个现代 GPU，通常可以提速 5~10 倍）。但你的本地计算机上可能没有 GPU。在 AWS 上运行 Jupyter 笔记本的体验与在本地计算机上运行完全相同，前者可以让你在 AWS 上使用一个或多个 GPU。你只需根据使用时长付费，如果你只是偶尔使用深度学习，那么这种方法比购买自己的 GPU 更划算。

B.2 为什么你不想在 AWS 上使用 Jupyter 进行深度学习

AWS GPU 实例的费用可能很快会变得很高。我们建议使用的实例价格是 0.90 美元 / 小时。如果偶尔使用的话这个价格很合适，但如果你每天都要花几个小时运行实验，那么最好用 TITAN X 或 GTX 1080 Ti 搭建你自己的深度学习计算机。

总之，如果你没有本地 GPU，或者不想安装 Keras 依赖（特别是 GPU 驱动程序），那么就可以在 EC2 上使用 Jupyter。如果你有本地 GPU，我们推荐在本地计算机上运行模型。这种情况请参阅附录 A 中的安装指南。

注意 你需要一个有效的 AWS 账号。熟悉 AWS EC2 会对你有所帮助，但并不是必需的。

B.3   设置 AWS GPU 实例

以下设置过程需要 5~10 分钟的时间。

(1) 打开 EC2 控制面板（https://console.aws.amazon.com/ec2/v2），点击 Launch Instance（创
建实例）链接（见图 B-1）。

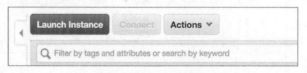

图 B-1   EC2 控制面板

(2) 选择 AWS Marketplace（AWS 市场，见图 B-2），并在搜索框中搜索"deep learning"（深
度学习）。向下翻页寻找名为 Deep Learning AMI Ubuntu Version 的 Amazon 系统映像
（AMI，见图 B-3），选择它。

图 B-2   EC2 的 AWS Marketplace

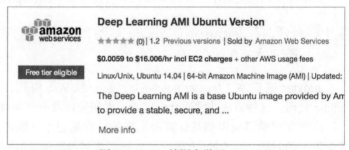

图 B-3   EC2 的深度学习 AMI

(3) 选择 p2.xlarge 实例（见图 B-4）。这种实例类型允许访问单个 GPU，每小时的使用费用
为 0.90 美元（2017 年 3 月的价格）。

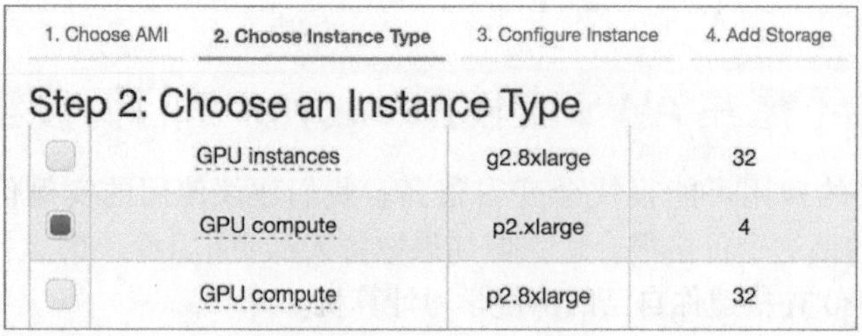

图 B-4   p2.xlarge 实例

(4) 你可以在 Configure Instance（配置实例）、Add Storage（添加存储）、Add Tags（添加标
签）这几步均保留默认配置，但在 Configure Security Group（配置安全组）这一步需要
自定义配置。创建一个自定义的 TCP 规则来允许 8888 端口（见图 B-5），这个规则可以
只允许你当前的公共 IP 访问（比如你笔记本电脑的 IP），如果这种方法不可行，也可以

允许任何 IP 访问（比如 0.0.0.0/0）。请注意，如果你允许任何 IP 访问 8888 端口，那么任何人都可以监听你的实例上的那个端口（也就是你运行 IPython 笔记本的位置）。你需要为笔记本添加密码保护，防止随便某个陌生人修改数据，但这可能也是相当弱的保护。如果可能的话，你应该考虑限制只允许特定 IP 访问。但如果你的 IP 地址会不断变化，那么这种做法不切实际。如果你打算允许任何 IP 访问，那么记住不要在实例上保留任何敏感数据。

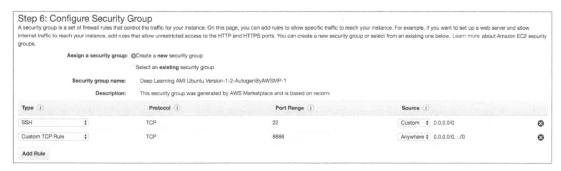

图 B-5　配置一个新的安全组

注意　在创建实例过程的最后，系统会询问你想要创建新的连接密钥还是重复使用现有密钥。如果你之前从未用过 EC2，那么就创建新密钥并下载。

(5) 想要连接到实例，需要在 EC2 控制面板上选择它，点击 Connect（连接）按钮，并按照指示操作（见图 B-6）。注意，启动实例可能要花几分钟的时间。如果一开始无法连接，请稍等一会儿再尝试。

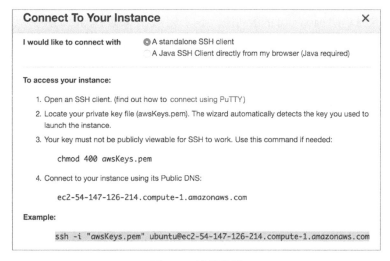

图 B-6　连接指示

(6) 通过 SSH 登录到实例上之后，你可以在实例的根目录下创建一个 ssl 目录，然后 cd 打开它（并非强制这么做，但这么做更清楚）。

```
$ mkdir ssl
$ cd ssl
```

(7) 使用 OpenSSL 创建一个新的 SSL 证书，并在当前 ssl 目录下创建 cert.key 和 cert.pem 文件。

```
$ openssl req -x509 -nodes -days 365 -newkey rsa:1024 -keyout "cert.key" -out
  "cert.pem" -batch
```

配置 Jupyter

使用 Jupyter 之前，需要修改其默认配置。具体步骤如下。

(1) 生成一个新的 Jupyter 配置文件（仍然在远程实例上）。

```
$ jupyter notebook --generate-config
```

(2)（可选）可以为笔记本生成 Jupyter 密码。你的实例配置可能允许任何 IP 访问（取决于你在配置安全组时的选择），所以最好通过密码来限制对 Jupyter 的访问。生成密码的方法是，打开一个 IPython shell（ipython 命令），并运行下列代码。

```
from IP ython.lib import passwd
passwd()
exit
```

(3) passwd() 命令会要求你输入并确认密码。完成之后，它会显示密码的散列值。复制这个散列值，你很快会用到它。散列值看起来像是这样的。

```
sha1:b592a9cf2ec6:b99edb2fd3d0727e336185a0b0eab561aa533a43
```

注意，这是单词 password 的散列值，不应该用这个单词作为密码。

(4) 使用 vi（或你最喜欢的文本编辑器）编辑 Jupyter 配置文件。

```
$ vi ~/.jupyter/jupyter_notebook_config.py
```

(5) 配置文件是一个 Python 文件，所有内容都被注释掉了。将下列 Python 代码插入到文件开头。

```
c = get_config()          ◁── 获取 config 对象
c.NotebookApp.certfile = u'/home/ubuntu/ssl/cert.pem'   ◁── 生成证书的路径
c.NotebookApp.keyfile = u'/home/ubuntu/ssl/cert.key'    ◁── 为证书生成的私钥的路径
c.IPKernelApp.pylab = 'inline'    ◁── 使用 Matplotlib 时内嵌绘图
c.NotebookApp.ip = '*'            ◁── 笔记本的服务器在本地

c.NotebookApp.open_browser = False
c.NotebookApp.password =
'sha1:b592a9cf2ec6:b99edb2fd3d0727e336185a0b0eab561aa533a43'
```
之前生成的密码散列值

默认情况下，使用笔记本时不打开浏览器窗口

注意　如果你不习惯用 vi，那么要记住，需要按 i 才能开始插入内容。完成之后，按 Esc 并输
入 :wq，再按 Enter，就可以退出 vi 并保存修改 [:wq 表示 write-quit（写入并退出）]。

B.4　安装 Keras

很快就可以开始使用 Jupyter 了，但首先需要更新 Keras。AMI 上预装了 Keras，但未必是
最新版本。在远程实例上运行这个命令：

```
$ sudo pip install keras --upgrade
```

你可能用的是 Python 3（本书提供的笔记本用的都是 Python 3），所以还应该使用 pip3 更
新 Keras。

```
$ sudo pip3 install keras --upgrade
```

如果实例上已经有了一个 Keras 配置文件（应该是没有，但在我写完本节之后，AMI 可能
发生变化），为了以防万一，应该删除它。Keras 将在第一次启动时重新创建一个标准的配置
文件。

如果下列代码片段返回一个错误，提示你文件并不存在，那么忽略它即可。

```
$ rm -f ~/.keras/keras.json
```

B.5　设置本地端口转发

在**本地计算机**（**不是**远程实例）的 shell 中，将本地 443 端口（HTTPS 端口）转发到远程
实例的 8888 端口。

```
$ sudo ssh -i awsKeys.pem -L local_port:local_machine:remote_port remote_machine
```

对我而言，这个命令如下所示。

```
$ sudo ssh -i awsKeys.pem -L 443:127.0.0.1:8888 ubuntu@ec2-54-147-126-214.
  compute-1.amazonaws.com
```

B.6　在本地浏览器中使用 Jupyter

在远程实例上，将包含与本书相关的 Jupyter 笔记本的 GitHub 仓库克隆下来。

```
$ git clone https://github.com/fchollet/deep-learning-with-python-notebooks.git
$ cd deep-learning-with-python-notebooks
```

运行下列命令来启动 Jupyter 笔记本，此时仍然在远程实例上。

```
$ jupyter notebook
```

然后，在本地浏览器中，打开你转发到远程笔记本进程的本地地址（https://127.0.0.1）。一
定要在地址中使用 HTTPS，否则会提示 SSL 错误。

你应该会看到如图 B-7 所示的安全警告。出现这个警告是因为你生成的 SSL 证书没有经过可信任权威机构的验证（很显然，这个证书是你自己生成的）。点击 Advanced，然后继续。

图 B-7　安全警告，可以忽略

系统应该会提示你输入 Jupyter 密码，然后你就可以进入 Jupyter 仪表板了（见图 B-8）。

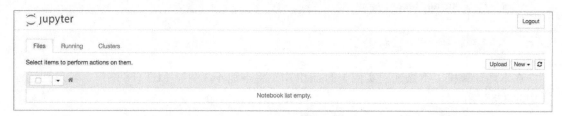

图 B-8　Jupyter 仪表板

选择 New > Notebook 开始创建一个新笔记本（见图 B-9）。你还可以选择 Python 版本。一切搞定！

图 B-9　创建一个新笔记本

技术改变世界 · 阅读塑造人生

机器学习

◆ Machine Learning期刊主编力作，由面到点层层深入，涵盖时下热点话题
◆ 数百个精选实例和解说性插图，原理讲解清晰透彻

书号: 978-7-115-40577-7
定价: 79.00 元

机器学习与优化

◆ 摒弃复杂的公式推导，从实践上手机器学习
◆ 人工智能领域先驱、IEEE会士巴蒂蒂教授领导的LION实验室多年机器学习经验总结
◆ 语言轻松幽默，内容图文并茂

书号: 978-7-115-48029-3
定价: 89.00 元

稀疏统计学习及其应用

◆ 统计机器学习界泰斗作品
◆ 全面介绍稀疏统计模型及其研究成果
◆ 用lasso模型解决大数据挖掘、机器学习等热点问题

书号: 978-7-115-47261-8
定价: 89.00 元

技术改变世界 · 阅读塑造人生

流畅的 Python

◆ PSF研究员、知名PyCon演讲者心血之作，Python核心开发人员担纲技术审校
◆ 全面深入，对Python语言关键特性剖析到位
◆ 大量详尽代码示例，并附有主题相关高质量参考文献
◆ 兼顾Python 3和Python 2

书号： 978-7-115-45415-7
定价： 139.00 元

Python 数据处理

◆ 全面掌握用Python进行爬虫抓取以及数据清洗与分析的方法，轻松实现高效数据处理

书号： 978-7-115-45919-0
定价： 99.00 元

Python 网络数据采集

◆ 全面展示网络数据采集常用手段，剖析网络表单安全措施
◆ 使用Python脚本和网络API一次性采集并处理海量网页数据，涵盖网络爬虫技术

书号： 978-7-115-41629-2
定价： 59.00 元